ULLSTEIN

Das Buch

In der Praxis, bei Hausbesuchen, in der täglichen Umgebung – überall, wo das Wesen der Dorfbewohner und ihr oft derber, hintersinniger Humor sich äußern – erlebt ein Landarzt besonders intensiv die Eigenarten und liebenswerten kleinen Schwächen seiner Mitmenschen. Daß sich dieser Humor in schwäbischen Dörfern besonders originell, aber eben manchmal auch besonders deftig artikuliert, das hat »Hippokrates im Heckengäu« unzählige Male selbst erlebt. Davon zeugen seine Aufzeichnungen, die er – wie schon sein Vater und Großvater als Arzt auf dem Lande tätig – in vielen Jahren gesammelt hat. Die Berichte aus der Sprechstunde, von Nachtbesuchen oder beispielsweise über die Dorfkurtisanen spiegeln aber auch die vitale Gemeinschaft der Dorfbewohner wider, die er mit einem lustigen Augenzwinkern lebendig werden läßt.
»Sie können's, sapperlot! Langweilig wird's mir auf keiner Seite, und den Duft und die Würze meiner Heimat, die rieche und schmecke ich immer wieder, wenn ich im ›Schindelweiß‹ lese.« (Hermann Lenz)

Der Autor

Dr. med. Gerhard Vescovi, geboren 1922 in Schramberg, war Radiologe in Böblingen, dann Leiter des Instituts für Gesundheitsbildung in Bad Mergentheim. 1961 bis 1989 Chefredakteur des Ärzteblattes Baden-Württemberg und Mitbegründer des Bundesverbands Deutscher Schriftsteller-Ärzte und Vizepräsident ihrer Weltunion.
Nebenbei betätigte sich Vescovi auch als Übersetzer und hat u.a. die Plautus-Komödie *Canissa* ins Deutsche übertragen. 1994 wurde Gerhard Vescovi mit der Verdienstmedaille des Landes Baden-Württemberg geehrt. Er starb 1998.

Von Gerhard Vescovi ist in unserem Hause außerdem erschienen :

Der Doktor von Schramberg

Gerhard Vescovi

Hippokrates im Heckengäu

Aufzeichnungen eines schwäbischen Landarztes

Mit Illustrationen von Joachim Müller-Gräfe

Ullstein

Ullstein Taschenbuchverlag 2002
Der Ullstein Taschenbuchverlag ist ein Unternehmen der Econ Ullstein List
Verlag GmbH & Co. KG, München

Umschlaggestaltung: Jarzina Kommunikationsdesign, Köln
Titelabbildung: Mauritius, Mittenwald
Druck und Bindearbeiten: Ebner & Spiegel, Ulm
Printed in Germany
ISBN 3-548-25457-8

Inhalt

Vorwort des Herausgebers

Wir sollten lachen, ehe wir glücklich sind, da wir sonst sterben könnten, ohne gelacht zu haben. (La Bryère)

Als Freund des verstorbenen Dr. Seraphim Schindelweiß, des Landarztes zu Eyltingen im Heckengäu, habe ich mit Erlaubnis seiner Witwe die Herausgabe der im Nachlaß entdeckten »Aufzeichnungen eines schwäbischen Landarztes« übernommen, um die humorvollen Schilderungen, Gedanken und Erlebnisse dieses originellen Kollegen dem vergnüglichen Schmunzeln vieler Leser zugänglich zu machen. Freilich bedurfte es der Ergänzung und Abrundung der durch das vorzeitige Ableben des Doktors fragmentarisch gebliebenen Aufzeichnungen, um ein Ganzes zu schaffen. Aber kaum hatte mein von »Geschichten« umwobener Freund seinen Leib der steinigen Erde des Heckengäus – eines eigengeprägten Landstrichs zwischen den Städten Böblingen, Sindelfingen, Calw und Herrenberg – überlassen, als sein vigilanter Humor auf mich übersprang und in mir so munter wie vorher bei ihm zu hausen begann.

Da ich von nun an wie er dachte, empfand und zu lachen begann, um nicht weinen zu müssen, so wurde ich gleichsam sein weiterlebender Zwilling. Darum soll es niemand wundern, wenn es bei der Existenz einer solchen Zwillingsperson mit pantagruelischen Vorfahren weder bei den »Aufzeichnungen« noch in den vor- und nachgeschalteten Abschnitten alles andere als kanonisch zugeht und der Herausgeber sich gegenüber der Schelte wegen mancher Deftigkeiten auf den »Urtext« und die Diktion des dem Zeitlichen entronnenen Zwillingsbruders beruft. Die Erfindung einer phantastischen Realität bildet für alle Schilderungen in diesem Buch einen Bogen um die lebendige Realität eines geschlossen wirkenden Lebenskreises, um das Leben und Denken dieses schwäbischen Landarztes ebenso aufzuzeigen wie die erheiternde Soziologie eines schwäbischen Dorfes, die Soziologie einer Landgemeinde im Umbruch von bäuerlicher Kultur zum seltsamen Neben- und Ineinander von Lebensformen heutiger Industriemenschen und gebliebener Kleinbauern.

Dr. Seraphim Schindelweiß ist mitten in seinem anstrengenden Wirken gestorben. Ein Herzinfarkt hat den engagierten Artz, den »Hippokrates im Heckengäu«, im Winter seiner Gemeinde entrissen, und darum beginnt das Buch mit seinem »Begräbnis im Winter«. Oberlehrer Bächle, sein langjähriger Freund, widmete ihm einen Nachruf, den er als den »Versuch eines Porträts« bezeichnete und den ich als Herausgeber den eigentlichen »Aufzeichnungen« voranstelle. Am Schluß – so wünschte es Dr. Schindelweiß in seinem Testament – versammeln sich drei Monate nach dem Begräbnis noch einmal seine Freunde zu einer Abdankungsfeier, um Humor und Lebensfreude über alle Traurigkeit des Todes triumphieren zu lassen. Der Herausgeber schildert diese posthume Einladung des Dr. Schindelweiß, die uns das Vermächtnis des Verstorbenen nahebringt, nämlich die Erkenntnis, daß Humor sich mit umfassendem Lebensverständnis identifiziert und die einzig begehbare Brücke über Abgründe baut, die wir erschreckt in uns selbst und in unseren zwischenmenschlichen Beziehungen entdecken.

Böblingen November 1974 — Gerhard Vescovi

Abschied von Seraphim Schindelweiß

Begräbnis im Winter

Das Leben ist eine Partie, die man immer nur verlieren kann. (Sainte Beuve)

Lichtmeß vorüber und wildes Schneetreiben. Winter im Februar. Sterben im Februar – also doch Sterben im Winter. Das ist geschehen, was du nicht wolltest: Nur nicht sterben im Winter! Keiner begleitet einen da gerne auf dem letzten Weg. Alle bruddeln in sich hinein: Holst dir bei dem Wetter selbst den Tod. Solltest mit Skihose und Anorak zur Leich' gehen bei dem Wetter ...

Der Wagen schleudert durch schmale Rinnen im Schnee. Die Straßen seit gestern nicht geräumt. Ich kann nicht schneller fahren. Aber so komm' ich sicher zu spät zu deinem Abschied. Die Scheibenwischer kratzen und schieben immer neuen Schnee zur Seite. Der Himmel will dich zudekken. Aber ich habe dich sooft ermahnt: Übertreib's nicht mit deinem Einsatz in der Praxis, gönn' dir jedes Quartal 14 Tage zum Ausspannen. Rauch nicht dauernd so viele Zigaretten. Geh früh zu Bett und laß das Schreiben an deinem medizinischen Ortskataster. Nein, bei aller Bewunderung für deine biographische Deskription der Patienten – aber das ging einfach über deine Kräfte ...

Jetzt fährt doch so ein Lahmarsch vor mir her. Kann der

nicht im dritten Gang fahren! – Verdammt! Tritt das Rindvieh auf die Bremse. Jetzt fällt mir wegen diesem Stöpsler der Kranz vom hinteren Sitz. – Du grüne Neune! Zwei schöne Lilien sind abgebrochen. Wie sieht das aus! Alles wegen diesem Kerl da vor mir. – Gott sei Dank, jetzt biegt er nach Regenbach ab. Also, man sollte solchen Burschen für den Winter den Führerschein abnehmen. Zwei Lilien von den sieben abgebrochen, das isländische Moos zerbröckelt – und noch zu spät kommen. Alles wegen dieses Unflats von Winter.

Früher waren die Winter noch anders. »Leise rieselt der Schnee« sangen wir abends in der Stube, und am anderen Morgen entdeckten wir das Weihnachtsland. Aber damals, 1941 in Rußland, hat's mit dem Winter angefangen: Ausgemergelte Gestalten preßten heiße Flüche in die Eisluft, in die Eisenluft am Don und Asow-Meer ... Nein! Nur keine bresthafte Reprise der Höllenfahrt durch den russischen Winter! Nicht jetzt, nicht mehr, jetzt nicht mehr. Es ist alles anders geworden, der Schnee, den wir mit Skiern in den Bergen suchen, das Eis, das wir in teilbezahlten Kühltruhen erzeugen, wir selber. Aber der große Winter ist uns trotzdem auf den Fersen, und in manchen Augenblicken ahnen wir, daß er uns irgendwann einmal einholen wird, so wie Dich, teurer Freund.

Endlich die letzte Kurve. Jetzt das verschneite Ortsschild. Die Fahrrinne wird breiter, das Schneien läßt plötzlich nach. Die Hauptstraße durchs Dorf ist leer. Sie sind wohl schon auf dem Friedhof am anderen Ende des Dorfes. Noch läuten die Glocken. Ihr Neben- und Nacheinander von Ding-Dang-Dong tönt Dissonanzen. »Vivos voco – et disloco« geht mir als spöttische Abwandlung der berühmten Glockenparole durch den Kopf. Von vielem, was wir gemeinsam hatten, war die Spottlust nicht das Schlechteste, lieber Freund Seraphim. Weil wir uns beide in den Traditionen so verwurzelt fühlten, durften wir auch darüber witzeln und spötteln. Angefangen hat's schon, als wir bei Rostow verwundet nebeneinander im Stroh auf dem Hauptverbandsplatz lagen. Damals Dein tröstendes Zitat in das Sterben rings um uns: »Kameraden, wir müssen uns unser Leben wie eine Abendgesellschaft vorstellen, die der eine um zehn Uhr, der andere um elf Uhr verläßt. Was bedeutet es schon, ein wenig früher oder später sterben?« Ich protestierte damals gegen diesen akademischen Trost mitten im grausigen Elend der russischen Winterkatastrophe. »Ja, Du hast natürlich recht«, meintest Du, »der Ästhet hat's schwer im Krieg, und in Rußland ganz besonders. Aber sei beruhigt, nachher friert's Dich nicht mehr, wenn Du endgültig abgeschnallt hast.« Wir mußten damals nicht abschnallen. Eine Ananke brachte uns um diesen letzten Genuß. Durch allerlei wundersames Geschehen und die Kunst der Medizin, mehr noch durch die aufmerksame Hilfe der Truppenärzte und Sanitäter wurden wir zur Erduldung weiterer Scheußlichkeiten des Krieges, für den Nachkriegsfriedenskrieg und den Zusammenbruchaufbau in die Überlebenskompanie versetzt. Waren wir mit unserem Wahlspruch »ich dien'« einem höheren Walten nützlich? Dann hätte Dich, den nimmermüden Landarzt und bewährten Beistand so vieler Menschen in leiblicher und seelischer Not das höhere Walten nicht so früh aus dem Leben holen und von Deiner Dir anhängenden Gemeinde wegnehmen dürfen. Nein, dem Schicksal ist mit menschlicher Logik und euphemistischen Erklärungen nicht beizukommen. Was kann ich an Tröstlichem Deiner Nicole schon sagen, wenn es mir selber die Kehle schnürt? Wie mag sie's erleiden, ausgerechnet im Winter, wo es doch die grazile Dame aus der Gegend von Arles ohnehin immer friert. Allein des rauhen Klimas wegen ist die schöne Südfranzösin damals ungern als Deine Frau mit Dir hierher gezogen. Sie ist zu gebildet, um Deine tröstenden Versprechen, ein schönes Haus mit wärmender Zentralheizung zu bauen und den Schnee selbst zu räumen, nicht als Ausdruck Deiner Liebe und Verehrung für sie verstanden zu haben.

C'est la vie. Nun stehen sie in Schwarz mit Regenschirmen im Schneefriedhof – weiße Trostlosigkeit mit schwarzen Trauerpilzen übersät. Der gemischte Kirchenchor mischt sich mit dem Ave verum in das Audiakel der Glocken ein. Stille am Grab scheint etwas Unerträgliches zu sein, also ist man dankbar für Glocken und Gesang, für Worte, die ab- und hin- und herumlenken. – Wenn der Kranz nur nicht so schwer und die Finger nicht so klamm wären. Wie komme ich durch die vielen Menschen hindurch und wenigstens in die Nähe des Grabes? Einige kennen und grüßen mich mit Blicken und Kopfnicken, weichen zur Seite. Einige weisen mich nach vorn, stoßen mich sanft in die Nähe des Grabes. Blaurote fleischige Bauern- und Weibergesichter mit wässernden Augen bilden eine Trauergasse für den Freund des Verstorbenen. Ich kenne die meisten von den vielen Praxisvertretungen. Hilflos und unsicher schlage ich die Augen nieder, blicke durch Tränen auf den Kranz, an dem zwei Lilien fehlen. – Eine Gruppe von Männern mit Zylindern und Kränzen schirmt mich ab vor dem Sarg, der auf Balken über der ausgehobenen Grube steht, vor der schwarzverhüllten Nicole, die sich am Arm und unter dem Schirm von Lydia hält, dem korpulenten, treuergebenen Faktotum im Hause des Doktor Schindelweiß. Der Himmel läßt plötzlich wieder Schnee herunterfallen und mildert mit seinem weißen Staub die schwarze Tristesse. Vorbei am karbunkelnarbigen Nakken des Hannesle-Bauern und dem verheulten Gesicht des Kaminfegers Girr, das meist vom Taschentuch verdeckt wird, sehe ich Pfarrer Nebele seines Amtes walten. Der Mesner, wesentlich kleiner, hält mit ausgestrecktem Arm einen extragroßen Parapluie über ihn. Trotzdem ist das schwarze Barett mit Schneeflocken bedeckt. Die Stimme des Pfarrers klingt heiser, erkältet. Er unterbricht ab und zu, um sich Nase und Augen zu wischen. Sein schwarzes Buch, aus dem er die Texte liest, öffnet er nur wenig. Der Wind wirbelt durch die Blätter des heiligen Buches, läßt sein Bäffchen auf- und niederflattern. Der schwäbische Gottesmann trotzt aber standhaft all der Unbill des Wetters und spricht den vom Verstorbenen gewünschten Text aus dem Epheserbrief mehr auswendig als vom Blatt. »... da ihr tot waret durch Übertretungen und Sünden, in welchem ihr weiland gewandelt habt nach dem Lauf dieser Welt ...« – Pfarrer Nebele spricht ein feierlich getragenes Salonschwäbisch – »... nach dem Geicht, der zu dieser Zeit sein Werk hat in den Kindern des Unglaubens, unter welchem auch wir alle weiland unseren Wandel gehabt haben in den Lüschten unseres Fleisches und taten den Willen des Fleisches und der Vernunft und waren auch Kinder des Zorns von Natur ...« Nicole wischt sich die Tränen, und ich weiß, daß sie mit dieser Stelle des Textes an einen längst vergebenen Sündenfall des Verstorbenen erinnert werden mußte. Die leidige Geschichte mit der jungen Witwe Bässler, die es verstanden hatte, Seraphim so an sich zu fesseln, daß er es für erforderlich hielt, der Alleinstehenden jene umfassende Tröstung zu gewähren, die der Apostel in seinem Brief an die Epheser mit den Lüsten des Fleisches gleichsetzte. »... aber Gott, der da reich ist an Barmherzigkeit, ... da wir tot waren in den Sünden hat er uns samt Christo lebendig gemacht ... und hat uns samt ihm auferweckt und samt ihm in das himmlische Wesen gesetzt in Christo Jesu ...«

Es war viel Gnade am Ende der Geschichte mit der Witwe Bässler. Während der frivolen Phase seines Umgangs mit der jungen Witwe hatte Seraphim gar zu gerne augenzwinkernd den Vers Heines zitiert:

Himmlisch war's, wenn ich bezwang
Meine sündige Begier,
Wenn mir's aber nicht gelang,
Hatte ich ein groß' Pläsir.

Ohne die Gnade des Schicksals, durch die damals die Witwe Bässler infolge überraschender Erbschaft eines großen Hausbesitzes in einen anderen Landesteil verzog, hätte aus der Geschichte großer Schaden für ihn entstehen können. Das Gemunkel im Flecken hatte schon bedenkliche Ausmaße angenommen und war auch Nicole zu Ohren gekommen. Sie spielte alles herunter und nahm ihn bravourös in Schutz.

»... aus Gnade seid ihr selig geworden durch den Glauben – und das nicht aus euch: Gottes Gabe ist es ... Denn wir sind sein Werk ...«

Wie konsequent streng und ehrlich bist Du gegen Dich selbst gewesen, teurer Freund. Weil Dir Büttenreden lieber waren als verlogene Nekrologe, hattest Du bestimmt, daß man Dir an Deinem Tage X keine Reden halte. Nur ein Bibeltext Deiner Wahl sollte am Grabe gelesen und zuletzt ein Gebet gesprochen werden.

Jetzt singt der gemischte Chor »Befiehl Du Deine Wege ...«.

Ich greife in die Manteltasche, rolle und knülle den Zettel mit Hadrians Vers vor dem Sterben. Ich will ihn Dir zusammen mit einem Tannenzweig als letzten Gruß und herzliches Gedenken an unsere gemeinsame Freude an lateinischer Poesie ins Grab werfen.

Animula vagula blandula,
Hospes comesque corporis,
Quae nunc abibis in loca?

Ruhelos umherschweifendes, zartes Seelchen,
Gast und Begleiter des Körpers,
Wohin wirst du nun enteilen?

Pallidula, rigida, nudula.
Nec ut soles dabis iocos …

Bleich, starr und bloß,
Nicht wie sonst wirst du mehr scherzen …

»Ärde zu Ärde, Asche zu Asche, Schtaub zu Schtaub«, dröhnt jetzt Pfarrer Nebele und murmelt darauf mit der ganzen Gemeinde das Vaterunser.

Wie grausam, wie unästhetisch klingt das »Ärde zu Ärde« in meinen Ohren. Wie anmutig und ästhetisch formulierte dagegen Hadrian die letzte große Traurigkeit des Menschen.

Nun lassen die vier Grableger den Sarg in die Grube. Einem von ihnen rutscht das gefrorene, eisglatte Seil durch die Hand, und der Sarg saust schräg mit Gebockel in die Tiefe, wo er sich in halber Höhe verkantet und hängenbleibt. »Zieh hoch, du Arschloch«, faucht der Kapo – hörbar für die Umstehenden – den Unglücklichen an. Und so ziehen sie den Sarg noch einmal hoch und beginnen dann unter ebenso strenger wie lauter Anweisung erneut, den Sarg hinabzulassen. Der Kirchenchor singt:

Nun lasset uns den Leib begrab'n
Und daran keinen Zweifel hab'n,
Er werd' am jüngsten Tag aufsteh'n
Und unverweslich hervorgeh'n.

»Jetzt!« ruft der Kapo seinen Grablegern zu, und sie lassen gleichzeitig, aber viel zu schnell, das Seil durch die Hand gleiten und den Sarg mit lautem Aufschlag in die Tiefe blotzen. Es muß etwas passiert sein. Der Kapo schüttelt verzweifelt den Kopf, bindet sich ein Seil um den Leib und wird von den Grablegern in die Grube hinabgelassen. Von unten hört man Klopfen. Die Trauerversammlung tuschelt. Pfarrer Nebele läßt den Kirchenchor singen.

Nun lassen wir ihn schlafen fein
Und geh'n all unsre Straßen heim.
Schicken uns auch mit allem Fleiß,
Denn der Tod kommt uns gleicherweis.

Endlich ziehen sie den Kapo als Schneemann wieder hoch. Pfarrer Nebele räuspert und schneuzt sich. Dann spricht er den Segen, drückt Nicole die Hand und schreitet mit schicklich gesenktem Kopf unter dem Schirm des Mesners dem Ausgang des Friedhofes zu.

Nicole tritt an den Rand der Grube. Sie nimmt alle Kraft zusammen, man merkt es, sie betet und weint still, läßt den Strauß langstieliger roter Rosen in die Grube fallen und wird dann von der dicken Lydia zur Seite geführt. Oh, Nicole! Exaudiat et protegat te dominus in diebus tribulationis – der Herr erhöre und beschützte dich in den Tagen der Trauer!

Ich schreite nach vorn, lege meinen Kranz auf einen Berg von Kränzen und Blumen, stehe vor einer schwindeltiefen Grube, sehe einen mit Silberleisten beschlagenen Sargdeckel, rote Rosen darauf, Nicoles Rosen, aber alles so tief, so tief ... Seraphim, mein Freund! Laß uns ein paar Dinge, die wir uns gesagt haben, noch einmal sagen, ohne deshalb Geräuchertes aufs neue zu räuchern. Laß uns das sagen, was nicht jeder gesagt haben würde. Lache nicht, Du da drunten, über meine Trostlosigkeit, über meine strangulierte Kehle. Weine nicht über meinen geistigen Mittelstand mit seinem Heulgesicht! Lache nicht über die Lebensverlängerungsbeflissenen, die Dir trotz aller Anstrengungen um eine Stunde später nachfolgen werden! Lache nicht, daß auf die Stunde der Nachtigallen nur die Stunde der Sperlinge folgt! Lache nicht, weil ich nicht mit Dir lachen kann. Rire c'est le propre de l'homme. Du hast es hinter Dir, was wir vor uns haben. Oh, könnte ich doch jetzt auch so lachen wie Du! – Sei nicht so laut mit Deinem Gelächter! Da, nimm den Hadrian zu Dir! – Wohin? Ich verspreche es Dir, Deinen Humor und Dein Gelächter über die schwarzen Trauerkutten triumphieren zu lassen, wie es Dein letzter Wunsch befiehlt.

Wir werden Dein Testament getreulich erfüllen und drei Monate nach dem heutigen Tag ein Fest feiern. Ein Fest mit Dir, ein Fest nach Deinem Geschmack, ein festum post – posthum ... Du wirst unvergessen und lebendig sein, solange noch einer lacht, lacht über alle die Geschichten und Geschehnisse Deines Lebens, die Du uns erzählt und aufgeschrieben hast. Ja! Du wirst an Deinem posthumen Fest unter uns sein. Wir werden Dich im Savigny-les Beaune, der uns zu derben Späßen erhitzt, auf der Zunge spüren. Wir werden Dich schmecken im warmen Schinken in der Hülle des Brotteiges, der uns kräftigt wie Deinen Leib zuvor. Und wenn wir im Tanze wirbeln, wird uns die Luft wie Dein Atem umwehen, Rauch und Alkohol vermischt – Epicur und Rabelais – Euoe, Dr. Seraphim Schindelweiß! Euoe! Du wirst leben, solange man in diesem Land noch lacht. Ich versprech' es Dir.

Doktor Seraphim Schindelweiß – Versuch eines Porträts von Eberhard Gustav Bächle

Der Doktor ist dazu da, Euch die Illusion von der Möglichkeit eines langen Lebens zu erhalten.

Wenn ich, Eberhard Gustav Bächle, Oberlehrer zu Eyltingen, zum derben Spachtel meiner mit Fehlfarben besetzten Sprachpalette greife, um mich an einem Porträt unseres Eyltinger Doktors zu versuchen, so wissen's nicht nur die Götter, daß mich darum – wie's in alten Büchern als Vorwort steht – der kluge Demokrit verlacht, der mitleidige Heraklit beweint und der strenge Diogenes verreißt.

Gute zwanzig Jahre bis zu seinem plötzlichen Lebewohl war ich Doktor Seraphim Schindelweiß Widerpartner in freundschaftlichen Gesprächen und Beichtschlucker zugleich, schließlich auch so etwas wie ein Papierkorb für seine Gedankenschnitzel. Er hörte aufmerksam zu, wenn ich ihm nahebrachte, was über ihn erzählt wurde. Und ein wenig will ich auch jetzt mit ihm Jonas spielen, ihn vom Walfisch des Dorfklatsches verschlungen und wieder ausgespien sehen. Wer durch die Reißzähne des Dorfmaules hindurchging und am Ende noch in Ehren lebt, der mag sich über ein paar Löcher im Anzug und einige Kratzer der Haut nicht erregen, denn der Himmel hat ihm Fleisch, Knochen und die aufrechte Haltung des Menschen ein zweites Mal geschenkt.

Freilich hätte ich's mit einer Nullachtfünfzehn-Hommage leichter:

»Er entsproß einer drei Generationen umfassenden Arztfamilie, studierte in Tübingen, Berlin und Würzburg Medizin und vier Semester Philosophie, ehe er nach Assistentenjahren bei Messerscharf in der Chirurgie, bei Klopfmann in der Inneren und bei Beckenbauer in der Geburtshilfe in Eyltingen die Landarztpraxis seines Vaters übernahm. Selbstlos und unermüdlich hat er mehr als zwanzig Jahre lang bis zu seinem allzu frühen Tod in treuer Pflichterfüllung seines ärztlichen Berufes gewirkt und sich viele dankbare Patienten unter der Bevölkerung geschaffen ...«

Derlei schon dutzendmal geräuchertes Vokabular, wie es in seinem Nachruf im Ärzteblatt und in der Kreiszeitung zu lesen war, hätte ihm, so wie ich ihn kannte, zu giftigem Spott gereizt und vermag auch nicht annähernd seine Person darzustellen. Ich will's mit schlicht-derber Erzählung einiger Geschichten versuchen, die ich von ihm selbst und von anderen, nicht zuletzt auch durch den Dorfklatsch weiß, und will ihn mir selbst so vorstellen, wie ich ihn kannte.

Vor meinen Augen geht ein hochgewachsener, sehr schlanker, dunkelhaariger Mann mit Arzttasche durch Gartenwege und Höfe, verschwindet in Haustüren, kommt aus Haustüren, grüßt Gott und Leute, fragt nach dem Ergehen und hat's immer eilig. Sportlich geschnittene Anzüge, bei Regen und in kühler Jahreszeit eine Sportmütze, bei der Rezeptur eine dunkel gerandete Lesebrille, die aus der aufgenähten Brusttasche am Rock herausragt, ein silbernes Zigarettenetui und eine Zigarettenspitze aus geschnitztem Bernstein kann ich bei der Skizzierung der äußeren Erscheinung nicht weglassen. Bei aller Wachheit für seine Umgebung und einer imponierenden Schlagfertigkeit und Witzigkeit der Rede nichts Caesarisches, nichts von der Haltung eines Renaissancefürsten, wie sie sein vor ihm in Eyltingen tätiger Vater hatte. Seraphim Schindelweiß war in seinem innersten Wesen eher von jener milden Melancholie geprägt, die sich nach Büchern und Einsamkeit sehnt und sich nach außen hinter derben Sprüchen verborgen und auf Distanz zu halten weiß. Seine ursprünglich chaotische Einbildungskraft war durch wissenschaftlich ausgebildetes Denken gebändigt. Ein leidenschaftliches Verhältnis zur Literatur hatte ihm zu vertiefter Kenntnis der europäischen, insbesondere der französischen Literatur verholfen. Mit seiner Frau, einer Französin, unterhielt er sich gerne in ihrer Muttersprache, die er vorzüglich beherrschte. Er spielte leidlich Geige und musizierte – zu seinem Leidwesen nur zu selten – mit Nicole, seiner Frau, der tägliches Klavierspielen eine Lebensvoraussetzung bedeutete. Aber diese höheren geistigen und musischen Interessen distanzierten Doktor Schindelweiß nicht im geringsten von den einfachen Menschen im Dorf, deren gesundheitliches Befinden ihm anvertraut war. Das Gespräch mit den Bauern und Arbeitern bedeutete ihm ein wesentliches Element seines Lebens. Ständig versuchte er dabei, menschliche Eigenart und Ursprünglichkeit zu entdecken. Verstiegene Feingebildete und hochgeschraubte Intellektuelle, die sich vorwiegend unter den Computer-Ingenieuren in der Bungalow-Siedlung ihr Ghetto geschaffen hatten und wegen der Gefahr geistiger Verkümmerung auf dem Lande besorgt waren, pflegte er als »Gehirnpöbel mit Prometheusknall« zu apostrophieren. Entzückt über natürliche Menschlichkeit war er dagegen beispielsweise, als das weichherzige Amale von der Schafgasse, deren Mann ein notorischer Säufer war, gestand: »Wenn mei Mann im Rausch heimkommt und mi windelweich schlägt, isch mir's hinterher immer so seelisch zumut.« Jahrelang lachen konnte er, als die Fichters Adolfine mit einer Beule am Kopf erschien und schluchzend erzählte, sie habe von ihrem Heiner schließlich nur verlangt, es müsse alles nach ihrem Kopf gehen, und da hätte er ihr im Zorn die Suppenschüssel an den Schädel geworfen.

Vergnügen brachte es ihm auch, als er die schon ältere Josepha, deren Anliegen und Verdienst die Raumpflege im Doktorhaus war, immer wieder andächtig vor einem männlichen Aktbild im Wohnzimmer stehen sah und sie auf eine Frage, ob ihr das Bild denn gefiele, voll Begeisterung ausrief: »Also wirklich, Herr Doktor, des Bild isch ganz scharmantisch, ungeheuer scharmantisch! So an schöne Mann, wo net rasiert isch, han i no koin g'seh!«

Seraphim Schindelweiß machte sich über solche unfreiwillige Komik im Ausdruck einfacher Menschen nie lustig, sondern fühlte sich erlustigt, weshalb er auch nie jemand auslachte. Er konnte aber in sich hineinlachen, ohne daß es jemand bemerkte.

Sein Humor, bestes Erbstück seines originellen Vaters, steckte tief in den Schuhen. Man durfte stets auf ihn hoffen. Ein zu riskanten Scherzen aufgelegter Müller, dessen Mühle drei Kilometer außerhalb der Ortschaft liegt, hatte einen bösmäuligen Gemeinderat als Zechkumpan zu Gast. Besagter Gemeinderat war auf unseren Doktor nicht gut zu sprechen, weil er seine Frau angeblich »zu spät und mit schon geplatztem Blinddarm« in die Klinik eingewiesen hätte. Da sei der Tierarzt besser, weil er schneller komme, wenn man ihn rufe. Da der Müller ihm widersprach, schlossen die beiden eine Wette ab. Der Müller wettete, daß Doktor Schindelweiß schneller da sei als der Tierarzt, auch wenn man den Tierarzt fünf Minuten vor dem Doktor anrufe. Der Gemeinderat wettete vier Flaschen Sekt dagegen. Nun rief die Müllerin erst den Tierarzt zu sofortigem Besuch wegen einer verwerfenden Kuh und danach den Doktor wegen Fieber und Durchfall eines ihrer Kinder. Nach zwölf Minuten bereits trat Doktor Schindelweiß zur Tür herein, während der Tierarzt fünf Minuten später ankam. Der Müller und der Gemeinderat, die schon erheblich gezecht hatten, klärten in angesäuseltem Zustand den Doktor und den Tierarzt über den ihnen nun doch peinlichen Scherz und ihre Wette auf. Doktor Schindelweiß spielte sofort mit und besänftigte sogar den aufgebrachten Kollegen von der Tiermedizin, der sich im Zorn und mit Flüchen auf dem Absatz drehen wollte. Er überredete den Veterinär zu einer heiteren Gerichtsverhandlung über die beiden Scherzlinge und erreichte bei einem ausgedehnten Umtrunk, daß der Müller und der Gemeinderat dazu verurteilt wurden, den von mir abgefaßten Schüttelreim über Doktor Schindelweiß in leichter Abwandlung zu singen:

Ob Fieber, Husten, Windelscheiß
Am schnellsten kommt der Schindelweiß.

Wenn es mitunter Kritik an unserem die Privatsphäre in seinem Haus streng abschirmenden Doktor gab, so betraf es eigentlich in der Hauptsache die mangelnde Zeit des Doktors für das Anhören der Patienten und eine bis auf wenige Ausnahmen beherrschte Empfänglichkeit für die Reize des weiblichen Geschlechts.

»Wenn der Doktor fragt: Wie geht's? und sich gleich schon wieder abwendet«, meinten einige, »was bleibt einem da schon, als höflich zu sagen: Gut, Herr Doktor, gut.« Die Flüchtigkeit und häufige Ablenkung des Doktors, die man kritisierte, fand Ausdruck in zwei kleinen Anekdoten, die man sich im ganzen Dorf erzählte. In der Sprechstunde soll es geschehen sein, daß Doktor Schindelweiß beim Abhorchen des Herzens einen Mann den Atem anhalten ließ und dieser den Befehl sehr strikt befolgte und schließlich, nachdem der Doktor unterbrechen und zwischendurch einige Rezepte unterschreiben mußte, blaurot anlief und ohnmächtig wurde, weil der Doktor ihm nicht aufgetragen hatte, einstweilen weiterzuatmen. In einem anderen Fall hatte der Doktor ein schwatzsüchtiges Weib zur Unterbrechung ihrer endlosen Leidensgeschichte und zur Inspektion der Mund- und Rachenhöhle den Mund öffnen, die Zunge herausstrecken und »Aaaa« sagen lassen. Er ging dann ins Nebenzimmer, untersuchte einen anderen Patienten, während das Weib weiterhin mit geöffnetem Mund und herausgestreckter Zunge sitzen blieb, hatte sie doch den Auftrag, den Mund erst wieder zu schließen, wenn es ihr der Doktor sagte.

Mochte im einen Fall Ablenkung und Vergeßlichkeit, im letzteren Fall humorvolle Absicht dahintergesteckt haben, jedenfalls lachte man darüber im ganzen Dorf und verbarg hinter diesen Anekdoten eine respektvolle Kritik.

Wenn auch im allgemeinen die dauernde Dienstbereitschaft des Arztes und seine Anstrengungen im Beruf anerkannt werden, so schafft es aber doch kaum ein Arzt, seine Person von den üblichen Neidgefühlen fernzuhalten. Das gilt vor allem für den Besitzneid und den Sexualneid, dem Doktor Schindelweiß, weil man ihm sonst nichts Wesentliches nachsagen konnte, mit einigen Unterstellungen ausgesetzt war.

Als er einen neuen Mercedes gekauft hatte, tuschelten ein paar Sozis: »Den Schlitten hen mir au zahlt.«

Als er einen Umbau seines Hauses durchführte, meinten einige Neidhammel: »Doktor müßt mr sei, no bräucht mr net Geld auf der Spar- und Darlehenskass' bettle!« Weil aber ansonsten der Doktor ein sowohl nach außen hin und – wie ich persönlich weiß – auch sonst recht einfaches Leben führte und kein zweites Häusle im Dorf baute oder besaß, zerbrachen sich manche den Kopf, was er wohl mit seinem vielen Geld anfange. Nicole, seine Frau, die er in der Kriegsgefangenschaft in Frankreich kennengelernt hatte, war eine dunkelhaarige, grazile, gepflegte Erscheinung und stets mit Pfiff und für die ländlichen Vorstellungen zu salopp gekleidet. Daher behaupteten manche boshaften Mäuler, er hänge all sein Geld an die Kleider seiner Frau. Der Doktor meinte dagegen: »I han doch mei Frau net em Schlußverkauf im Krämerlade g'fonde.« Damit hatte er recht, denn es war bewundernswert, mit welch gutem Erfolg und mit wieviel Charme sich die hübsche Dame aus Arles an ihren schwäbischen Mann, seinen aufzehrenden Beruf und an Land und Leute anzupassen wußte. Nicole hielt sich von der Dorfgesellschaft soweit als möglich zurück, was man ihr als Ausländerin weitgehend zubilligte und was zu der hermetischen Abschirmung von Haus und Wohnung paßte. Vom Eingang des Hauses ging es in ein Zimmer, das die Funktion eines Vorzimmers hatte. Kam irgendein ungebetener Besuch oder hatte man wegen des schlechten Wetters einen Patienten, der zum Doktorhaus lief, Eintritt zu gewähren, wurde er im Vorzimmer, das eine wohnliche Gemütlichkeit üblicher Art besaß, gebeten, Platz zu nehmen. Die eigentlichen Wohnräume waren nur für den Empfang engerer Freunde und Bekannter zugelassen. Wertvolle Möbel aus alten Stilepochen, alte Uhren und Gemälde, Vitrinen mit kostbarem Porzellan, ein Bechsteinflügel, auf dem Nicole täglich spielte, ferner Seraphims großes Bibliotheks- und Arbeitszimmer sollten für Fremde verborgen bleiben. Der Doktor begründete diese strikte Einstellung nicht vorrangig mit dem Vermeiden von Neidgefühlen, sondern eher mit dem Problem des Esoterischen eines Menschen mit geistigen Interessen. Das Besondere eines Menschen finde in der Gestaltung seiner Wohnräume Ausdruck, erklärte er, und es sei in der Regel unmöglich, dieses Spezifische eines Menschen oder einer ehelichen Lebensgemeinschaft bei der Kürzes eines Besuches völlig fremden Menschen verständlich zu machen und bei kurzem Einblick in die private Sphäre einen Zustand von Toleranz zu erreichen. Unwissen oder, einfach gesagt, das Wieso und Weshalb versetzten den, der eine kultivierte Wohnung betrete, zwischen den extremen Emotionen der Bewunderung und der Ablehnung in einen Zustand herausgeforderter Kritik, den auszugleichen jeweils eine Schilderung des Persönlichen erfordern würde. Dazu bestünde aber bei fremden Menschen ohne erkennbare Voraussetzungen meist kein Anlaß oder keine Möglichkeit. »Meine Wohnung ist quasi mein Hemd«, sagte er manchmal, »und einem Fremden tritt man nicht unbedingt im Hemd entgegen.«

Ich setze diese Ausdrücklichkeit und Konsequenz einer erfahrungsgeprägten Einstellung bei unserem Doktor gerne in bezug zu Eigentümlichkeiten seiner Physiognomie. Die beinahe buschigen schwarzen Augenbrauen unter hoher Stirn verkündeten eine resolute Haltung, wie sie etwa hier zutage tritt. Seine graugrünen Augen wirkten scharfsichtig und vermittelten eindrückliche Distanz oder Nähe, ließen aber auch das ihm eigentümliche Spannungsfeld eines polarisierten Hangs zur Realität und gleichzeitig zum Irrationalen erkennen. Seine stark ausgeformte längliche Nase signalisierte einen guten »Riecher« und Kühnheit des Denkens. Der relativ kleine Mund erschien durch wohlgeformte Lippen etwas sinnlich akzentuiert, ja er hätte beinahe etwas Feminines gehabt, wäre darunter nicht ein energisches Kinn hervorgetreten, dessen Wülste ein interessantes Grübchen flankierten. Hätte er bei seiner langen, beinahe dürren Gestalt noch einen Schnurrbart und einen Kinnbart gehabt, so wären äußerliche Anklänge an Don Quichotte, mit dem er sich in manchen Zügen verwandt wußte, nicht abzuleugnen gewesen. So aber blieb das Wesen Don Quichottes, des edlen Ritters in der Gestalt des Traurigen, bei Doktor Schindelweiß nach außen hin verborgen und zudem geschützt hinter dem Schild seines Humors, den er an die Sprache des Landes anzupassen wußte. Wenn er als Kenner der französischen Literatur unter akademisch gebildeten Freunden philosophierend das Wort von Sainte-Beuve zitierte, das Leben sei eine Partie, die man immer nur verlieren könne, so sagte er das Gleiche zu seinen rustikalen Gesprächspartnern im Wirthaus in schwäbischer Sprache so: »Alles, was schnauft, schnauft o'weigerlich em letschte Schnaufer zu.« Meinte darauf einmal einer am Stammtisch, wozu man dann bei dieser Gewißheit des Todes den Arzt brauche. Der Doktor fühlte sich durch diesen Einwand nicht gekränkt. Mit maliziöser Selbstironie antwortete er: »Der Doktor ist dazu da, Euch die Illusion von der Möglichkeit eines langen Lebens zu erhalten.« Nur wer genau hinhörte, konnte bei vielen seiner Aussprüche spüren, daß die Geier des Zweifels ihn gehörig in den Klauen hatten. Ich muß das erwähnen, weil die menschliche Schwäche unseres Doktors, von der das Gerede im Dorf Kunde gab, zuwenig von den inneren Zusammenhängen und Ausgewogenheiten wußte, die alles Frivole und Sündige in ihm eher als bewahrendes Element vor der Heiligwerdung schon zu Lebzeiten denn als beklagenswerte Charakterschwäche erkennen läßt. Ein Mann von Geist und äußerer Erscheinung wie er, konnte bei allem Verständnis und Humor gegenüber dem begrenzten Weltbild seiner dörflichen Mitbürger natürlicherweise ein Augurenlächeln in der Stille nicht immer verkneifen und auch wenig Geschmack an den entarteten Frömmigkeitsübungen vieler Kirchgänger finden. Als er schon etliche Jahre tätig und die Geschichte mit der Witwe Bässler in aller Munde war, nahm er auf dem Wege von der Kreisstadt zurück nach Eyltingen einmal ein altes Weible im Auto mit. Sie wolle heute Abend noch zum Doktor in die Sprechstunde wegen ihrem Husten, vertraute sie dem freundlichen Mann an, den sie nicht kannte. »So, so«, meinte unser Medicus, »zum Doktor müssen Sie noch. Was ist denn das für einer?«

»Ha, se lobet en«, sagte das alte Weible, »er verschreibt scheint's gute Sache und ka' au ebbes. Er sei halt a bissele a Hurdespringer. Aber bei so ama alte Weib wie mir macht des nix.«

»So, so, en Hurdespringer ischt er«, wiederholte der unerkannte Doktor mit nachdenklichem Lächeln.

Als dann abends das alte Weible ins Sprechzimmer zu ihm geholt wurde, begrüßte er sie lachend: »Jetzt sind Sie beim Hurdespringer! Was kann der für Sie tun?« Überraschung und Verwirrung lösten sich rasch durch die herzliche und verbindliche Art des Doktors, der die alten Menschen sowieso als die dankbarsten Patienten in sein Herz geschlossen hatte. Das Hurdespringen bezog sich sowohl auf seine manchmal rasche Art, mit einem Patienten fertig zu werden, als auch auf seinen alle Hindernisse überwindenden Einfluß auf Frauen. Was in dieser Formulierung als männliche Stärke und Macht erscheint, war unterdessen die Achillesferse unseres Doktors. Als Ästhet war er bis in die Hosen empfänglich für alles Schöne. Wenn ich als dauernder Gesprächswiderpartner ihn auf die übergroße Empfänglichkeit gegenüber weiblicher Schönheit ansprach, so entgegnete er scherzhaft: »Lieber gelehrter Schulmann, der du mit den Büchern der Antike vertraut bist, du weißt doch so gut wie ich: Venus, die Himmlische, nähert sich uns in vielerlei Weibsgestalt!« Was in dieser Formulierung wie das Credo eines Cupido klingt, hatte bei unserem Doktor jedoch einen philosophisch-religiösen Unterbau, ich sage ausdrücklich Unterbau und nicht Überbau, weil es dabei nicht um eine Rechtfertigungskonstruktion für begangene Sünden, sondern bei dem, was in den Augen des Dorfes als Verstoß gegen

Moral und Sitte galt, in der Anschauung des Doktors um die Befreiung natürlichen menschlichen Verlangens aus dem Käfig puritanischer Gesellschaftsnormen, letztlich um einen Akt des Erbarmens ging. Entgegen dem Dorfklatsch muß ich zu des Doktors Gunsten aussagen, daß er keineswegs einen ungezügelten Feldzug wider frustrierte Entfaltung weiblichen Charmes führte und die Projektion eigenen schlechten Denkens mancher Eyltinger der kultivierten Galanterie des Doktors letzte Phase der Liebe hinzudichtete, die man nur als üblen Tiefschlag auf das Ansehen des Doktors empfinden muß. Freilich, im Fall der Witwe Bässler wurde Galanterie zur verzehrenden Huldigung der Göttin Venus. Aber wer wüßte nicht, daß der Empfängliche sich den Reizen weiblicher Schönheit nur durch Flucht erfolgreich entziehen kann und selbst Weisheit auf allen Vieren zum Throne der Venus kriecht!

Mit ihrer plastisch aufreizenden Figur, einem schön geschnittenen Profil und enorm erotischem Gestus in Gang und Bewegung, einer dazu allerdings negativ kontrastierenden Mädchenstimme mit schwäbischem Dialekt, war die dreißigjährige Blondine eine gegensätzliche Animafigur zur grazilen schwarzhaarigen Nicole. Ein tödlicher Autounfall ihres Mannes hatte die Bässlerin im wohl attraktivsten Frauenalter zur Witwe werden lassen. Ob sich die immer enger gewordenen, mit Leidenschaft geführten Beziehungen zwischen ihr und dem Doktor erst bei der Behandlung ihrer durch den Tod des Mannes ausgelösten nervösen Beschwerden anbahnten oder – wie böse Mäuler behaupteten – schon zuvor ereignet hatten, sei dahingestellt. Die schöne Bässlerin war jedenfalls noch nicht lange Witwe, als die Nachbarn vormittags und abends den Wagen des Doktors zu langwährendem Krankenbesuch vor dem Hause der Witwe parken sahen. Man wollte auch beobachtet haben, daß der Doktor beschwingt die Treppen hinauf ins Haus und noch beschwingter danach die Treppen wieder herunter ging. Unter einer Stunde absolvierte er keinen Besuch bei der attraktiven Witwe. Bei solcher Verdächtigung wäre es wohl geblieben, hätte sich nicht ein Hinauswurf des Pfisterhannes aus dem Hause der Bässlerin ereignet, bei dem sich die Freundin des Doktors in ihrer Erregung zu einer ungeschickten Äußerung hinreißen ließ, die ihr und dem Doktor schwere Belastung brachte. Den Pfisterhannes, einen Vierzigjährigen mit Stiernacken und fiesem Gesicht, der die Stromzähler ablas und das Stromgeld kassierte, nannte man nicht umsonst den »Fleckenbock«. Er las nicht nur Stromuhren ab, sondern wußte da und dort bei unzufriedenen Weibern auch gleich, was es geschlagen hatte, weshalb er am Morgen bei seinen Visiten nicht nur die Stromrechnung, sondern auch unbefriedigtes Verlangen mit Befriedigung quittierte. Dieser Lüstling hatte nun am späten Morgen bei unserer hübschen Witwe die Stromuhr abgelesen und ihr schließlich seine Liebesdienste angeboten. Aber die Bässlerin ließ ihn abblitzen, und als er gar zudringlich wurde, wies sie ihm die Tür. Nun wurde der Pfisterhannes böse und spielte auf die Liaison mit dem Doktor an, mit dem so ein einfacher Mann wie er nicht konkurrieren könne. Er sei ihr eben nicht fein genug, aber er werde ihr und dem Doktor die Schäferstündchen noch gehörig versalzen, drohte er mit hinterhältigem Grinsen. Und da verlor die Bässlerin leider ihre Beherrschung und soll gesagt haben: »Was i mit em Doktor han, goht di' en Scheißdreck a, des isch onser Sach, ond jetzt hauscht ab, oder i ruf em Doktor a', daß er di 'nausschmeißt!«

Der Fleckenbock, der keinen Ruf zu verlieren hatte, kolportierte alsbald diese Äußerungen der schönen Witwe hinter vorgehaltener Hand im Wirtshaus und bei allen Weibern, bei denen er auf seinen Dienstgängen als unentbehrlicher

Haustrost eingeführt war. Nun schien es bewiesen, daß der Doktor und die Witwe Bässler ehebrecherischen Umgang pflegten. Die Weiber von der Bibelstunde drängten Pfarrer Nebele zu einer Aussprache mit dem Doktor, dem man insofern ein moralisches Plus zubilligte, als man ihn von der schönen Witwe verführt glaubte. Schließlich fehlte es auch nicht an Mitleid für Nicole, die in den Augen der Gemeinde gehörnte Ehefrau des Doktors. Doch Nicole wies den schändlichen Verdacht mit Charme zurück und erklärte den Klatschbasen, ihre Ehe sei intakt und in Frankreich sei es nicht üblich, Männer zu tadeln, wenn sie Kavaliere seien. Pfarrer Nebele, der zuerst bei ihr vorfühlte, erklärte sie, es gehe ihr in ihrer Ehe nichts ab, und was ihr Mann sonst tue, müsse er selbst entscheiden, dies läge allein in seiner Kompetenz. Nun befand sich zu jener Zeit der Pfarrer selbst in einer fatalen Situation, die ihn zwang, den Doktor in eigener Sache aufzusuchen. Er litt an einem quälenden Pripismus*, der jeweils auftrat, wenn er die Mädchen und einige junge Frauen zur Bibelstunde im Hause hatte. Die Pfarrfrau, eine dickleibige, behäbige Matrone mit Krampfadern und ewig kränklich, hatte nach ihren vier Kindern keine so rechte Beziehung mehr zu den Lüsten des Fleisches und wurde mit dem unstillbaren Verlangen ihres frommen Mannes nach den Bibelstunden einfach nicht mehr fertig. Entsetzt stellte sie fest: »Rudolf, du mußt zum Doktor, du verlierst ja plötzlich die Geistesgegenwart! In unserem Alter kann man doch nicht mehr so verrückt sein!«

Schweren Herzens entschloß sich Pfarrer Nebele, seine Misere dem Doktor anzuvertrauen, just ihm, den er ja eigentlich wegen der Witwe Bässler auf den Pfad der Tugend zurückführen sollte. Doktor Schindelweiß empfand Ver-

* schmerzhafte Dauererektion des männlichen Gliedes

ständnis und Mitgefühl für die Not des Pfarrers und verordnete ihm einige dämpfende Medikamente, ehe er dann von sich aus das Gespräch auf die Problematik sexuellen Verlangens bei Herren gesetzten Alters, wie sie es beide ja seien, hinsteuerte. Bis sie über die Deutung der Liebe Christi und die Auffassungen christlicher Philosophen von Augustin bis zum Russen Solowjew über den Sinn der Liebe zwischen Mann und Frau disputiert hatten, war es Mitternacht geworden. Je mehr sie mit schwäbischem Rotwein den Gaumen gefeuchtet und je mehr sie die Ansichten moderner Philosophie in ihre Betrachtungen einbezogen, desto näher rückte der Pfarrer an die heidnisch-naturwissenschaftlichen Deutungen des Geschlechtstriebes, wenngleich sie beide als Resümee bei der ethischen Forderung blieben, die Liebe, auch zu einem Menschen außerhalb der Ehe, müsse den ganzen Menschen erfassen, und der Vorgang der Vereinigung von Mann und Frau müsse sich unter dem Kriterium einer übermächtigen, den ganzen Menschen mit sich fortreißenden Liebe herausentwickeln und dürfe niemals als ein isoliertes Ziel des Verlangens erlebt oder betrachtet werden. Dem Pfarrer schien diese ethisch zwar nicht hochkarätige, aber doch menschliche Kompromißformel angesichts der eigenen Notlage annehmbar, und er erachtete diese Forderung bezüglich seiner Beziehung zur Witwe Bässler für den Doktor als gegeben und trat fortan den Gerüchten um den Doktor und die schöne Witwe mit der theologisch geschwollenen Frage entgegen: »Was wissen wir Menschen schon von der unendlichen Macht der Liebe, wenn viele unter uns keinen Schimmer von der Liebe Gottes haben?« Die Liebe unseres Doktors und der Witwe fand nicht lange später ein jähes Ende, als die Witwe in einen fernen Landesteil verzog, um dort einen ererbten Hausbesitz zu übernehmen.

Doktor Schindelweiß wurde in den folgenden Jahren bis

zu seinem jähen Herztod zunehmend asketisch, zugleich auch ein wenig hektisch. Als ahnte er einen frühen Tod, arbeitete er in seinen freien Stunden druckvoll an seinen Aufzeichnungen über seine Erlebnisse und Gedanken als Landarzt. Sein größtes Anliegen dabei war es, den Humor und die Heiterkeit über die bedrängten düsteren Seiten des Lebens triumphieren zu lassen, ohne diese zu verdrängen. Die bei zunehmender Einwohnerzahl immer stärker frequentierte Praxis ließ unserem Doktor allerdings von Mal zu Mal weniger Zeit für sich und stellte seinen Humor durch übermäßige Belastung auf die härteste Probe. Als ich einmal Mitgefühl für sein geplagtes Dasein äußerte und die unnötigen Hausbesuche bedauerte, meinte er müde: »Es muß nun einmal Menschen geben, die die Kuckuckseier der anderen ausbrüten. Sie müssen nicht mit Todesverachtung, sondern mit Lebensverachtung bezüglich ihrer Person gesegnet sein.«

Ermahnungen an ihn, doch einmal längere Zeit auszuspannen und das Kettenrauchen bleiben zu lassen, wischte er mit dem lebensphilosophischen Argument beiseite: »Ich will um Gottes willen kein seniler Fürchtegott werden! Es soll von mir nicht heißen:

Der Kopf steht schief, der Rücken krumm,
so humpelt er auf Krücken rum.«

Sein geheimer Wunsch, rechtzeitig in den Sielen sterben zu dürfen, wurde ihm erfüllt. Während einer Grippeepidemie im Winter starb der Doktor, selbst an Grippe erkrankt und mit wochenlang ertragener Ruhezeit von nur noch vier Stunden pro Nacht, an plötzlichem Herz-Kreislauf-Versagen. Seine Frau fand ihn tot im Badezimmer, wo er zusammengebrochen war. Mit ihm endet eine Familie, aus der in drei Generationen Landärzte hervorgegangen waren. Doktor

Seraphim Schindelweiß bedeutete ein glanzvolles Erlöschen dieser Familientradition. Die neue Zeit, die er in ihren Anfängen als gescheiter Mann noch mitvollzog, solange seine Kräfte reichten, wird es schwer haben, einen Nachfolger zu finden, der diesen Beruf mit so viel Geduld und Humor zu tragen weiß wie er.

Die Aufzeichnungen des Dr. Schindelweiß

Ortsbeschreibung

Der Arzt ist damit beschäftigt, die Folgen von Dummheit und menschlicher Schwäche, sprich chronischer Sünde, zu behandeln.

Hier muß einmal das Gegenparadies gewesen sein, wenn auch Schlehenhecken Ende April und Anfang Mai weiße Unschuld beteuern und die blaugrünen Fragefinger des Wacholders übersehen wollen. Sollte es stimmen, daß Adam aus dem Schlaraffenland verwiesen wurde, um auf steinigen Halden zwischen Hecken und Disteln sein Feld zu bestellen und damit zum Erfinder einer erbärmlichen Schinderei um das täglich Gebrauchte zu werden, so hat ihn Gottvaters heiliger Zorn samt Eva im Heckengäu ausgesetzt. Später, viel später mochten von durchziehenden Völkerstämmen wohl nur die Veteranen und Kränklichen zurückgeblieben sein, um hier, wo sie niemand um die Ärmlichkeit des Bodens und die Ferne zu großen Siedlungen beneidet, ein karges, rückständiges Leben zu fristen. Die Römer jedenfalls, deren ausgeprägten Sinn für einen günstigen Siedlungsplatz keiner bezweifelt, hinterließen im Heckengäu keine sichere Spur. Die Geschichte vom römischen Legionär Quintilius, der sich in eine dunkelhaarige und feurige Müllerstochter aus einer Mühle an der Eyl verliebt haben soll, ist nur Legende. Sie bestätigt nur meine Ansicht von der Armut des Heckengäus, von seiner herben Schönheit, deren Entdeckung nur zivilisationsmüde Großstadtgigolos in Begeisterung versetzen kann. Besagter Quintilius, der so hieß, weil er als fünfter Sproß eines armen Proles der Weltstadt Rom ins Leben trat, tat als Fourier – zuständig für Unterkunft und Verpflegung – Dienst in einer bei Tübingen stationierten Legion. Nach weitem Marsch durch den Schönbuch hatte die Kolonne samt Fuhrwerken schließlich das Heckengäu erreicht und nahm Quartier in den Mühlen an der Eyl, einem ungezügelten Bach im Herzen des Heckengäus, wo heute die Dörfer Eyltingen und Tufringen liegen. Eines Müllers Töchterlein im schönsten Mädchenalter, dem die Legionäre abends, nachdem sie ein paar Gläser sauren Most getrunken hatten, gar heftig nachstellten, fand, so heißt es, eilends Schutz und Liebe bei Quintilius, dem Befehlshaber des fouragierenden Haufens. Das Mädchen hieß zwar Berta, doch sie ist als Bissula, wie Quintilius ihren Namen umformte, in die Legende eingegangen, ebenso wie sie aus ihrem Quintilius, der Quili gerufen wurde, einen suevischen Willi formte. Willi also und Bissula, die Müllerstochter von der Eyl im Heckengäu, geben erste, wenn auch legendäre Kunde von der Liebe im Heckengäu, von einer Liebe, der es bei aller Deftigkeit bis in die heutigen Tage nie an begleitender Poesie gemangelt hat. Von Geschichtenerzählern im Heckengäu wird behauptet, daß der Römer Willi seine Bissula anfangs dithyrambisch, später, nach seiner Versetzung in einen fernen Erdteil, nur noch elegisch besungen habe. Bis heute erhalten hat sich sein Gruß, der wahrscheinlich im beiderseitigen Einvernehmen zur besseren sprachlichen Verständigung in der Form eines erst später literarisch hoffähig gewordenen Maccaroni-Lateins Ausdruck fand:

Bissulam mihi!
Salve, Mädle mit nigris ocellis
Et suavibus Schenkelis!

So könnte ich mir's denken, was da zwischen den beiden aus der Glückseligkeit des Verbundenseins und der Qual zeitweiligen Getrenntseins zwar nicht geschrieben, aber doch gesagt wurde, denn des Schreibens waren sicher beide nicht kundig. War die Trennung der Liebenden durch die Versetzung von Willi ebenso tragisch wie endgültig, da Bissula nie mehr von ihrem geliebten Kindsvater hörte, so wissen die Geschichtenerzähler doch von einem Happy-End für Berta-Bissula. Sie behaupten, Berta, ehemalige Bissula, sei trotz vorübergehender Melancholie und Anfeindung wegen ihrer Verbindung mit einem Besatzer zu guter Letzt von einem tüchtigen Müllergesellen geehelicht worden, der als vitaler Bursche die Tragödie der Bissula in eine Komödie der Berta rückverwandelt und dem Besatzerkind Maxentius oder Mäxle zu mehreren Brüdern verholfen habe.

Später zwangen Ritter und Freiherren bäuerliche Armut in Frohn und Buckligkeit. Pietistische Frömmigkeit, Humor und derbe Lebenslust gediehen als Auswege aus dem Jammertal eines harten Lebens, bleibender Armut und aufgezwungener Bedürfnislosigkeit. Dorfbader und Quacksalber halfen Jahrhunderte über Kümmernisse des Leibes, derweil die Seele dem Herrn in Gestalt des Herrn Pfarrers überlassen war.

Erst im Jahre 1919 erreichte Eyltingen die Segnungen der medizinischen Wissenschaft, als sich mein Vater nach Rückkehr aus dem Ersten Weltkrieg als praktischer Arzt in der damals etwa 1700 Seelen zählenden Gemeinde niederließ. Sein Einzug in Eyltingen soll, wie er oft erzählte, ein bedeutendes Ereignis und von religiöser Ekstase einiger Dorfbewohner begleitet gewesen sein. Die damalige Kirchendienerin, eine zu mystischer Ekstase neigende ältliche Jungfer mit Namen Anna Hossi, mit Spitznamen »Hossianna« gerufen, erzählte in der Bibelstunde, im Traum sei ihr der Heiland am Dreispitz, einer allbekannten Wegekreuzung am Dorfrand, erschienen. Sie habe bitterlich geweint, weil der Heiland immerzu auf ihren allmachts Kropf geblickt und sie sich geschämt habe. Schließlich habe sie der Heiland getröstet mit der Bemerkung, ihr werde bald geholfen werden. Der Arzt, der sie heile, komme bald. Als zwei Wochen später mein Vater seine Praxis eröffnete, erachteten die frommen Leute den Traum der »Hossianna« als göttliche Offenbarung und zollten der Kirchendienerin fortan den Respekt eines göttlichen Mediums. Ein Dankgottesdienst für den ersten Arzt des Dorfes, Gaben von Brot und Salz, die meinem Vater ins Haus gebracht wurden, hernach ein Ständchen des Kirchenchores (»Tochter Zion« und »Schiffe ruhig weiter, wenn der Mast auch bricht«) bedeuteten nicht nur eine Ovation für den ersten Dorfmedicus von Eyltingen, sondern verpflichteten meinen Vater auch, den hochgespannten, religiös durchsetzten Erwartungen eines Heilers und Helfers von Gottes Gnaden Rechnung zu tragen. Den überspannten Erwartungen eines inbrünstigen Schwachsinns von hyperthymen Frömmlern wußte mein Vater zwar mit Geduld, aber auch mit sarkastischem Humor zu begegnen. Da er – wie man zu sagen pflegt – bibelfest war, kleidete er seine Sprüche häufig in eigens abgewandelte Bibelzitate oder benützte zumindest den geläufigen Wortschatz aus dem Heiligen Buch. So warnte er vor zu hohen Erwartungen bezüglich seiner Tätigkeit mit der Bemerkung: »Wer glaubt, es könnte jetzt statt Taubendreck bloß noch Manna auf das Dach seines Hauses fallen, ist ein Simpel, der Holland mit Heiland verwechselt.« Umgekehrt konnte er aber auch die Rolle des Arztes in provokanter Blasphemie überhöhen, wenn etwa Patienten seinen strikten Anweisungen nicht folgten. Den Bauern Jakob Kimmerle, dem er wegen eines Leistenbruchs zur Operation geraten und schwere körperliche Anstrengung wegen der Gefahr der Einklemmung seines Bruches untersagt hatte, donnerte er an, als das befürchtete Ereignis wegen Nichtbeachtung des ärztlichen Rates eingetreten war: »Merk dir's Jakob: Der liebe Gott und der Doktor lassen ihrer nicht spotten!« Er konnte aber auch einen Grad bescheidener sagen: »Man muß dem Arzt mehr gehorchen als den Menschen!«

Zwischen solchen Extremen hatte sich im Laufe vieler Jahre meines Vaters Autorität in Eyltingen angesiedelt, eine Autorität, die man sich und seinem Haus verbunden wünschte.

Als ich 1948 die Praxis meines verstorbenen Vaters übernahm, schien sich die Medizinalgeschichte von Eyltingen und den umliegenden Siedlungen kontinuierlich fortzusetzen. Und doch war schon der Beginn meiner Tätigkeit anders. Es gab keine numinösen Erwartungen gegenüber meiner Person. Die »Hossianna« war im Jahr zuvor verstorben. Die Bevölkerung war es gewohnt, einen Arzt unter sich zu wissen. Mit meiner französischen Frau, im Dorf »d' Französe« oder »d' Madam« genannt, hatten sich die Leute abgefunden, ja, sie waren teilweise auf Nicole, die sich, soweit es möglich war, auf die Mentalität der Dorfbewohner eingestellt hatte, ein wenig stolz, so eben, wie man Exotisches als interessantes Accessoir bewundert. Nein, es wurde eine andere Ära nach meines Vaters Tod, eine Zeit, die ich mich nun nach zwanzigjähriger Tätigkeit anschicke, mit Skizzen in Form einer »Dorfsoziologie« aus der Sicht des Landarztes festzuhalten.

Wenn ich von meinem Haus am Berg hinunter blicke auf Eyltingen, die alte, um vier Mühlen an der Eyl entwickelte Talsiedlung, über der seit nahezu tausend Jahren die Sonne aufgeht über Geschlecht und Ungeschlecht, wenn ich die alten Bauernhäuser mit ihren großen Steildächern, die riesigen Scheunen, die nie voll waren, und den phallisch herausragenden, quadratischen Kirchturm sehe, aus dem die Glocken Zeit und Endzeit anschlagen, wenn ich den Rauch aus hundert Kaminen emsige Tätigkeit in den Küchen verkünden sehe, so drängt sich der Eindruck eines in sich geschlossenen, intakten Lebenskreises auf, das Bild ländlicher Heimat, in der alles noch altverwurzelt west und Neuem trotzt. Aber die neue Siedlung gegenüber auf dem Berg am Wald mit den modernen Bungalows, bewohnt von höheren Angestellten und Gutverdienern aller Art, auch von statusliebenden Pfeffersäkken, behaust von feinen Damen, die morgens mit Lockenwicklern im Haar leere Sektflaschen und Zigarettenstummel in die Mülltonne tragen – diese Bergwaldsiedlung und der zu Schichtzeiten aus dem Tal heraufdringende, von Jahr zu Jahr stärker werdende Autolärm verkünden doch eindringlich die andere, die moderne Zeit, die in Eyltingen eingewuchert ist.

Straßen, deren Steinpflaster überteert wurde, und Wege, aufwärts und abwärts und eben, die mir der Tag fremd macht, weil ich sie meist nachts gehe. Häuser, die geradezu einen magischen Zwang auslösen, hineinzugehen. Auch Häuser, bei denen ich mich nur erinnern kann, herausgegangen zu sein. Haustüren, deren Eigenheiten beim Öffnen und Schließen ich in allen Feinheiten kenne. Gerüche in Hausfluren. Lichtschalter, die ich im Dunkeln sicher finde, und Hausschlüssel, deren Versteck unter Fußmatten und auf Fenstersimsen ich kenne. Hunde aller Rassen und Mischungen, die ich anzurufen und zu besänftigen weiß, ein paar wenige scharfe Bestien ausgenommen. Klingeln und Hausglocken, die nicht funktionieren. Häuser, seit Jahren ohne Nummernschild, solche ohne Beleuchtung des Eingangs. Das alles und so manches mehr ist mir in den zwanzig Jahren an intimer Ortskenntnis zugewachsen und erleichtert mein Tag- und Nachtwerk als Lebensbeistand in den Häusern der Gemeinde. Aber ich kann verstehen, daß sich junge Ärzte bei dem Gedanken gruseln, allein auf sich gestellt in einem solchen Dorf bei Nacht und Tag ihrer Mission nachgehen zu müssen. Allein die hundert Besonderheiten der Lokalitäten machen am Anfang die Hausbesuche zu kleinen Abenteuern. So denke ich an meinen ersten Nachtbesuch beim Hannesle-Bauern, dem besitzreichsten Großbauern im Dorf, der mich nach eingebrochener Nacht wegen einer »zugeschwollenen Gurgel« holen ließ. Ich kannte das bäuerliche Anwesen nur von außen. Nach fränkischer, absolut unschwäbischer Art war der Hofraum zwischen Stall, Scheuer und Wohnhaus durch eine Mauer und ein großes Tor zur Straße hin abgeschlossen. In der Dunkelheit drückte ich die schwere eiserne Torklinke und schob das knarrende Tor auf, als das dumpfrollende Gebell des Hofhundes, eines großen Leonbergers, in einer Ecke des Hofes laut wurde und mir die wild leuchtenden Augen der Riesenbestie rasch näher kamen. Im Haus hatte man anscheinend nichts von meinem Kommen bemerkt, auch das Hoflicht nicht eingeschaltet. In meiner Not zwischen Tapferkeit und Vorsicht schwankend, hatte ich bald den Augenblick verpaßt, in dem ich noch hätte nach außen zurück auf die Straße entrinnen können. Jetzt trabte das Riesentier trotz beruhigenden Zuspruchs mit beunruhigendem Bellen und Knurren auf mich zu. Da sah ich neben mir den hochgetürmten Misthaufen, hierzulande die »Miste« genannt, und in letzter Sekunde vor dem Ansprung des Hundes schwang ich mich an der Güllenpumpe auf den Misthaufen, der eineinhalb Meter hoch sein durfte. Der Hund blieb unter mir und bellte hoch, während ich mehr und mehr bis weit über die Knöchel in den Mist einsank. Plötzlich ging das Hoflicht an. Die heraustretende Bäuerin sah, daß der Doktor wie ein Gockeler auf der Miste stand, angebellt von Baro, dem Hofhund, und brach in schallendes Gelächter aus. Alle entschuldigenden Beteuerungen, das sei aber peinlich, man habe so rasch nicht mit meinem Kommen gerechnet, nützten meiner Schmach und meinem Zorn nichts mehr. Aus Rache blieb ich nach meiner Untersuchung und Behandlung des anginösen Halses des Hannesle-Bauern noch zu einigen Schnäpsen und längerem Gespräch mit meinem Mist an den Schuhen und Hosen im Schlafzimmer, um immer wieder ein Loblied auf die Miste zu singen. Anderntags lachte das ganze Dorf, aber ich kam von da an mit der Familie und sogar zuletzt mit Baro in vertraute Verbundenheit.

Dieses kleine Ereignis liefert nur ein amüsantes Beispiel für zahllose Kleinsterfahrungen mit der Lokalität. Sie komponieren im Laufe der Jahre im »subcorticalen Liegenschaftsamt« * einen erlebnisgebundenen und daher stets lebendig verfügbaren Ortskataster. Ort und Mensch verbinden sich zu relativen Realitäten.

Mein Vater hat mir nichts Schriftliches hinterlassen. Er überlieferte seine Erfahrungen über Eyltingen nur im Gespräch. Von Statistik hielt er nichts. »Die Statistik«, so urteilte er abfällig, »ist eine Hure, die für alles Rechtfertigung liefert, wenn man sie besteigt.« Seine Statistik blieb linguistisch fixiert in aphoristischen Formulierungen, mit denen er glaubte, seiner Mitteilungspflicht an mich, den Nachfolger, genügt zu haben. Das hörte sich in seiner derben schwäbischen Ausdrucksweise dann etwa so an:

* in den »Speicherzonen« des Gehirns

»Mit Gottes und der Hebamm' Hilf ist mir's gelungen, gut zweitausend Möckel aus den manchmal so verkorksten Bekken der Eyltinger Weiber ans trübe Licht der Stuben zu bringen ... Moschtköpf, eigensinnige, teutonisch-suevische Quer- und Vierkantschädel, au a paar Eierköpf, aus dene sogar später ebbes worde ischt.«

»Merk' dir's: Gehirnerschütterunge gibt's in Eyltingen nicht!«

»Von sechshundert Weiber hent in Eyltingen bestimmt vierhundert en Kropf, hundert a Kröpfle mit Entwicklungschance, und der Rest saut en d'Kirch, weil der Arzt nix findet.«

»Im Tal unten am Bach entlang sind meine Rheumatiker und Bronchitiker daheim. Aber die husten dem Florian so laut ins Ohr, daß er kein Moment wegguckt; deshalb kann des alte Gelump' am Bach au net abbrenne.«

Mein Vater führte nämlich eine permanente Kampagne für eine Umsiedlung der Bachbewohner an den Berghang, weil nach seiner Beobachtung die Talbewohner an der Eyl besonders häufig von Katarrhen der Luftwege und von Rheuma befallen waren. Den chronischen Husten dieser Leute nannte er »Bach-Musik«. Aber seiner sozialmedizinisch sicherlich richtigen Einsicht und Folgerung standen allerlei vordergründige Widerstände im Weg. Vor allem wurde der Dorfschultheiß, eine »geistige Rollstuhlfigur«, wie mein Vater ihn nannte, sein Widersacher, da er behauptete, die Erschließung von Baugelände am Hang oder auf der Höhe sei für die Gemeinde zu teuer, und außerdem reiche der Wasserdruck für größere Siedlungen am Berg nicht aus.

Mit bissiger Resignation brachte mein Vater schließlich den Spruch unter die Leute: »Der einzige, der in Eyltingen koi Mischte vor em Haus hot, isch der Schulthes. Der hot se em Hirn!«

Kurz vor seinem raschen Tod vertraute mir der Vater ein paar Erkenntnisse an, die den Charakter eines Vermächtnisses erlangten.

»Glaub mir's: Du bist als Arzt nur damit beschäftigt, die Folgen der Dummheit und menschlicher Schwäche, sprich chronischer Sünde zu behandeln. Heilen kannst du leider kaum, denn die Trägheit der Menschen, ihr Hang zur Bequemlichkeit, stehen der kausalen Behandlung entgegen. Sie erleben nur Symptome, und deshalb wollen sie auch in erster Linie die lästigen Symptome der Krankheit beseitigt haben. Betrachte nur die unsinnige Ernährung als Beispiel: Mein fast dreißigjähriger Aufklärungsfeldzug gegen den übermäßigen Fettgenuß, wider die Säuefresserei, war bislang vergebens. In Eyltingen werden nach wie vor in privaten Haushaltungen zusätzlich zum Einkauf bei den Metzgern jährlich über dreihundert Säue geschlachtet. Mit dem Fett dieser Schweine könnt' man auf sämtlichen Straßen und Wegen eine ›Schleifetse‹ veranstalten. Und das alles müssen runde zweitausend Bauchspeicheldrüsen und Gallenblasen verarbeiten! Dazu die Mast mit Spätzle und Bratkartoffeln und auch noch der selbstgebrannte Zwetschgenschnaps! Merke dir: Der Arzt hat nur die Wahl, Ironiker oder Revolutionär zu sein. Wir Landärzte entwickeln uns zum Arrangement und damit zum Ironiker. Wir entwöhnen uns, ungehalten zu sein, weil wir gehalten sind, inmitten vieler Unvernunft und etablierter Dummheit und Willensschwäche die am Leben zu halten, die den Geist nicht aufzugeben brauchen, wenn sie sterben. Wir Landärzte bauen der Eitelkeit und dem Prestige keine Bahnhöfe, denn wir wissen um den langen Weg, der uns bis zum Ziel der Ausgeglichenheit und menschlicher Souveränität noch vorgegeben ist.«

Meinen Vater so ernst sprechen zu hören, versetzte mir einen leichten Schock, denn melancholische, pessimistisch gefärbte Kannengießerei gehörte nicht zu seiner Art. Und so mißtraute ich bis zu seinem baldigen Tod seinem Lachen und gewann den Eindruck, daß er in seinem Leben oft gelacht hatte aus Angst, weinen zu müssen.

Heute wird mir beim Rückblick auf zwanzig Jahre meines ärztlichen Wirkens in Eyltingen klar, daß ich in dieser Zeit keine neuen Wahrheiten gegenüber denen meines Vaters hinzugewinnen konnte. Was sich seitdem unter den Menschen im Flecken und in mir geändert hat, ist nur eine Veränderung des Bewußtseins. Aber ist dies nicht doch ein Zeichen des Fortschritts, der stillen Evolution?

In dumpfer Eintracht lebten sie dahin. Ihr Dorf bedeutete abseitige Geborgenheit und unveränderlich scheinende Ordnung. Aller Besitz war miteinander verschwägert. Die Post-Jule, die nebenamtlich die Briefe austrug, erzählte das Ereignis, wenn einmal aus dem Ausland ein Brief ankam, weiter, und der Büttel sah die öffentliche Sicherheit in Gefahr, wenn durchziehende Zigeuner ein paar Hühner verschwinden ließen.

Nun aber ist aus dem Flecken eine Gemeinde geworden. Die Straßen sind asphaltiert und modern beleuchtet. Ein Konsumladen macht den alten Krämerläden vernichtende Konkurrenz. Die Kleinbauern sind in der Automobilfabrik beschäftigt und geben nach und nach ihren landwirtschaftlichen Nebenerwerb auf. Aussiedlerhöfe werden mehr und mehr von den Neusiedlungen wieder eingesiedelt. Fernsehen, Zeitungen und Radio bieten eine Überfülle an Informationen und machen es überflüssig, Neues durch den Gang ins Wirtshaus zu erfahren – nur der Dorfklatsch hat dort noch seine Heimat. Die Jungen besuchen höhere Schulen und bringen außer guten oder schlechten Noten auch Zweifel und Kritik mit nach Hause. Auf dem Rathaus diktiert der

Ehrgeiz immer weitere Entwicklungspläne. Man fordert weitere Ärzte für die rasch wachsende Einwohnerzahl. Und in der Tat ist meine Leistungsgrenze längst überschritten. Sprechstunden bis zu hundert Patienten mit verschiedensten Anliegen und diagnostischen und therapeutischen Erfordernissen und davor und danach ein Übermaß an Hausbesuchen ruinieren allmählich meine Kraft. Nur mit viel Bohnenkaffee und Zigaretten halte ich durch – wie lange noch? Aber ich kann nun einmal nicht schlampen, kann nicht ablassen von einem auf die Person und ihr Schicksal bezogenen Handeln. Mein Gewissen gleicht einem scharfen Messer, das immer wieder die Taue der Kompromisse zerschneidet, die eine natürliche Trägheit des Herzens auswirft, um an den Gestaden der Bequemlichkeit an Land zu gehen. Zu viele Patienten sind es schon, die mich zum Komplicen ihres Lebens gemacht haben. Ich bin verstrickt in ihre Sorgen und Anliegen aller Art. Wo ansetzen mit dem Rückzug auf Rationalisierung? Meine Tag und Nacht uneingeschränkt gewährte Dienstbereitschaft, von nur wenig Urlaub unterbrochen, hat ein Gewohnheitsrecht geschaffen, an das ich mich gebunden fühle. Der Oberlehrer hat mir mit seinem derben Schüttelreimlob

Ob Husten, Fieber, Windelscheiß
Bei Tag und Nacht kommt Schindelweiß

eine schöne Suppe eingebrockt. Mein Image ist festgelegt. Um es zu halten, muß ich bei der gegenüber früher vierfachen Patientenzahl Herkulesarbeit leisten. Und dabei stehe ich mit nun fast fünfzig Jahren am Beginn des physiologischen Leistungsknicks. Der Herzinfarkt läßt schon durch Boten grüßen. Mein Ermüdungsstumpfsinn läßt mich gleichgültig den Forderungen des Finanzamts Folge leisten. Ich

hatte nie ein inneres Verhältnis zum Ertrag meiner Arbeit. Da ich fast ausschließlich nur im Urlaub Kleidung anzuschaffen vermochte und mit Ausnahme meiner Bibliothek und dem Erwerb einiger alter Stilmöbel keine Geldforderungen kannte, war ich nie in Geldnöten oder empfand zumindest auch bei Überziehung des Kontos wegen einer Anschaffung nie ein Zuwenig an Geld. Ebensowenig aber konnte mich ein größeres Guthaben in Unruhe oder expansive Planungen bringen. Vielleicht trug ein wenig die Kinderlosigkeit meiner Ehe zu diesem Gemisch von Gleichgültigkeit und Gleichmütigkeit gegenüber Geldbesitz bei. Ich erachte dies nicht als Tugend, sondern als eine persönliche Eigenart, über die mein Steuerhelfer notorisch in Verzweiflung gerät. Seiner Mahnung, mit meinen Spenden für alle möglichen Vereine und Einrichtungen und meinem Desinteresse am Bau eines Mietshauses für's Alter müsse es nun ein Ende haben, begegne ich immer scherzend mit der Versicherung, daß mich meine Eyltinger im Alter sicher nicht verkommen ließen. In der Tat muß ich jetzt schon ein erfreulich hohes Maß an Freundlichkeiten, Hilfeanerbieten und Geschenken entgegennehmen, so daß ich kaum glauben möchte, die Sozietät der Eyltinger würde mich einmal im Stiche lassen. Nun aber will ich mich in all meiner Arbeitsbedrängnis anschicken, meine Zeit hier in Gedanken, Erlebnissen und Beschreibungen ein wenig festzuhalten, um Lachen und Schmunzeln, das kostbarste Gut der Menschen, nicht untergehen zu lassen. Trotzdem und immer wieder lachen heißt die Chance unseres Lebens.

Sprechstunde

Alles, was den Menschen quält, nennt man Krankheit. (Hippokrates, Die Winde)

»Schwester Emma, die Karteikarte bitte.«

Sprechstunde heißt: Hier wird gesprochen. Hier darf gesprochen werden. Man spricht deutsch. Hier soll gesprochen werden.

»Also – wo fehlt's denn, August?«

»Ha, des möcht i grad von Ihne wisse, Herr Doktor.«

Wer soll sprechen, wer soll zuerst sprechen?

»Ich muß doch erst wissen, wo's und seit wann's dir fehlt! Dann untersuch' ich dich und sag' ich dir, wo dir's fehlt, an was dir's fehlt, warum dir's fehlt, wie lang dir's noch fehlen wird und ob dir's überhaupt immer fehlen wird, was dir fehlt.«

»I han's em Kreuz, Herr Doktor. – Geschtern hot mei Weib, wie i vom G'schäft hoim komme ben – 's war a bissele spät, weil i am Zahltag emmer no uf en Sprong mit em Maxle Brunner, der wo mei Freund isch – Sie kennet ihn ja, er war wege seine Krampfadere au scho bei Ihne in Behandlung – war i also auf en Sprong em ›Rössle‹ – zum Rösslesprong, richtig, Herr Dokter – und wie i no hoimkomm, sagt mei Weib, weil se sauer war, daß i net gleich hoimkomme ben und vorher no auf en Sprong em ›Rössle‹ war – du, hot se g'sagt, wenn du dir scho's Kreuz em ›Rössle‹ stark g'soffe und oin en der Krone hosch, daß du wie a Ochs uf Adlersflügel en's Haus nei schwirrsch, no ka'sch mir au de leere Eimachgläser vom Schrank ra hole, daß d'au ebbes z'do hosch, wenn dei Weib eidünschtet ond von morgens bis obends am Herd schtoht!«

Der Herr spricht: Kommt her, die Ihr mühselig und beladen seid, ich will Euch das Sauerklein Eures Lebens abnehmen.

»Ja, und was hat das mit deinem Kreuz zu tun, August?«

»Herr Doktor, soll ich ein Rezept vorbereiten?« fragt Schwester Emma.

»Also, wie ich dann an den Schrank im Schlafzimmer hingedappt bin«, fährt der August unbekümmert fort, »da war mir's no ganz wohl. Do hot mir no nix gefehlt. I han mi bloß g'ärgert, weil mei Weib so a große Gosch, so a Zahltagsgosch an mi no g'het hot ... Ja, i woiß, Herr Doktor, 's hot no en Haufe Leut' im Wartezimmer, aber jetz' passet Se uf: Wie i no nach dene Eimachgläser uf dem Schrank lang und mi saumäßig danach streck – Se sehet ja, daß i net der Gröschte bin, aber mei Vadder war au klei ond rond ond hot emmer g'sagt: kurz und dick gibt auch a Stück – also wie i mi saumäßig streck ...«

»Da isch dir's ins Kreuz g'fahre!«

»Scheißele, Herr Eisele. Herr Doktor, da isch mir der Hosenträger gefatzt und isch mir d'Hos nunterg'saut – wisset Se, i han emmer da Hosebund reichlich, damit 's net uf da Mage druckt ...«

»Jetzt komm aber zur Sache, August, mit dem Kreuz.«

»Also passet Se auf, Herr Doktor, jetzt bin i glei so weit, jetzt kommt's: Also, wie die Hos' mir nunterrutscht, weil der Hosenträger gefatzt war, da kommt mei Weib hinter mir drei und schreit mich an: Du Sackerlotslahmarsch, du Allmachtstrieler, wann willsch mir denn endlich die Eimachgläser brenge! Und da hot mich doch dr Zorn gepackt, wisset Se, Herr Dokter, so en richtiger Manneszorn, ond wie ich mich rumdreh' und scho aushol, da verhedder ich mich in der Ziehharmonika von meine nag'sauste Hoseboiner und mi haut's donderschlächtig na uf's Kreuz. Und da isch mir's neig'fahre. – So, jetzt wisset Se's, Herr Dokter.«

»Ja, und dann?«

»Hot mi mei Weib ausglacht: Wenn mer so a Mannsbild en Unterhose uf em Bode liege seh dät, könnt mer bloß no lache und nemme an de Storch in dr Hos glaube.«

»Also, Schwester Emma, Spritze und Einreibung, auch Rezept vorbereiten.«

Wie einseitig und überholt erscheint mir Voltaires Meinung von den Ärzten, ihre Kunst bestehe nur darin, den Patienten so lange zu amüsieren, bis die Natur ihn heile. Ich berichtige: Die Kunst der Ärzte besteht vor allem darin, anzuhören und sich dabei zu amüsieren, bevor sie mit ihrer Behandlung die Natur des Patienten wieder in jenen Zustand bringen, in dem der Patient sich wieder zu amüsieren vermag, über den Arzt meinetwegen oder gar über Herrn Voltaires geistreiche Kauzigkeit.

Der Nächste bitte …

Hoffentlich nicht der Allernächste und bitte auch nicht den Nächsten und Übernächsten zugleich. Jeder ist sich selbst der Nächste und dem Nächsten der Übernächste. Nächstens soll das anders werden …

Also, ich warte einen Augenblick auf den Nächsten oder die Nächste. Hinter meinem Drehsessel am Schreibtisch eine Wand mit medizinischer Literatur in Regalen – für alle Fälle. Griffbereite Präsenz medizinischen Wissens, die mir die Zuversicht eines Skatspielers mit Grand Hand und Vieren verleiht. Dazu die *Rote Liste* auf dem Schreibtisch, das Verzeichnis der Industriepräparate, wie ein Geländer vor dem Abgrund des Nichtwissens …

»Die Nächste ist Frau Lisawetha Dünnbier, Sie wissen schon …«

»O du Karfreitag meines Lebens! Schwester Emma, muß das sein?«

»Herr Dünnbier hat seine Frau heute früh schon von der Firma aus angemeldet und ist in großer Sorge. Beide befürchten bei Frau Dünnbier einen Magenkrebs. Hier ist der Befund des Radiologen. Sie war vor zwei Tagen zur Röntgenuntersuchung in der Stadt.«

Ich überfliege das Ergebnis der Röntgenuntersuchung: Sicherer Ausschluß eines Ulcusleidens oder Magencarzinoms. Funktioneller Fehlbefund.

»Guten Abend, Herr Doktor, haben Sie gute Nachricht für mich? Mein Mann hätte Sie nachher auch noch gern gesprochen.«

Übertriebene Liebe hat den Teufel erschaffen, denke ich, den Teufel als äquilibristischen Gegenpol zum pathogenen Overcare, als gleichgewichtigen Gegenpol zur krankmachenden »Affenliebe«.

»Ja, ich möchte schon noch einmal den Leib abtasten, gnädige Frau, wenn Sie sich drüben kurz freimachen wollen – Der Röntgenbefund hat uns – uns! – der schlimmsten Sorge enthoben.«

»Ach – ist das wahr, Doktor? Ich möchte Ihnen am liebsten um den Hals fallen!«

»Erst nachher, wenn Ihr Mann dabei ist, Gnädigste, nachher«, scherze ich zurück.

Lisawetha Dünnbier war eine sogenannte Problempatientin, seit Jahren. Seit Jahren immer wieder Magenbeschwerden und kein organischer Befund, weder am Magen noch am Darm oder der Gallenblase. Sie zeigte die wohlproportionierten, aber schon leicht nachgiebigen Rundungen der Juno zu jener Zeit, als Zeus mehr und mehr fremd ging. Frische, rosige Wangen mit ein paar sichtbar gewordenen Äderchen ließen sie neben ihrem blassen, hageren Adibert geradezu blutvoll erscheinen. Beide waren überzeugte Vegetarier, achteten auf zehnstündigen Schlaf täglich, und beider Intimleben geschah mit so viel Verstand und Umsicht, daß sie kinderlos geblieben waren. Sie übernahmen sich nie, hatten keine Schulden und pflegten sich nach dem jeweils neuesten Stand der Hygiene. Da die Dünnbiers die Gefahr einer Infektion mehr als den lieben Gott fürchteten, betraten sie die Praxis nie ohne Handschuhe, die sie erst zu Hause wieder vor der Haustüre abstreiften und in die Mülltonne warfen. Ich zollte dem Bazillentick der Dünnbiers auch jetzt gebührende Beachtung durch eine der Betastung von Lisawethas Bauch vorangehende längere rituelle Waschung meiner Hände. Außerdem hatte Schwester Emma das Kunstleder der Untersuchungsliege mit Alkohol gereinigt und mit frischweißem Linnen belegt.

»Jetzt bin ich gespannt, was Sie finden, Doktor«, tönte Lisawetha Dünnbier auf der Liege hinter dem Paravent.

Tief Luft holen und die Hände warm reiben …

»Wollen mal sehen!« – Blödsinniger Spruch, schon wegen des grundlosen Plurals, außerdem fühle ich mehr, als ich am Bauch zu sehen vermag. Was sehe ich denn schon? Eine von Urlaubssonne gebräunte Haut mit weißem Bikiniausschnitt unterhalb des Nabels, ferner einen Schmiß am rechten Unterbauch, Überbleibsel eines Duells mit dem Chirurgen um den Blinddarm, das der Chirurg wie üblich für sich entschieden hatte.

»Aber wenn sie tief eindrücken, ist es etwas unangenehm,

nein, ein Schmerz ist es nicht«, versicherte Frau Dünnbier bei der Betastung der Magenregion.

»Leib weich, keine tumorverdächtigen Resistenzen, Blinddarmnarbe an typischer Stelle«, diktiere ich der Schwester.

Was soll der ganze Pipapo, denke ich vor mich hin. Der Frau fehlt nichts als eine sie erfüllende und befriedigende Lebensaufgabe. Und dann noch die mathematische Möbelzwangsneurose ihres Adibert. Aber die kauft ihm auch der Psychotherapeut nicht mehr ab.

Allabendlich prüfte Herr Dünnbier nach kurzer Begrüßungsumarmung und etwas flüchtigem Begrüßungskuß mit Winkel und Metermaß den von ihm festgesetzten Standort der Möbel und ihre diversen Abstände, rückte da den Tisch um ein paar Zentimeter näher zur Vitrine und schob dort die Musik- und Fernsehtruhe mit Akribie in ihren genauen Winkel zur Wand. Erst dann bat er Lisawetha, das Abendessen aufzutragen.

»Sie finden nichts, Doktor?« fragte Frau Dünnbier, hörbar enttäuscht.

»Nichts Schlimmes finden ist ja auch etwas.«

»Sie sagen nichts Schlimmes – aber etwas anderes ist doch, oder?«

Oh, wie überfein hören doch manche Patienten auf das Wort des Arztes, und was hören sie gleich heraus, wenn sie die Angst nicht loswerden können!

»Nein, Frau Dünnbier, es sind, wie ja auch der Röntgenologe beobachtet hat, nur nervöse Erscheinungen am Magen anzunehmen.«

»Sehen Sie, Doktor, das habe ich meinem Mann gleich gesagt. Aber woher kommt das nur? Ich habe es doch schön, muß nicht arbeiten, spiele an manchen Nachmittagen Bridge im Damenklub, pflege mich und gehe auch spazieren, habe keinen Krach mit meinem Mann, rauche nicht, trinke nur abends mal ein Gläschen Wein mit meinem Mann, gehe zu Bett mit meinem Mann, also ich weiß nicht, was ich noch tun könnte.«

Ich hätte wohl gewußt, daß es der Frau an sozialer Bindung und sozialem Engagement fehlte und die närrische Betulichkeit in der Ehe, in der sie sich kritiklos unterordnete, eine Änderung der Lebenseinstellung erforderte. Aber ... Oh, du Kreuz des Aber! Wer könnte als erfahrener Arzt daran glauben, daß es ihm gelänge, die Menschen an der Wurzel ihres Wesens zu ändern?

Als dann Adibert Dünnbier hinzukam und auf meine beruhigende Erklärung mit übertriebener Erleichterung zu seiner Frau hin aufseufzte: »Ach, Mausi, jetzt mußt du aber hören, wie mir ein Stein vom Herzen fällt«, und als sie nicht weniger exaltiert meinte: »Ach, Männlein, eine größere Freude hätte mir unser guter Onkel Doktor ja nicht machen können«, da wurde mir kindermärchenschlecht, und ich konnte nur noch den Blick schamhaft auf meinen Rezeptblock senken, um bei halbem Bewußtsein ein ziemlich bitteres Magenmittel aufzuschreiben.

Herr Dünnbier hatte Oberwasser und beliebte bei der Verabschiedung, bei der die Dünnbiers ihre Handschuhe wegen der Infektionsfurcht anbehielten, zu scherzen: »Na, wirst auch gut gehalten bei mir, Mausi. Nach meiner Façon kann jeder selig werden, nicht wahr, Doktor? Hähähä ...« Sein Lachen klang genau wie das Meckern einer Ziege. Als er sich dann nach einem albernen »Tschüüs« seiner Frau in der Türe noch einmal umdrehte und großspurig gönnerhaft an der geheimnisvoll neben den Mund gehaltenen Hand vorbei zurück flüsterte: »Und bitte bald die Rechnung, Doktor, aber mit Duplikat, weil ich's einreichen muß«, da war mir so übel, daß ich die Schwester erst um einen Cognac bitten mußte.

»Ja, ja, unser hygienisches Ehepaar …«, scherzte Schwester Emma, als sie die Cognacflasche aus dem Schrank holte.

Ich mußte mir die Hände waschen und an den scherzhaften Reformvorschlag zur Beichte denken, man solle künftig im Hinblick auf den Pfarrermangel statt der Sünden nur noch die guten Taten beichten. Und mit Schrecken malte ich mir die Analogie in der Medizin aus, es könnten eines Tages statt der Kranken nur noch Gesunde den Arzt aufsuchen – lauter Dünnbiers.

Um nicht des Alptraums Stich zu merken,
Trank ich den Cognac, mich zu stärken.

Der Nächste bitte …

»Der«, wieso immer »der?« Obwohl ich wie jeder meiner Kollegen, die diese formelhafte Aufforderung seiner Sprechstundenhilfe oder in seine Sprechanlage sagt, genau weiß, daß es vielleicht ebensooft »die« Nächste heißen müßte, maskuliniere ich alle, die im Wartezimmer sitzen – schlechtes Amtsdeutsch, von sprachlich indolenten Schalterbeamten der Kaiserzeit inauguriert. Am Ende das »bitte« wie eine Höflichkeitsfloskel, eine Entschuldigung quasi für die oft barsch klingende Aufforderung, ein Sauschwänzle am lederbesetzten Hinterteil einer wurstigen Rede. Ich nehme mir vor, das nicht mehr zu sagen.

Schwester Emma meldet mit aufgesetztem Kummer: »Jetzt kommt der Willi Breitling – Sie wissen schon, der sparsame Willi … Aber ich möchte Ihnen dazu sagen, der sitzt wie immer schon seit heute früh um sieben im Wartezimmer. Er ist immer so schandbar früh bei uns, obwohl er weiß, daß die Sprechstunde erst um zehn beginnt. Und wenn er dann drei oder vier Stunden so dasitzt, bis er dran kommt, tut er mir etwas leid. Aber er läßt sich nichts sagen.«

»Willi, sag mir jetzt, warum kommscht du denn immer so heidemäßig früh zu uns?« frage ich daher.

»Ja, Herr Doktor, des hot sei Bewandtnis. Des kann i Ihne jo sage ... Wisset Se, mei Nachbar, wenn der früh in dr Dunkelheit zur Schicht fährt und seine Autolichter a'macht, no leuchtet der mir genau en's Zimmer, en mei Bett. Genau en meine Auge – und no wach i uf. Des spart mir en Wecker! Und wenn er no sein Wage aus der Garasch fährt, leuchtet sei Autolicht genau uf de Spiegel über mei'm Waschlavor. Bis der no ins Haus z'rück goht und sei Veschpertasch no' holt und sei Garaschetor zumacht, kann i mi en sei'm Autolicht rasiere und spar mei Licht. No hol i d'Kreiszeitung aus em Kaschte und hock zu Ihne ins Wartezimmer und brauch no wieder koi Licht zum Lese ...«

Auf meine Frage an den dürren, ausgemergelten Mann, was ich nun für ihn tun könne, meint er verlegen:

»Ach was – mit mir isch ei'fach nix mehr los!«

»Ja, was soll denn los sein mit dir, Willi?«

»Ha, i moin halt, soo ...«

»Wie – soo?«

Ich gebe Schwester Emma ein Zeichen, uns allein zu lassen.

»Einfach soo ... Ha no, Herr Dokter, i will's Ihne gradraus sage: Mei Bibabberle tut nemme so recht mit ...«

»Ja, sappermoscht, soll des Bibabberle in dei'm Alter no wie an Wiesboom sei? Zu was brauchst du denn no an Kleiderständer im Schlafzimmer, wenn du scho de Wecker und's Licht sparst? No schick doch dein Nachbar zur Liesel, no sparscht au no dei Bibabberle ...«

Der Willi lacht zwar, erklärt aber todernst: »Wenn mer so allein ischt wie i, Herr Dokter, und wenn jemand so allein ischt wie d' Liesel, weil der Ma g'schtorbe isch, no sagt mer sich, wenn mir zwei z'amme geh'n, no sen mir nemme allei.

Und wenn i zur Liesel gang, daß se net allei isch und daß i nemme allei ben, so muß mr, wenn mr scho sonst nix hot, ebbes han, daß mer au ebbes hot ond ebbes mitainder han ka …«

»Ja muß denn unbedingt ebbes sein zwischen euch zwei?«

»Ha, Herr Doktor, jetzt stellet Se sich vor, was i spar, wenn i zur Liesel gang und wenn d' Liesel aus Liebe mit mir … Was mir zahle müßtet, wenn mir wege dem in d'Stadt ginget. Narr, jedesmol faif Mark bloß, do sparet mir zwoi em Monet glatt hondert Mark! Und als Rentner könne mr uf die hondert Mark net verzichte.«

»O Willi, du armer Kerle! Komm her, ich schreib dir was auf für deinen Runzelpunz, daß die Liesel wieder a Freud' an dei'm Bibabberle kriegt«, sage ich schmunzelnd und beginne zu rezeptieren.

Häusliche Sorgen und Haussorgen stehen im Schwabenland, wo das Schaffen, Sparen und Häuslebauen als Kriterium einer landesüblichen Lebenstüchtigkeit erachtet werden, in enger Beziehung. Und der Arzt kann aus täglicher Erfahrung nur bestätigen, daß dies ein krank machendes Unterfangen, mithin also eine Krankheit bedeutet, die man allerdings in unserem Land wie die Masern oder den Mumps absolviert, die quasi jeder rechte Mann einmal durchgestanden haben muß. Dabei werden aber Gefahren und Folgen dieser »Krankheit«, an der man zwar leidet, aber im Regelfall nicht stirbt, in vitaler Euphorie übersehen. Das fieberhafte Arbeiten und die starre Ausrichtung auf Gelderwerb schlüpfen zur Rechtfertigung ins alte, abgeschossene Gewand des klassischen Arbeitsethos: »Früher hat mr no viel meh' g'schafft, und am Schaffe isch no koiner g'schtorbe.« Aber dieses Relikt puritanischer Religiosität findet sich in der Jugendgeneration im Abbau, wobei deren Kritik zweifellos trivialer geworden ist, als sie

Schlegel noch pretiös formulierte, wenn er die Arbeit, die hier zum alleinigen Sinn des Lebens wurde, als »nordische Unart« bezeichnete. Die Jungen wollen nur noch gerade so viel arbeiten, als notwendig ist. Mit diesem »gesunden« Standpunkt beziehen sie allerdings die Schelte der älteren Generation. Mit dem ererbten Besitz der älteren Generation haben's die Jungen natürlich auch »nicht mehr nötig«. Das Pendel schlägt bei ihnen gefährlich ins Extrem der anderen Richtung aus. Noch leben wir aber mitten in der Spätblüte des »Schaffe, schaffe, spare, Häuslebaue«. Und der Arzt konstatiert bei seinen reichhaltigen Beobachtungen, daß das früher noch aus der religiösen Grundhaltung des Puritanismus abgeleitete Arbeitsethos in neuerer Zeit eine materialistische Abflachung erfahren hat, die mit der Loslösung der Arbeit von ihrem religiösen Unterbau in unseren Tagen ihren Schicksalsbezug auf ein vordergründiges Sicherheitsbedürfnis verlagert hat. Das eigene Haus, das vor laufenden Mieterhöhungen bewahrt und ein unkündbares Wohnrecht garantiert, ist zum Hauptanliegen sozialen Sicherheitsstrebens und gesellschaftlicher Reputation geworden. Die »eigenen vier Wände« sind allerdings eine Realität, da sich trotz der mindestens zwanzig Wände moderner Eigenheime meist für längere Zeit nur vier Wände in bezahltem Eigenbesitz befinden und alle übrigen Wände als Einwände der Geldinstitute errichtet sind und der »eigene Grund und Boden« nicht grundlos bodenlos verhypothekisiert ist. Aber die Fiktion vom Eigenheim tröstet über das enorm uneigene Daheim und über die Nerven und Vitalität zerschleißende Zinsknechtschaft der heimeigenwilligen Eigenheimbesitzer oder besitzwilligen Eigenheimbewohner. Man tauscht die Gegenwart für die Zukunft, opfert vitale Jahre für die Sicherung einer Zukunft, von der man Geborgenheit erträumt. Die schreckende Chimäre des Alters wird zum Moloch, dem Gesundheit und Lebensfreude zum Fraß geboten werden. Und schließlich: »Die Kinder sollen es einmal besser haben.« Die Kinder, die Zukunft, das Alter – schreckende Inponderabilien, denen man mit abenteuerlichen Entsagungen und Einsätzen wenn schon nicht zu Leibe, so doch zu erhoffter Beherrschung rückt.

Vor mir in der Sprechstunde zum wievielten Male und wie lange Jahre schon ein entnervter, dahinflackernder Mann: Richard Kreuzle, vierundvierzig, verheiratet, feuchte Hände. Der Ehering – zu groß geworden – muß immer wieder mit einem Fingertick hochgestreift werden. Zwei Kinder: ein zehnjähriges Mädchen, Drüsenkind mit blasser Haut und verstopfter Nase, ein zwölfjähriger Junge, schüchtern, oft an Angina erkrankt. Eine äußerlich ansprechende, fast hübsche, zehn Jahre jüngere Frau mit unbändigem Drang »nach oben«, Ehrgeiz ausdünstend, so stark, daß Mann und Kinder den Geruch nicht abzuweisen vermögen. Die Kinder bestenfalls mittelmäßig begabt, mit Hängen und Würgen im Gymnasium, um Bildung zu lernen. Richard Kreuzle selbst, ein ebenso bedauerns- wie liebenswerter Mann ohne Eigenschaft, hoffnungslos seiner männeranziehenden Ella verfallen. Beim Angebot seiner Firma, einen gut dotierten Filialposten als Werkmeister anzunehmen: »Da muß ich erst einmal mit meiner Frau sprechen.« – Chance vorbei, Spannung, Magengeschwür. »Was andere schaffen, muß dir doch auch möglich sein. Deine Kinder sollen schließlich einmal wissen, wo sie zu Hause sind.«

Also, los geht's mit Neben- und Schwarzarbeit am Abend und an den Wochenenden. Und das Weib findet wie einst im Büro Arbeit und auffallend guten Verdienst, weil der Abteilungschef Freude an ihrer Arbeit und Arbeit an ihrer Freude hat. Und Richard ist immer auf Arbeit, ohne Freude, weshalb ihn die Arbeit ermüdet.

»Mit dir isch nix los«, sagt Ella zu Richard, wenn's am Sonntag nicht recht klappt.

»Alles wege der Scheiß-Bauerei, weil i bloß no zum Schaffe renne muß«, rechtfertigt sich der gedemütigte Richard.

»Ach was, in dei'm Alter sott a Ma' trotz em Schaffe no an harzige Tannezapfa han«, höhnt die vitale Ella, die sich im Büro und im Haushalt und im Bürohaus halt betätigt und das Bankkonto führt.

Vor drei Jahren Magenoperation wegen Vernarbungen am Magenausgang. Danach weiter Beschwerden und laufende Gewichtsabnahme. »Mit em Esse han i koi Glück en mei'm Lebe, Herr Dokter, denn wenn i net hentersche eß, no goht's glei onte naus.«

Erbrechen oder Durchfall oder beides als schwächende Funktionskatastrophe des Verdauungskanals, zugleich Ausdruck körperlich-organischer Anpassung an dauernde Überfunktion und erhöhtes Leistungsniveau auf dem Entwicklungsweg zu höherer Lebensqualität – ein Ausleseprozeß, initiert durch starke Impulse aus dem gesellschaftlichen Raum, beantwortet mit Einverständnis und Bereitschaft zu Anstrengung und permanent erhöhter Leistung. Und bei Richard Kreuzle und vielen anderen in Parallele zu ihrer Überforderung dauernde Überfunktion und erhöhte Erregbarkeit der Verdauungsorgane. Der Arzt versucht die Reaktion der »Erfolgsorgane« zu steuern, zu dämpfen, um die Auswirkungen des Anpassungsvorganges zu mildern und ertragbar zu machen. Der aus dem Wissen um diese Zusammenhänge geborene Rat: »Gehen Sie auf die Alb zum Geißen hüten, und Sie werden wieder gesund ohne Tabletten«, wirkt angesichts der sozialen Gebundenheit der Überforderung solcher Patienten und ihres Leidens wie ein Witz. Richard Kreuzle kann aus seinen Verpflichtungen nicht aussteigen, kann den ihm von gesellschaftlichen Zwängen vorgezeichneten Weg nicht verlassen. Ein Heilverfahren von vier Wochen gönnt ihm zwar alle paar Jahre eine Schnaufpause. Aber fern von daheim plagen ihn Zweifel an der Treue seiner Ehefrau. Da er sie liebt und eine grenzenlose Zuneigung ihn in Abhängigkeit versetzt, leidet er unter der Trennung und schreibt vom Kurort aus sehnsüchtige Briefe, die seine unverständige Ella nur noch sicherer und gleichgültiger werden lassen. Ihrem Wort folgen die Kinder. Ihm in seiner dauernden gesundheitlichen Malaise begegnen die Kinder mit Rücksicht und Mitgefühl. Mitleid und Klage der Frau gegenüber anderen – »'s isch koi Kreuzle, sondern a Kreuz, des i mit mei'm kranke Ma' han« – zerstören mehr und mehr das Selbstbewußtsein von Richard und machen ihn impotent. Seit drei Jahren nun schon im uneigenen Eigenheim, einem Bungalow in der Bergwaldsiedlung. Mitten unter Großkopfigen Kreuzles Bungalowle wie ein Pförtnerhaus zwischen herrschaftlichen Landhäusern. Die Kreuzles mit kleinem Gemüse- und Beerengarten zwischen parkähnlichen Ziergärten ringsum. Aber in der Landhausstraße zu wohnen und Grund zu besitzen, ist reputierlich.

»Wie geht's inzwischen?« frage ich Richard und füge hinzu: »Kommst du jetzt mit den Hypotheken und Abzahlungen klar?«

»Ha, neuerdings geht's so einigermaßen«, versicherte Richard, hat aber wieder Magenschmerzen, allerdings nur manchmal und lange nicht so heftig wie früher. Er ist in eine neue Kalamität geraten. »Alles im Grund bloß wege dem ewige Scheißgeld«, fügt er hinzu. Was war denn los?

Eines Morgens an einem geschäftsfreien Tag, an dem seine Ella allerdings im Büro war, habe er als Nebenarbeit im Stundenlohn den Garten eines herrschaftlichen Hauses in der Nachbarschaft gerichtet und den Rasen gemäht. Nach einer Weile sei die Dame des Hauses, eine gepflegte, attraktive Fünfzigerin, zu ihm gekommen, um ihm zum Vesper in die hübsche Trinkstube zu laden. Seine Einwände, er sei doch in Arbeitskleidung und habe dreckige Schuhe, fanden kein Gewicht bei der im Morgenrock verführerisch aussehenden Dame. Sie habe ihm zum Vesper kostbaren schweren Wein eingeschenkt und im Gespräch seine Muskeln bewundert. Er sei ein starker Mann, nicht so verweichlicht wie die Büromänner. Und dabei habe er es, wie sie wisse, so schwer mit der Arbeit und dem Verdienst. Das sei eigentlich nicht gerecht, daß er so gar nichts vom Leben habe …

So etwas Wohltuendes, meint Richard in seiner Erzählung, habe er noch nie von einer Frau gesagt bekommen.

Als sich nun der Morgenrock der Dame bei übereinandergeschlagenen Beinen ziemlich geöffnet habe, seien lange, schöne Beine zum Vorschein gekommen, die ihm verführerisch entgegengestreckt waren. Ja, und da habe er ihr im Blick auf die Beine ein paar Komplimente zurückgegeben, worauf sie geklagt habe, niemand würde diese Beine streicheln.

»Aber Ihr Mann?«

»Ach der – der hat keine Zeit für mich vor lauter Geschäft«, habe sie geantwortet.

Und plötzlich sei es dann halb über ihn gekommen, und er habe die Beine gestreichelt … Und dann hätten sie beide ihre vollen Gläser mit einem Zug geleert und so sei es schließlich gekommen, wie es nicht anders möglich war. Er sei noch nie so wild und stark gewesen wie an diesem Morgen und bei der fremden, feinen Dame. Seine Ella sei gegen sie geradezu eine Tiefkühltruhe. Er habe sich seit einer Ewigkeit zum erstenmal wieder gesund und als Mann gefühlt. Aber jetzt, so hinterher, jetzt habe er doch plötzlich wieder einen Druck im Magen … Wenn er dran denke, seine Ella oder der Herr Direktor, der Mann der Dame, könnten dahinterkommen … Nein, nicht auszudenken … Aber bei nächster Gelegenheit darauf verzichten, nein, das könne er sich auch nicht so ganz vorstellen.

»Also, was soll ich machen, Herr Doktor?«

Mit einem tiefen Aufseufzer erinnere ich mich des ärztlichen Ratgebers in Illustrierten, der ähnlich knifflige Fragen meist bravourös zu beantworten vermag. Mir aber fällt's schwer, weil ich den Mann schon seit Jahren durch sein Dahinleiden betreue und nach einem guten Ende suche, nach einer Möglichkeit, mit der ich ihm aus seinem Teufelskreis heraushelfen könnte.

»Ich muß erst einmal nachdenken, Richard«, sage ich schließlich und zünde mir eine Zigarette an. Dann rede ich nachdenklich wie zu mir selbst: »Abbrechen und es beim einmaligen Ereignis lassen, es quasi als Ausrutscher in Zusammenhang mit dem Alkohol erklären und nun wieder auf Distanz gehen, das wäre am einfachsten und würde am raschesten von Schuldgefühlen befreien. Aber … Der Ansatz zu neuem Selbstbewußtsein, die Rückgewinnung des Vitalgefühls und die Anzeichen eines neuen Lebensschwungs gingen wohl flöten. Die alte Magengeschichte würde sich wahrscheinlich fortsetzen, während umgekehrt sich der nervöse Magen bessern könnte, wenn … Ja, mein lieber Richard, wenn ich das Für und Wider so bedenke, rein als Arzt bedenke und nicht von der Seite der Moral her, dann kann ich dir von Mann zu Mann nur sagen:

Es naht dem Auerhahn der Tod,
Wenn er vor Liebe balzt,
Drum sei beim Lieben ja fein still,
Daß man dir's nicht versalzt.

Das ist ein altes Sprüchlein, das aber in etwa meinen Rat zum Ausdruck bringt. Ein Risiko ist bei der heimlichen Liebe immer dabei. Aber weil eben die heimliche Liebe besonders schön ist, muß ein rechter Mann zum Risiko bereit sein. Alle Anzeichen sprechen doch dafür, daß du dir durch die Begegnung allmählich wieder etwas zutrauen wirst und deine Müdigkeit verlierst. Und das wäre bei deiner Situation nach all den Jahren sehr viel. Ich bin überzeugt, daß du eines Tages in solchem seelischem Aufschwung auch deine Ella wieder in den Griff bekommen wirst … Und nun laß ab von deinen Schuldgefühlen, denn die Dame, die ich übrigens kenne, ist sicher diskret, und im übrigen tut's ihr sicher genausogut wie dir, denn sie hat auch ein bißchen den Anschluß verloren. Wenn ihr beide wieder fit seid, dann werdet ihr euch bestimmt wieder euren Ehepartnern zuwenden und zu einem glücklichen Verhältnis mit ihnen finden.«

Trotz des erdachten »Ende gut, alles gut« bei meinem unmoralischen Rat entlasse ich Richard – versehen mit einem Rezept – mit einem Magendruck meinerseits. Die ganze Geschichte wirft wieder einmal die Problematik unserer naturwissenschaftlich festgelegten Medizin und der Rolle des Arztes als Vermittler naturwissenschaftlich-medizinischen Wissens an den Kranken einerseits und seiner Funktion als weit über das naturwissenschaftliche Denken hinausreichenden Lebensberaters andererseits auf. Wer sich als Arzt auf seine engere Wissenschaft beschränkt, verordnet eben ein »Mittel« und hält sich aus den menschlichen Entscheidungen des Patienten heraus. So wäre es einfacher und weniger belastend für den Arzt. Wenn aber das Helfen und Heilen die Maxime ärztlichen Handelns bedeutet, so erfordert ein solcher Fall wie viele andere ein weitreichendes persönliches Engagement. Und ich bin mir klar darüber, daß es sicherlich nicht Aufgabe des Arztes sein darf, die allgemein gültige Moral in summa zu beugen und eigenwillig zu interpretieren. Wenn aber das oberste Ziel der Gesellschaft Harmonie, Gesundheit und Frieden als einander entsprechende Begriffe sind und die Moral als Normverhalten zur Erreichung und Erhaltung des Zieles dient, so muß die moralische Entscheidung im Einzelfall der Erreichung von Gesundheit, Harmonie und Frieden in dienender Funktion angepaßt werden. Soziologische Bezüge vieler gesundheitlicher Störungen sind den Ärzten zwar von altersher bekannt. Erst jetzt aber im Stadium der Entwicklung zur modernen Industriegesellschaft beginnt die Medizin, sich der Beachtung und Erforschung der sozialen Zusammenhänge von Krankheiten systematisch zu widmen. Die Wissenschaft hinkt also auch manchmal hinter der täglichen Praxis her. Sie hat bisher das soziale Engagement dem Gewissen des Arztes überlassen. Und ich war gerade bei Richard Kreuzle und in vielen anderen Fällen, die mit dem Häuslebauen zusammenhängen, weit über das rein Medizinische hinaus bis an die äußersten Grenzen des Gewissens belastet.

Jetzt, da ich dies niederschreibe, sind seitdem acht Jahre vergangen, und ich kann zur Beruhigung meines Gewissens vermerken, daß meine Wunschprognose zutraf. Richard hat seine Magenbeschwerden verloren und seine inzwischen nicht nur älter, sondern auch etwas ruhiger gewordene Ella wiedergefunden. Die Frau Direktor lebt in Einklang mit ihrem Mann, der inzwischen auch nicht mehr so kindisch wie vorher die entfliehende Vitalität bei Sekretärinnen seines Betriebes festzuhalten sucht. Richard arbeitet zwar immer noch übermäßig, denn nach dem Bau des Hauses und der Abtragung der gröbsten Schulden bringt die Inneneinrichtung erneute Wünsche und Verpflichtungen. Gegenüber früher empfindet Richard aber die Arbeit und Mehrarbeit nicht mehr als drückende Last, und nachdem die Kinder zwar nicht glanzvoll, aber doch hinreichend benotet das Gymnasium durchlitten haben und nun in ihrer Berufsausbildung Fleiß und Tüchtigkeit entwickeln, ist im ganzen eine Gesundung der Familie Kreuzle eingetreten. Der Eigenheimbau zeigt jetzt seine positiven gesundheitlichen Auswirkungen. Trotzdem bleibt die Frage, ob die Gesundheit nicht bei bescheidenerer Zielsetzung und geringerem sozialem Ehrgeiz besser erhalten worden wäre? Wenn auch wie in den meisten gleich oder ähnlich gelagerten Fällen das »Schaffe, schaffe, Spare und Häuslebaue« am Ende noch oder wieder gut gegangen ist, so kann man eben doch nicht sagen: »Ende gut – alles gut«, denn so gut ist das Ende wiederum nicht, daß damit alles gut wäre. Immerhin hat Richard zwei Drittel seines Magens verloren, hatte er viele Jahre dahingekrankt, und auch sein Ehering war ihm in diesen Jahren zu weit geworden. Ella, sein Weib, die zum Leiden wenig Begabte, mußte jahrelang im Büro arbeiten und überstand in dieser Zeit nicht ohne Gefahr einen frühen Abgang, weil sie »im Bürohaus halt tätig« war ... Die Kinder mußten in der Schule alles leisten, wozu sie nur ungefähr fähig waren, fanden zu Hause die Eltern in notdürftiger Eintracht und hörten jeden Abend das Lied vom Sparen und Fortkommenmüssen. Übermäßige Anpassungsbereitschaft und beängstigende Bravheit waren bei ihnen die Folge. Und in all den Jahren kein gemeinsamer Urlaub, keine Reise.

Man muß nicht sterben, um nicht zu leben ...

Schwester Emma meldet, zwei Arbeitskollegen hätten den Schnaken-Sepp mit einer Gesichtsverletzung gebracht, anscheinend von einer Schlägerei. Sie legt mir ein Bündel Karteikarten auf den Schreibtisch, alles Untersuchungsergebnisse. Berichte von Fachärzten und Kliniken aus den vergangenen zwanzig Jahren. So lange und so ständig hatten der Schnaken-Sepp und ich schon miteinander zu tun. Er war und blieb ein Sorgenkind, und das gewiß nicht oder zum geringsten Teil aus eigener Schuld. Weil sich viele zu oft nach vorne drängelten, als der liebe Gott die guten Gaben für eine kräftige Natur verteilte, mußten viele andere in ihrer Leiblichkeit zu kurz kommen. Und diese leiblich zu kurz Gekommenen, zu denen der Schnaken-Sepp gehörte, stehen nicht nur ihr Leben lang zwischen Nichtgesundsein und Nichtkranksein, sondern auch ständig auf der Schwelle zum Sprechzimmer des Arztes. Die Wissenschaft spricht bei ihnen von Konstitutionsmängeln, und Konstitutionsmängel machen zwar »anfällig für« und lassen »neigen zu«, sind aber im naturwissenschaftlichen Raster der Medizin und des darauf gegründeten Sozialversicherungssystems keine Größe, die im Sieb der Krankheitskategorien erfaßt wird. Diesen vom Schicksal benachteiligten Kümmerlingen und ab ovo Leistungsverminderten bleibt nur der Arzt als Anwalt ihrer berechtigten Lebensklage, denn Seelsorge ist nicht auf Leibsorge programmiert, und eine Gewerkschaft der Konstitutionsbenachteiligten müßte erst noch gegründet werden.

Der Schnacken-Sepp war und bleibt ein Beispiel für viele, die zunächst einmal an ihrer asthenischen, zu deutsch kraftlosen Konstitution – und in der Folge durch ihr Versagen und die Reaktion der Mitmenschen auf ihre Schwäche und ungenügende Lebensleistung – unaufhörlich zu leiden haben. Der Schnaken-Sepp ist ein mittelgroßer, magerer, flachbrüstiger Mann mit hängenden Schultern und einem Rundrücken infolge seiner schlechten Haltung. Schuld daran ist die schwache Muskulatur, die seinen Körper nur wenig modelliert. Auf seiner blassen schlecht durchbluteten, trockenen Haut sind unzählige braune Muttermale wie Sterne verstreut angesiedelt. Gerade die von Muttermalen (Pigmentwarzen) übersäte Haut hat ihm schon als Schüler im Schwimmbad immer wieder den Spott der anderen eingetragen. »Du bisch z'nah dabeigschtande, wo der Teufel Scheißdreck drosche hat«, wurde er darum aufgezogen. Der schmächtige Körper und die im Verhältnis zu langen Arme und Beine und die längliche, spitze Nase mochten ihm in den Augen spottlustiger Leute wohl den Vergleich mit einer Schnake und den Spottnamen Schnaken-Sepp eingetragen haben. Die menschliche Gesellschaft und die eines Landorts im besonderen ist ja noch weit davon entfernt, die körperlich Benachteiligten oder Behinderten ohne Geringschätzung oder gar Spott in ihre Leistungsgemeinschaft aufzunehmen. Der schüchterne, gehemmte, triebschwache und einspännige Schnaken-Sepp hatte jedenfalls auf Dauer an sich und der Gesellschaft zu leiden und flüchtete in der Ausweglosigkeit seiner Misere immer wieder in den Schutzbereich des Krankseins, eines echten Krankseins, obwohl der körperliche Befund dafür keine Rechtfertigung enthielt.

Ein kurzer Streifzug durch die Biographie dieses Armen anhand meiner Unterlagen und ungeschriebener Erzählungen dient jedesmal meiner inneren Einstimmung, wenn er mich aufsucht, denn im Drang der Sprechstunde, die so vielerlei hintereinander vom Arzt verlangt, bin ich in meinem Einstellungsvermögen auf die Patienten manchmal überfordert.

Der Schnaken-Sepp war der jüngste von drei Söhnen eines Taglöhners, der als Straßenwart und Feldschütz in Diensten der Gemeinde stand. Die Mutter, eine fleißige, etwas einfältige, aber unendlich gutmütige und frommherzige Frau, nannte man die »Seelewärmere«, weil sie das sonntags in der Kirche und im Frauenbibelkreis vernommene Wort Gottes ernst nahm und das Wenige an Übrigem ihres bescheidenen

Haushalts mit anderen, noch schlechter Gestellten teilte und in ihrer Freizeit alleinstehende ältere Leute und Kranke aufsuchte, um ihnen irgendeine Kleinigkeit zu bringen und geduldig ihre Klagen anzuhören. Ihre beispielhafte Übung christlicher Nächstenliebe brachte ihr Ansehen und Bewunderung, wenn auch einige böse Mäuler kritisierten, mit dem ewigen Schenken könne man es zu nichts bringen, und es sei kein Wunder, wenn die Familie dauernd im Vorzimmer des Armenhauses leben müsse.

Nun war der Vater des Schnaken-Sepp schon relativ früh gestorben. Die vielen Obstschnäpse, mit denen er sich von der Unbill der Witterung als Straßenwart und Feldschütz in den Dorfkneipen und Privathäusern wieder erholen mußte, hatten ihm ein Leberleiden eingetragen, von dem ihn eine unstillbare Blutung aus gestauten Adern der Speiseröhre erlöste.

Dann kam der Zweite Weltkrieg, in dem die beiden älteren, kräftig gebauten Brüder des Schnaken-Sepp zu den Fahnen geeilt wurden, um in Rußland – beide fast gleichzeitig – ein Opfer der grausamen Winterschlachten zu werden. Die Mutter ertrug diesen Schicksalsschlag in frommer Haltung nicht weniger tapfer als es ihre gefallenen Söhne nach den amtlichen Worten des Ortsgruppenleiters an der Front gewesen sein sollen. Sie weinte zwar und weint heute noch, wenn die Rede auf ihre beiden verlorenen Söhne kommt, aber sie klammerte sich in der Folge noch mehr an Gottes Wort und an ihren Jüngsten, den seine schauderbare Schwächlichkeit vor gleichem Schicksal bewahrte. Ihr Sepp trat nach der Grundschule eine Lehre in der nahen Automobilfabrik an und wurde Arbeiter. Die mickerige Figur ihres Jüngsten erklärte die Mutter mit allerlei äußeren Umständen: Er habe als Kind nicht genügend Milch bekommen und schon als Fünfzehnjähriger in der Fabrik »sich krumm schaffen« müssen. Jeder Arzt weiß unterdessen, daß körperliche Mängel, die auf angeborene Fehlanlagen zu beziehen sind, fast immer eine Interpretation durch äußere Umstände und Einwirkungen erfahren, damit das Ansehen der Familie nicht leidet. Wer möchte schon erhebliche Mängel eingestehen? Der boshafte Spott der Mitmenschen traf auch im Falle des Schnaken-Sepp schon eher in die Nähe der Wahrheit, wenn einige meinten, Vater Straßenwart und Feldschütz habe den Schnaken-Sepp in einem Granatenrausch gezeugt und sei nicht mehr im Besitz der Manneskraft gewesen. Ein in rüder Männerrunde in den Wirtshäusern mit wüstem Gelächter quittierter Ausspruch, der zwar nicht allein der Zeugung des Schnaken-Sepp galt, aber damals doch gebraucht wurde, wenn von dem »ausg'supfte Mändle« die Rede war, lautete: »Wenn dr Ochs bloß no mit blauem Wasser schießt, kann d' Kuh koi rosa Kälble schmeiße.« Wie dem auch sein mochte: Der Schnaken-Sepp war in der Tat eine Montagsfertigung der Schöpfung, die man zweifellos zur Reklamation beim lieben Gott hätte gehen lassen müssen. Aber nun war er da. Und die Arztpraxis ist in gewissem Sinn auch so etwas wie ein Kundendienst der Menschenschöpfung, bei dem die Mängel der Schöpfung reklamiert werden. Der Schnaken-Sepp hatte allerlei trifftige Gründe, mit seinem Körper unzufrieden zu sein. Diese zwanzigjährige Unzufriedenheit hatte seine Karteikarte zum Buch werden lassen. Wurde es im Herbst kühl, so bekam er Schnupfen und Katarrh. Bei der Arbeit kippte er wegen des niederen Blutdrucks immer wieder um und lag dann eine Weile im Sanitätsraum des Betriebs. Er war immer müde, glaubhaft müde. Am Sonntag schlief er unter Auslassung des Frühstücks bis zum Mittagessen. Er war in der Fabrik als Kontrolleur am Band eingeteilt, und es bedurfte meiner energischen Bemühung über den Betriebsarzt, ihn von der Nachtschicht zu befreien. Er hatte natürlich auch Wirbelsäulenbeschwerden und als einzig faßbaren und immer wieder ins Feld geführten Befund einen schon in der Knabenzeit entwickelten Bandscheibenschaden am Rücken. Seine Arbeit verrichtete er willig, aber leistungsschwach, und er war es im Laufe der Jahre gewohnt, boshafte Äußerungen über seine schwächliche Figur, seine Anfälligkeit und rasche Ermüdbarkeit hinzunehmen. Erstaunlicherweise war er verheiratet und hatte zwei Kinder, die keineswegs schwächlich oder lebensuntüchtig waren. In Wirklichkeit war er allerdings geheiratet worden, bald nach dem Krieg, als es an Männern fehlte und die Frauen in der Fabrik nach allem griffen, was Hosen trug. Ich bezweifle nicht einmal, was man der Frau des Schnaken-Sepp, einem kropfigen, hageren, ebenso scharfen wie primitiven Weib in den Mund legte, als man sie wegen der Mickrigkeit ihres Mannes einmal aufzog: »Lieber an Muckelspitz als gar koin«, soll sie gesagt und hinzugefügt haben: »'s geit Elefante, wo saufet ond ei'schlofet. Wenn i will, hot mei Sepp gar koin so kleine Zumpferl, und schließlich isch er au a a'ständiger Ma' und liefert da Zahltag jeden Freitag auf Heller und Pfennig bei mir ab.«

Gerade diese verbürgte Äußerung der Frau des Schnaken-Sepp enthüllt in der Betonung eines gewissen Besitzerstolzes zwei Wahrheiten, die es zu bedenken gilt. Die eine Wahrheit, die über die Person des Schnaken-Sepp hinausreicht, ist die von ihrer Konstitution her auferlegte Solidarität solcher Menschen, mit der sie ihre rasche Ermüdbarkeit und den permanent steilgipfligen Abfall ihrer Leistung bis zu einem oft erstaunlichen Grad auszugleichen wissen und zu »Stehaufmännchen« werden, die durch immer neue Anläufe schließlich doch eine »Leistung auf Zeit« zuwege bringen. Die andere Wahrheit liegt bei der hakennasigen, hageren Frau, die man wegen ihres dunklen Teints »d'Indianere«

nannte, im Bekenntnis zu ihrem Mann, genauer gesagt, zu dessen leistungsmäßiger Minusvariante, die – von ihr scharf erkannt – doch ein augenfälliges moralisches Plus zur Folge hatte. Und weil ihr Sepp nun einmal ihr Besitz war, so verteidigte sie ihn mit aller ihr eigenen Bissigkeit nach außen, während sie ihm allerdings im familiären Raum als Allmachtsragalle das Dasein zum Daseinmüssen gestaltete. Wie sie mit ihm »Hugole spielte«, mag am besten eine Szene verdeutlichen. Als ich einmal wegen Erkrankung eines der beiden Kinder abends ins Häusle am steilen Bergweg gekommen war und in der Küche das Kind untersuchte, fiel der »Indianere« ein, daß Molli, der Spitz, noch draußen im Vorgarten war und nun ins Haus geholt werden sollte. Sie riß das Fenster auf und schrie: »Molli, komm rei!« Da ging die Küchentüre auf und der Schnaken-Sepp, der sein Weib etwas hatte rufen hören, fragte: »Was isch, du hosch g'rufe?« Mit vernichtendem Blick herrschte ihn das Weib an: »Han i Molli g'rufe oder Sepp? Wenn i de Molli ruf, no brauchsch du net rei'komme! Aber jetzt machsch em g'fälligscht d'Haustür uf!«

So also stand es um den Schnaken-Sepp und seine Ehe, die ihm als geschlossene Gesellschaft den Himmel in Miniraten und die Hölle auf Dauer bescherte. Was ihn dabei innerlich quälte, war aber weniger die schon gewohnte bittersüße Unterwerfung gegenüber seinem Weib als die feindselige Eifersucht des ralligen Weibes gegenüber seiner Mutter. Er hätte der einsam und mit ärmlicher Rente lebenden Mutter gerne ein wenig von seinem Verdienst zukommen lassen oder ihr wenigstens die Kosten für die Omnibusfahrt des Bibelkreises, die Pfarrer Nebele jedes Jahr im Mai veranstaltete, bezahlt. Aber sein besitzgieriges, eifersüchtiges Weib kontrollierte jeden Pfennig seines Verdienstes und untersagte ihm strikt jede Zuwendung an seine Mutter mit der Begründung:

»Wenn du der ebbes gibsch, no verteilt se's doch glei unter d' Leut und gibt bloß a mit dei'm Geld. So a ei'fältige Gutmütigkeit isch emmer no a Stück von dr Liederlichkeit g'wä!« Diese eigennützige Fehlinterpretation der frommherzigen Mittelsamkeit seiner Mutter kränkte den Schnaken-Sepp immer aufs neue. Seine Mutter weinte sich manchmal bei mir aus, denn sie sah in der Hartherzigkeit ihrer Schwiegertochter ein hartes Schicksal weniger für sich als für ihren weichherzigen Sohn, auf dem nach dem Soldatentod der beiden anderen Söhne ihre Hoffnung geruht hatte. Die seit Jahren von Rheuma und Asthma geplagte Frau hätte dringend einmal zur Kur gehen sollen, um ihre Leiden auf ein erträgliches Maß zu lindern. Und sie hatte auch lange gehofft, mit einer einmaligen Unterstützung ihres Sepp ein paar Wochen kuren zu können. Doch als er dann nach dem Krieg »d' Indianere« heiraten mußte, weil sie ihn so lange ins Bett gezogen hatte, bis sie schwanger war und – wie man sagte – »s's Kindle d'Ring hot bringe müsse«, wurde ihr die schmerzvolle Erkenntnis zuteil, daß sie nun in gewissem Sinn auch noch ihren dritten Sohn verloren hatte, da er ihr nicht eine Tochter ins Haus brachte, sondern seinem so andersartigen Weibe angehangen wurde. Und zu allem hin erhielt ihr Sepp nur die Erlaubnis, sie an einigen Sonn- und Feiertagen zu besuchen, weil sein eifersüchtiges Weib ihn nicht außer Hauses gehen ließ, um ihn total unter ihrer Fuchtel zu halten.

Alle diese Dinge gehen mir durch den Kopf, während ich die endlosen Daten der ärztlichen Unterlagen des Schnaken-Sepp überfliege.

Ich erschrecke, wie der Schnaken-Sepp nun eintritt und mit einem blutdurchtränkten Taschentuch sein Gesicht zuhält, das unförmig angeschwollen scheint. Erregt und mit Tränen des Zorns, die ihm über die geschwollenen Wangen laufen und sich mit Blut vermischen, erzählt er mir in undeutlicher Sprache, da er den Unterkiefer kaum bewegen kann, von seinem akuten Unglück.

Eine Rotznas' im Betrieb habe ihn erst schwer beleidigt und wegen eines Verzugs am Fließband einen Krüppelfinger und saudummen Stöpsler geheißen. Ja, und da habe er sich nimmer »in der G'walt g'het« und ihr eine geschmiert. Darauf hätten sich zwei Türken, »mit dene's des Hurenmensch sogar uf em Lokus treibt«, auf ihn gestürzt und ihn regelrecht »z'ammgschlage«.

»Jetzt laß mich mal sehen«, beruhige ich den erregten Sepp und beginne sein Gesicht abzutasten. »Warst du bewußtlos?«

»Ja, i war, glaub i, lang weg und han bloß no's elsäßisch Feuer g'sehe«, meint der Sepp und versucht merklich, ruhiger zu werden. Er kann den Mund vor Schmerzen kaum öffnen und bei der Abtastung des Unterkiefers stelle ich eindeutige Zeichen eines Bruches fest. Auch die Lippen sind aufgesprungen, und unterhalb des linken Auges klafft über dem Jochbein eine Platzwunde, aus der es blutet. Außerdem ist der Sepp in einem Schockzustand, blaß, mit kleinem schnellem Puls.

»Gell, dr Kiefer isch he?« fragt er ängstlich.

»Scho«, sage ich vorsichtig und füge hinzu, »aber das wächst wieder zsamme, da brauchst du dir keinen Kummer mache.« Dann erst eröffne ich ihm: »Damit das schnell behandelt wird und wieder in Ordnung kommt, muß ich dich in die Kieferklinik in Stuttgart einweisen. Weiß dein Weib schon von der Sache?«

»O Jeses«, stöhnt er in doppeltem Schmerz, »dui schnappt nüber, wenn se des hört. Dui schmeißt onsere Hausmieter, wo Türke send, glei aus em Haus naus, wenn se ihren Rappel kriegt. Des müsset Sie ihr beibringe, Herr Doktor, sonscht saut se mit em Küchenmesser in d'Fabrik und metzget die zwoi Türke, bevor die ebbes denkt hen.«

Diese monströse Übersteigerung der vermuteten Reaktion seines Weibes tat ihm sichtlich gut und befriedigte wenigstens gedanklich sein wutvolles, vordergründiges Vergeltungsbedürfnis.

»Eigentlich sollt mr dei Weib losrase lasse«, bestärke ich noch den emotionalen Effekt, um dann aber abzuschwächen: »Das wär ja schrecklich, wenn sie das tät. Nein, zur Mörderin dürfen wir sie nicht werden lassen. Denk an deine Kinder, Sepp!«

»Noi, des hot koin Wert«, pflichtete mir der Sepp ein wenig traurig bei, »'s reicht, wenn der Guschtav und seine Manne dene amol saumäßig de Ranze voll hauet.«

Dem »Guschtav und seine Manne«, einem vierschrötigen Maurerpolier mit seiner Mannschaft, sagte man im Dorf so manche handgreifliche Eigenjustiz gegen Bezahlung nach. Sie sollen die Erfinder des »Eyltinger Sacks« sein, bei dessen Anwendung dem Betroffenen in der Dunkelheit aufgelauert und ein Sack über Kopf und Oberkörper gestülpt wurde, ehe er schlimme Dresche bezog.

»Ha, jetzt schwätz i erst amol mit dei'm Weib, und du wirst schnell wieder g'sund«, besänftige ich seine rachelüsterne Fantasie.

»Schwester Emma, bitte die Einweisungspapiere vorbereiten und den Rotkreuzwagen bestellen«, ordne ich an und versorge die äußeren Verletzungen.

Während der Schnaken-Sepp bei der Wundversorgung immer wieder einmal aufstöhnt, denke ich: Die Kieferfraktur und die äußeren Wunden werden abheilen. Er wird wieder normal kauen und sprechen können, und die Platzwunde am Jochbein wird vielleicht eine kleine Narbe hinterlassen, die sein beinahe feminines Gesicht nicht entstellt, sondern eher einen kleinen maskulinen Akzent zu setzen vermag. Soweit kann dem Manne ärztlich geholfen werden, und alle Welt

wird mit dem Ergebnis ärztlicher Bemühungen zufrieden sein. Aber wie steht es mit den seelischen Verletzungen, mit dem Sozialprestige am Arbeitsplatz? Wer übernimmt da die Wundversorgung und die Einrichtung des Gebrochenen, Zerbrochenen? Endet die Medizin auf diesem Sektor, oder liegt hier nicht doch eine bisher vernachlässigte Aufgabe, die in die unterentwickelten Bereiche der Sozialmedizin und Sozialpädagogik hineinreicht? Endlich hat sich ein geschundener Astheniker zu einer asthenischen Reaktion aufgerafft. Und nun ist es schiefgegangen, weil das dumme Flittchen nichts von den angestauten Spannungen beim Schnaken-Sepp wußte und die beiden Türken die verdiente Ohrfeige als Angriff auf die Ehre ihrer Konkubine deuteten und sich als Beschützer aufspielten. Der Frieden am Arbeitsplatz ist dahin. Wer klärt hier auf, wer vermittelt die Mitte, die richtige Haltung in den mitmenschlichen Beziehungen unter den Betroffenen, die dazu selbst ja offenbar nicht in der Lage sind?

Eine Stunde später sitzt das Weib vom Schnaken-Sepp vor mir. Ich setze sie nicht nur von dem geschehenen Unglück in Kenntnis, sondern versuche auch, ihr die Zusammenhänge zu erklären und mahne sie zu Einsicht und einer positiven Einstellung gegenüber ihrem Mann, dessen Selbstvertrauen nun erst recht wieder aufgebaut werden müsse. Aber gar bald muß ich das Scheitern meines Mühens bei der »Indianere« bemerken. Sie wird nur einen Augenblick bleich bei der Schilderung der Verletzungen, und sie hat nur eine bange Frage: »Wird das wieder gut? Kann er bald wieder schaffe?« Das andere, mir wichtigere Problem erledigt sie mit dem Ausspruch: »An Hering wie der soll sich halt au net wie a Haifisch, sondern a'ständig verhalte. Des predig' i dem Ma von morgens bis en d' Nacht nei. Ond jetzt g'schieht's em grad recht. Wer nicht hören will, muß fühlen.«

Warum haben Männer Brustwarzen?

Anscheinend banale Ereignisse und dumme Fragen können zum Anstoß des Nachdenkens und zum Einstieg in philosophische Betrachtung werden.

Eines Tages kam ein Landwirt in die Praxis, dem ein Transmissionsriemen, dem er zu nahe gekommen war, nicht nur Kittel und Hemd vom Leibe, sondern auch einiges Fleisch samt Brustwarze von der Brust gerissen hatte. Als ich die Fleischwunden nähte und das zerquetschte Gewebe samt Brustwarzen opfern mußte, versuchte ich, den Mann wegen des Verlustes dieser sekundären Geschlechtsmerkmale zu trösten: Die Brustwarzen seien für uns Männer eigentlich unwichtig. Wir zeichneten unsere Männlichkeit ja ohnehin durch die Behaarung der Brust aus. Die Zitzen oder Dutteln seien doch etwas Weibisches, das gar nicht zum Manne gehöre. Seit Jahrtausenden hätten wir Männer doch nichts mehr mit dem Stillen von Kindern zu tun, und eigentlich sei es ein Versäumnis vom lieben Gott, daß er uns diese Knöpfe immer noch nicht von der Brust abgenommen habe. Da müsse, wie in seinem Falle, erst etwas passieren, bevor uns die Vergeßlichkeit des Schöpfers bewußt würde und der Arzt der Vollkommenheit der Schöpfung auf die Sprünge verhelfen könne. So witzelte ich philosophierend, um den Schmerzgeplagten abzulenken.

»Sie hend eigentlich recht, Herr Dokter«, pflichtete der Mann bei, »Sie müsset's als G'schtudierter ja wisse. Aber saget Sie em Ernscht: Warum hend mir Männer denn no Bruschtwarze, wenn se überflüssig send?«

Nach dem, was ich zuvor dahingesagt hatte, schien mir diese Frage zuerst ebenso dumm wie unnötig. Aber der Mann war im Begriff, mit tapfer ertragenden Schmerzen infolge seines Unfalls das zu verlieren, was ich ihm leichthin als »unnötiges Organ« einzureden versuchte. Ich selber hatte gut reden von den »unsinnigen Knöpfen« auf der Männerbrust, solange sie mir nicht als Beweis meiner Überzeugung abverlangt wurden. Er dagegen mußte unwiderruflich meiner These folgen. Stand ihm daher nicht ein besonderes Recht zu, mit seiner Frage eine ernste, von wissenschaftlicher Überzeugung getragene Begründung meiner Behauptung zu erhalten? Ich war ihm durch meine leichtfertige Tröstelei eine überzeugende Antwort schuldig geworden. Also gut: Warum haben Männer Brustwarzen, wenn sie sie nicht brauchen?

»Ganz am Anfang«, begann ich zu erklären, »waren die Menschen gleichsam Zwitter. Sie waren Mann und Frau in einem. Diesen Urzustand hat uns die Natur launigerweise in wenigen Exemplaren bis auf den heutigen Tag erhalten. Wir anderen, wir Normalen, sind zum Mann oder zur Frau entwickelt. Aber mit Ausnahme des Geschlechts und der Geschlechtsmerkmale, zu denen auch die Brust gehört, ist unser Körper gleich geblieben. Wir Männer besitzen innere Drüsen, die Wirkstoffe des Weiblichen in geringerer Menge produzieren, und bei den Frauen ist es umgekehrt. Bei der Befruchtung fällt in der Regel die Entscheidung, ob wir Mann oder Frau werden, ob unser Mann-Frau-Körper männliche oder weibliche Gestalt entwickeln wird. Weil unser menschlicher Körper aber in seiner Grundanlage noch einheitlich ist, haben wir Männer wie die Frauen eine Brust mit Brustwarzen, die allerdings bei der Frau durch die Wirkstoffe des Weiblichen zu ihrem späteren Zweck ausreifen, während sie bei uns Männern unentwickelt und kümmerlich bleiben.«

»So isch des, Herr Dokter«, bestätigte der Mann interessiert und meinte dann mit grimmigem Humor: »No bin i also jetzt mit mei'm weibliche Teil gründlich versaut!«

Er hatte mich leider verstanden, und seine Feststellung traf ins Volle, denn die latente potentielle Gabe der Natur zum anderen Geschlecht hatte bei ihm durch den Verlust der Brustwarzen einen ersichtlichen Verlust erfahren. Um ihn zu trösten, wich ich auf die Bedeutungslosigkeit der Brustwarzen für Männer aus: »Wir Männer brauchen aber doch die Zitzen wirklich nit, ich wüßte nicht, wozu.«

»Des stimmt au wieder net so ganz, Herr Dokter«, widersprach mir der Mann und sah mich mit waidwundem Blick an. »Wisset Se, wenn i mei rechte Hand ausg'streckt han, no han i immer g'wißt, daß es von de Fingerspitze bis zu meiner rechte Brustwarz oin Meter mißt! Des war emmer so praktisch, weil i no koi Metermaß braucht han!«

Als ich dem Mann nach der Versorgung seiner Wunden ein Metermaß als Trost für seinen verlorenen natürlichen Meter aus der Schublade holte, war mir zumute, als würde ich ihm eine Prothese aushändigen.

Das Rezept

Himmel und Erde müßten zerbrechen, ehe die Artzney stürbe. (Paracelsus, Paragranum)

Aus der Sicht des Patienten gründet ein wesentlicher Teil des Ansehens eines Arztes darauf, daß er rasch und sicher wirkende, möglichst auch angenehm einzunehmende Medizin zu verordnen weiß. Eine gekonnte Rezeptur entschuldigt sogar Unebenheiten seiner Person oder seines Umgangs mit den Patienten, denn es heißt dann zur Einschränkung geübter Kritik: »Aber er verschreibt gute Sache'«, oder »er weiß immer no a Mittele«.

In alten Zeiten, als die Medizin sich noch nicht oder mindestens nicht im heutigen Ausmaß verwissenschaftlicht hatte, und die Erstellung der Diagnose, die die Götter vor die Behandlung setzten, ohne technischen Aufwand dem ärztlichen Blick und ärztlicher Erfahrung überlassen war, stand das Rezept als Zeichen ärztlicher Hilfe und ärztlichen Wissens im Mittelpunkt der ärztlichen Aktion und der Erwartung des Patienten. Nur selten geschieht es heute noch, daß ein Patient in die Sprechstunde etwa mit der alleinigen Frage kommt: »Herr Dokter, wisset Sie mir net a gut's Mittele gege mei Rheuma?«

In einem viele Jahrzehnte langen Prozeß hat die Verwissenschaftlichung der Medizin auch das Verhalten des Patienten rationalisierend verändert. Der einst mit Spannung erwartete Vorgang des Rezeptierens, bei dem der Patient in andächtiger Stille das Kratzen der Schreibfeder hörte, wenn der Doktor in gespannter Konzentration über die Zusammensetzung und Dosierung nachdenkend, am Schreibtisch in lateinischen Kürzeln Substanzen aus dem Heilschatz der Natur auf das Rezept schrieb, vollzieht sich heute in nüchterner Sachlichkeit und Eile, so daß häufig sogar die Sprechstundenhilfe auf Anweisung die Fertigpräparate der Industrie auf der Maschine ausschreibt und dem Arzt nur noch zu kurzer Prüfung und Unterschrift vorlegt. Und in der Apotheke greift dann eine Apothekenhelferin kurz in ein Regal und händigt das Medikament ohne die einstige Geschäftigkeit alter Apotheker mit Mixen und Abfüllen als fertige Originalpackung dem Patienten aus.

Trotz dieser profanierenden Versachlichung des Rezepts und der Arzneimittelabgabe ist aber eine Aura des Irrationalen um das Rezept geblieben, in der sich, wenn auch häufig nur noch rudimentär, Glaube, Hoffnung und Zweifel sowohl des Patienten und des Arztes begegnen. Da sind die Kräfte der Natur, auf der einen Seite in den Wirkungen des Medikaments, auf der anderen Seite in bereits angelaufenen Prozessen der Abwehr und sich formierender Selbstheilung im Körper des Patienten. Die Natur heilt – der Arzt unterstützt die Natur mit seiner ärztlichen Kunst, seinem Savoirfaire. In vielen Situationen vermag der Arzt mit seinem Rezept sofort unerträgliche Schmerzen und Beschwerden zu beseitigen, quasi mit einem Federstrich. Aber wie oft sieht er sich auch Ungewißheiten der Wirkung seiner Medikamente und der Reaktionen des Körpers seines Patienten gegenüber, zwingt ihn ein Krankheitsverlauf oder die schwer einschätzbare Physis seines Kranken zu Skepsis und einem Augurenlächeln gegenüber der eigenen Geschäftigkeit. Mein Vater, der noch eine betont empirische Medizin betrieb, sich also auf seinen Blick und seine Erfahrungen stützte, meinte oft: »A Sau ka' mer schätze, aber d' Natur net!«

Ganz so unrecht mochte er mit diesem groben Spruch nicht haben, denn es bleiben auch dem modernen, wissenschaftlich operierenden Arzt immer noch genug Imponderabilien mit der »Natur« sowohl des Patienten wie auch der Medikamente. Der alte Cato Censorius, Urbild des Römers der vorcaesarischen Zeit, brüstete sich als Hasser der Ärzte mit der Behauptung, sich und die Seinen nur durch richtige Lebensweise und eigene Hausmittel immer bei Gesundheit gehalten zu haben. Und Catones gibt's – ich meine Gott sei Dank – auch heute noch. Trotz aller Skepsis läßt sich aber doch bewiesenermaßen feststellen, daß ärztliche Vernunft der Vernunft des Körpers häufig überlegen ist.

Eingedenk aller Imponderabilien der Wirkungen und Nebenwirkungen eines Medikaments setze ich bei meinen handschriftlichen Rezepten die Chiffre des alten astrologischen Jupiterzeichens ♃, aus dem unsere Anweisung »Recipe« an den Apotheker wurde, und ich erinnere mich bisweilen, daß der als Grieche in kaiserlichem Dienst stehende Arzt Krinas zwar vordergründig dem Gottkaiser Nero huldigte, wenn er die Anrufung Jupiters und damit auch seines weltlichen Herrn allen Verordnungen voransetzte, andererseits aber wohl unbewußt eine Tradition begründete, deren tieferer Sinn in dem gekürzelten Stoßgebet liegt, es möge der Segen des Himmels auf dem verordneten Medikament und seinen Wirkungen liegen. Das Irrationale hat also, wenn auch den Patienten und selbst vielen Ärzten nicht bewußt, bis heute seinen Platz am Anfang des Rezepts behalten. Sorge und Angst des Patienten erfahren jedenfalls durch die Anrufung des Himmels mit dem Jupiterzeichen eine gebührende Referenz im Rezept, bevor die Praescriptio und die Subscriptio dem Apotheker in lateinischer Sprache im Genitiv das Mittel und im Akkusativ seine Menge nennt und der Zusatz des »Misce, da« – mische und gib – die aufgetragene Arbeit des Apothekers zur Zubereitung und Verpackung des Medikaments abschließt.

Wenn es im ersten Teil des Rezepts streng lateinisch zugeht, so hat dies nichts mit Geheimniskrämerei zwischen den beiden Adepten Arzt und Apotheker zu tun, sondern vor allem mit der Universitas der lateinischen Sprache im abendländischen Bereich. Spaßvögel begründen die Verwendung des Genitivs bei der Nennung des Medikaments damit, daß der Genitiv, der »Gebärende«, die Ausgeburt ärztlicher Weisheit kennzeichne, während bei der Angabe der Menge im Akkusativ der »Ankläger«, bei Kassenärzten also der Regreß, dahinterstecke. Sei's drum.

Der zweite Teil des Rezepts, die Signatur, gilt dem Patienten und versöhnt die Kritiker der lateinischen Sprache mit Anweisungen über Art und Menge des Einnehmens in der Landessprache. Diese Anweisungen sind von großer Wichtigkeit, weil der aufgeregte Patient sehr häufig die mündlichen Anweisungen des Arztes vergißt oder nicht ganz aufgenommen hat. Es braucht nicht immer Einfalt oder Beschränktheit zu sein, die zu falschem Verständnis der Verwendung des Rezepts führt, wie das meinem Vater noch in früherer Zeit passierte, als er einem Bauern ein Rezept für seine Frau gab und sagte, sie solle das einnehmen, und der Bauer anderntags wiederkam und ein anderes Rezept wollte. Auf die Verwunderung meines Vaters darüber erklärte der Bauer, seine Frau habe das Rezept erst nach langem Kauen und Würgen hinuntergebracht.

Ein anderer hatte nicht die für seine Frau verordnete Medizin vor der Einnahme, sondern seine Frau selbst geschüttelt, was ihr weniger gut bekommen war.

Dem Arzt kann eine mündliche Anweisung auch sprachlich vorbeigelingen und zur Zweideutigkeit geraten, wenn er etwa einer Dame bei der Überreichung des Rezepts sagt: »Und nach der Einnahme legen wir uns eine Stunde zu Bett!«

Größte Präzision des Wortes ist also bei der Anweisung auf dem Rezept selbst und bei seiner Übergabe an den Patienten erforderlich und wird damit zu einer Schule des Denkens und Sprechens für den Arzt, wenn er außer dem »dreimal täglich ...« seine Medizin in den Lebens-Tagesrhythmus hineindosiert. Und ohne ein ausgekochter Scharlatan zu sein, muß er nach Möglichkeit auch mit einer abgemilderten verbalen Zauberformel die Wirkung seines Rezepts untermauern, wenngleich aus den Zauberworten »Aski Kataski« ein bescheidenes, aber eingängiges: »Nehmen Sie dies, dann wird es wieder gut!« geworden ist und ich häufig bei Hausbesuchen in den Nachttischschubladen unbenutzte Medikamente entdecke, die ich zuvor verordnete und deren vermeintlicher Wirkung ich die spätere Wiederherstellung der Gesundheit zugeschrieben hatte.

Nachtbesuch

Wenn die Zimmerbeleuchtung in vielen Häusern erlischt und nur noch die Straßenlaternen der Dunkelheit begrenzten Widerstand leisten, wenn die Türen verriegelt sind, die Hühner reglos auf der Stange sitzen und Landleute und Arbeiter der Frühschicht unters Kissen kriechen, dann beginnt für mich die Nacht. Anstrengungen und Erregungen suchen Auslauf und Ende, stürzen unter Zwang in unheimliche Stille und lichtlose Zeit. Schmerz tropft über Stufen der Erschöpfung, rinnt in die samtenen Kelche von Schlaf und Traum. Der Tag hat Ebbe, und das Bewußtsein beginnt zu schwinden. Der Sturz ins schwindende Bewußtsein bringt Angst hervor, die der Tag belächelt. Unwirkliches wird plötzlich schreckende Wirklichkeit. Chimäre und Nachtmahre finden durch verschlossene Türen und Fenster und hocken am Bett, legen sich drohend und schwer auf die Brust. Die Initialen von Kaspar + Melchior + Balthasar entfalten magische Wirkung. Lemuren weichen zurück. Lampe und Lektüre scheuchen Gespenster und kürzen die Nacht. Drogen lassen sanft und schmerzlos in Morpheus' Arme sinken. Das Telefon auf dem Nachttisch garantiert Verbindung zu den Schutzheiligen der Nacht, dem Büttel und dem Arzt, und ersetzt bei vielen das Nachtgebet.

Weil ich darum weiß und mein Abend erst jetzt beginnt,

wenn es Nacht ist, überlasse ich mich einer Flasche guten Weins und entspannender Lektüre bis um Mitternacht. Bis dahin ist die Zeit, in der sich meine Kranken zurechtbetten und noch in den Kissen wühlen, in der sie meiner oftmals noch einmal bedürfen. Ich muß noch auf dem Sprung sein. Kinder fiebern und lassen besorgte Mütter noch einmal am Telefon ärztlichen Rat einholen. Am Arbeitsplatz tapfer ertragene und über den Tag geschleppte Beschwerden dringen zu Hause in der Ruhe verstärkt ins Bewußtsein, wecken Sorgen in der Familie. Und die Gemeindeschwester will noch wissen, ob sie einem Krebspatienten ein halbes oder ein ganzes Pantopon spritzen und ob sie bei einer Patientin morgen früh Katheterurin abnehmen soll. Dann aber, wenn die zweite Halbzeit der Nacht beginnt, überfällt mich der Schlaf so ungestüm, daß ich mit Mühe gerade noch ins Bett finde. Für fünf oder sechs Stunden entsteht auf der Landkarte meines Lebens ein weißer Fleck. Ein letzter feindseliger Blick zum Telefon. Wird es mich aus der tiefsten Zisterne des Schlafs emporziehen? Die Ärzte vergangener Zeiten hatten es besser. Rasches am Krankenbett sein war nicht möglich, weil der Doktor, wenn man ihn zur Nachtzeit holte, geraume Zeit zum Satteln seines Pferdes oder zum Einspannen der Kutsche benötigte. Heute soll der Doktor möglichst im Pyjama ins Auto springen und in fünf Minuten am Bett den Puls fühlen. Allerdings ist es meist etwas Ernstes, wenn ich nach Mitternacht gerufen werde. Koliken, eine Geburt, ein Abort, Herz-Kreislauf-Versagen, schweres Asthma, akute Blinddarmentzündung … Man weiß schon, was zwischen Mitternacht und Morgen passiert. Trotzdem schlüpfe ich oft grätig und mit Gestöhne in die Klamotten, vor allem, wenn's zum zweiten oder gar dritten Mal sein muß. »Du hast's ja so gewollt«, reizt mich dann noch obendrein die innere Stimme. »Tu deine Pflicht«, höhnt es in mir. Zum Teufel, freilich erfülle ich meine Pflicht, aber warum fällt's mir gar so schwer? Warum folgt der arbeitsreiche, harte Tag der schlafarmen Nacht so dicht auf den Fersen? Ich bin einfach todmüde, und ich leide an niederem Blutdruck. Ich trinke ja schon sechs, acht Tassen Kaffee und rauche mich durch den langen Tag hindurch. Und ich sage wenigstens zehnmal in der Sprechstunde: »Sie brauchen mehr Schlaf, und lassen Sie das unsinnige Aufputschen mit Bohnenkaffee und Zigaretten. Wir sollten am besten doch einmal ein Heilverfahren für Sie beantragen, damit Sie vier bis sechs Wochen richtig ausspannen und Ihr Vegetativum, Ihr Lebensnervenkostüm, in Ordnung bringen können.« Das sage ich zu anderen. Und wer sagt es zu mir? Wer, außer meiner mitgeplagten Frau, paßt schon auf mich auf? Ich bin allein, selbsterwählter »Halbgott in Weiß«, wie man uns Ärzte häufig apostrophiert, trage die zentnerschwere Kette meiner Gelübde und Eide um den Hals. O Herkules, du Abbild aller geschundenen Halbgötter! Mit Besorgnis schielten die Götter auf deine Kraft. Hinterhältig und arglistig verstrickten sie dich in Schuld und Sühne, verheizten sie deine Kräfte durch immer neue Aufgaben, bis sie dir ihres schlechten Gewissens wegen im Niemandsland der Halbgötter Heimrecht gewähren, dort, wo die Menschen nicht mehr und die Götter noch nicht zu Hause sind.

Nachts im Wagen, auf der Fahrt zum vier Kilometer entfernten Hinterweiler, einer Aftersiedlung von Eyltingen, wohin man mich rief, nachts entwickle ich häufig solche exzessiven Gedankenreihen und neige auch zum Räsonieren. Schwester Erna hatte von dort aus angerufen, sie stehe bei einer noch nicht lange dort ansässigen Familie am Bett der Frau, die sich in heftigen Zuckungen wie bei einem Krampfgeschehen hin und her werfe. Nachbarn hätten sie mit dem Wagen dorthin geholt. Sie wolle aber nicht entscheiden, ob es ein epileptisches Anfallsleiden oder eine Tetanie sei ...

Straßenbäume weichen erschreckt meinen Scheinwerfern aus und haben es eilig, hinter mich zu kommen. Kalter Rauchgestank aus dem Aschenbecher im Wagen. Ekel und Ärger würgen den Hals. Höhnisch sagt es in mir: »Sei freundlich gegen jedermann und aller Knecht!« – Das könnte Schwester Erna gesagt haben. O du Allerweltsprachsthenn', geboren, die Kuckuckseier von jedermann auszubrüten! Zorn – auch ungerechtfertigter – hält wach am Steuer. Er hat mich ganz gehörig im Griff, der Hader mit meinem selbsterwählten Los. Hätte Che Guevara die Abschaffung von Nachtbesuchen propagiert, ich wäre wahrscheinlich sein Gefolgsmann geworden. Aber wie kannst du nur so blindwütig sein?

Sei nicht so blind im Gewüt',
Hast einen Wind im Geblüt!

Nachts um halb zwei nicht schlecht. Ich muß fast lachen. Ich glaub', ich hab's geschafft mit dem Tadedium vitae.

Wenig später stehe ich am Bett einer blaßgrauen, mageren Frau, die vierzig oder auch jünger sein mag. Auf den ersten Blick erscheint sie psychisch stark erregt, zittert und schüttelt, dreht den Kopf von einer zur anderen Seite, schluchzt, verzerrt das Gesicht. Schwester Erna schiebt den grobschlächtig erscheinenden Mann aus dem Schlafzimmer und flüstert mir zu, die Temperatur sei normal, es werde wohl doch nur etwas Psychisches dahinterstecken. »Na, wollen wir erst mal sehen«, bremse ich ihren Eifer und lasse sie's merken, daß ich ungehalten und grätig bin. Obendrein ärgere ich sie noch, indem ich das Fieberthermometer, das auf dem Nachttisch liegt, zur Hand nehme und die Skala betrachte. Es ist Unsinn und unverschämt von mir, aber es tut im Augenblick gut.

Dann meine Fragen zur Anamnese. Die Frau antwortet stakkato und schluchzt, atmet übertrieben aus, ist schwer zu besänftigen. Ich prüfe die Reflexe, taste und – »jetzt hören Sie bitte mal mit der unsinnigen Schnauferei auf und atmen Sie ruhig, gleichmäßig ... ja, soo ...« Ich horche auf und klopfe Brust und Rücken ab. »Thorax sani hominis sonat, si percutitur – der Brustkorb des gesunden Menschen gibt auf's Anschlagen einen Schall«, begann Auenbrugger seine berühmte Abhandlung über die von ihm gefundene Methode des Abklopfens der Brust. Zwanghaft fällt mir dieser lapidare erste Satz aus der *Neuen Erfindung* Auenbruggers immer wieder ein, wenn ich perkutiere. Nacht und Müdigkeit machen mich anfällig für Ohrwürmer und mobilisieren subcorticale Ladenhüter. – Die Frau hört plötzlich mit ihrem Zittern auf, kehrt sich ab und gräbt weinend ihren Kopf ins Kissen. Auf mein Zeichen geht Schwester Erna nach außen und läßt mich allein am Bett. »Jetzt lassen Sie uns doch einmal miteinander reden«, leite ich ein. »Hören Sie, es fehlt Ihnen an Organen zwar nichts, Sie sind aber sehr stark erregt. Irgendwas hat Ihre Nerven zu stark belastet.« Nach einigem Zögern faßt die Frau sich ein Herz und schildert eindringlich die Qual der Erschöpfung. Sie ist in Gegenschicht zu ihrem Mann am Fließband der großen Autofabrik tätig, kommt nachmittags von ihrer Frühschicht, wenn der Mann, der sich bis dahin um die Kinder gekümmert hat, zu seiner Schicht eben weggegangen ist, nach Hause. Erst wenn er zwischen elf und halb zwölf nachts heimkommt, sehen sie sich, sind sie beisammen. Nun muß sie ihm das Essen bereiten und vorsetzen, und dann wolle der Mann schließlich auch noch Liebe von ihr haben. Dazu sei sie seit mehreren Wochen einfach zu erschöpft, müsse sie doch bereits früh um fünf wieder aufstehen.

»Glauben Sie, Herr Doktor, das hält kein Gaul aus, da geht der bescht' Kaktus ein«, rechtfertigt sie sich glaubhaft.

Aber da sind Abzahlungen von einem neu angeschafften Auto und einer modernen Kücheneinrichtung. Ein Bausparvertrag, Hoffnung auf späteres Haus oder Wohnungseigentum, soll auch möglichst bald erfüllt und zuteilungsreif werden. Nein, den Streß aufzugeben kann man sich nicht leisten. – Ich zeige Verständnis. Mithalten mit all den anderen ist alles. Und alles für die Kinder … Du heiliger Bimbam von der Orgel des Wohlstandskarussels, erlöse uns vom Zwang des Mitfahrenmüssens. Behalte den Eintrittsgroschen zur Wohlstandsfortschrittsolympiade. Was wird da nicht alles verspielt. Lebenskraft und Lebensfreude als Chips auf dem Roulett. Ein Croupier mit Stethoskop und weißem Kittel: Rien ne va plus …

»Lassen Sie den Unsinn. Hören Sie auf, ehe Sie den letzten Einsatz verspielen. Ich muß ein Heilverfahren für Sie beantragen. Ein Teil Ihres Einsatzes und das von allen eingesetzte Geld im sozialen Eintopf wird nötig sein, Ihnen eine Chance für später offenzuhalten.«

Alles für alle hat keine Chance … Unverstand gewinnt manchmal Verstand. Kleine Einsätze bringen nicht die Bank, aber wenn auch – überhaupt, sowieso und gerade deshalb … Großeinsätze führen schnell zum Ruin.

»Bleiben Sie jetzt einmal zu Hause, gute Frau, und schlafen Sie sich aus. Empfangen Sie dann Ihren Mann ausgeruht und bei besserer Laune. Ja, ich glaub's Ihnen, daß er im Grund ein seelenguter Mann ist. – Nehmen Sie jetzt noch diese zwei Tabletten mit etwas Wasser und kommen Sie übermorgen in die Sprechstunde. – Nein, kein Grund zur Entschuldigung, das kommt schon vor, mitten in der Nacht.«

Auf der Heimfahrt sitzt Schwester Erna neben mir, ich bringe sie nach Hause. Sie sieht müde und eingefallen aus. Nicht nur in dieser Nacht, in vielen Nächten ist sie um einen guten Teil des verdienten Schlafs gekommen. Niemals habe ich sie aber fluchen oder schimpfen hören. Jetzt, da ich wach geworden bin, tut es mir leid, daß ich mich so vorbeibenommen und ausgerechnet sie meinen Unwillen und meine schlechte Laune habe spüren lassen. Ich möchte das gerne einrenken, möchte sie gerne meine Schwäche vergessen lassen. Längst habe ich mich wieder gefangen und schon bei der Verabschiedung von der Patientin wieder zu meinem Humor gefunden. Noch ein wenig in Gedanken und zerstreut biete ich Schwester Erna eine Zigarette an.

»Ach so, natürlich ... Sapristie, ich bin heute nacht ein bißchen durcheinander.«

»Ich hab's bemerkt, Herr Doktor, aber fluchen sollten Sie deshalb nicht«, tadelt sie mich sanft.

»Schimpfen oder fluchen Sie denn nie, Schwester? So nachts, wenn Sie den Schlaf nicht recht überwinden können und es doch müssen, weil man ruft?«

»Ich habe ein gutes Rezept, wenn der Teufel sein Süpplein in mir kocht und die Blasen hoch steigen. Das habe ich von Schwester Martha, meiner Vorgängerin, übernommen.«

»Und wollen Sie mir's nicht verraten, Ihr Rezept, Schwester Erna?«

»Ganz einfach, Herr Doktor: Wenn das Böse in mir hochkommt, sag ich schnell in mich hinein oder auch vor mich hin: Lobe den Herrn, meine Seele! Und das hat mir immer geholfen.«

»Wunderbar, Schwester Erna«, kann ich gerade noch sagen, da fährt mir ein Wagen mit aufgeblendetem Licht entgegen und läßt mich für einen Augenblick die Übersicht verlieren. Ich bremse ab und zwinkere mit den Augen, schon hat sich die Brust mit Luft gefüllt zu einem gräßlichen Fluch, aber es wird nur »so ein ...« daraus, und ebenso geistesgegenwärtig, wie ich den Wagen vom Grabenrand zurück auf die Straße steuere, brülle ich noch im rechten Moment: »Lobe den Herrn, meine Seele!« Schwester Erna sitzt für den kleinen Rest der Fahrt strahlend neben mir. Beim Abschied meint sie lachend und mit unverkennbarem Stolz: »Dieser Nachtbesuch hat sich doch gelohnt, Herr Doktor, nicht wahr?«

Zum – lobe den Herrn, meine Seele, ja, Schwester Erna, er hat sich gelohnt!

Das Sanduhrspiel

… also vermocht' dank Gottes Hülf' und ärztlicher Müh' das beinah' abgelaufen' Stundenglas gewendet werden …

»Betrachte das Bild immer wieder«, sagte mein Großvater zu meinem Vater, als er ihm die Praxis übergab.

»Halte das Bild in Ehren«, sagte mein Vater zu mir, als ich ihm die Bürde der Landpraxis abnahm.

Und so hängt das Bild in dritter Generation über dem Schreibtisch im Ordinationszimmer. Es ist ein alter Strich, der den Gevatter Tod, umhüllt von einem schwarzen Mantel und mit breitkrempigem Hut über dem schreckenden Knochengesicht, mit Hippe und Stundenglas, offenbar uneins mit dem Arzt am Bett eines Kranken darstellt; uneins, weil der bärtige Medikus mit Doktorhut und einem *Corpus Hippocraticum** unterm Arm – Zeichen seiner hohen Gelahrtheit – das nahezu abgelaufene Stundenglas dem Tod entreißen und wenden möchte, um seinem Patienten neue Zeit zum Leben zu schenken. Das allegorische Gerangel zwischen Tod und Arzt um das abgelaufene Stundenglas bedeutete meinen Altvorderen schlechthin ein Ursymbol ihres ärztlichen Wirkens. Das Leben des Arztes schien ein einziger un-

* Gesamtwerk der Schriften des Hippokrates

ablässiger Kampf wider den Tod als Zerstörer des Lebens. Mein Vater, der mit so kräftigem Humor gesegnet war, daß ihn selbst der Tod nicht in Tristesse stürzen konnte, sprach im Hinblick auf diese Allegorie in einer Art barocker Euphemie vom »Sanduhrspiel« zwischen Tod und Arzt und wußte zu berichten, daß der Ururgroßvater, Leibmedicus eines Duodezfürsten, nach der Errettung eines Schwerkranken für die Epikrise in seinem pedantisch geführten Journal jeweils die Schlußformel gebraucht habe: »... also vermocht' dank Gottes Hülf' und ärztlicher Müh' das beinah' abgelaufen' Stundenglas gewendet werden.«

Tradition ist eine gute Sache und verpflichtet, wenn sie Zeitloses in die Zeitlichkeit hinein vermittelt. Mit dieser Überzeugung war ich in der ersten Zeit meiner landärztlichen Tätigkeit gleich den Vätern fasziniert von der Symbolformel des Sanduhrspiels. Mein Kampf für die Zeit wider den Tod war darum häufig von emphatischem Selbstgefühl begleitet. Aber je fixierter ich auf die Realisierung dieses Symbols war, desto verkrampfter und trübsinniger wurde ich, wenn ich in der vom Ururgroßvater überkommenen Sanduhr den Sandstaub in feinem Strahl vom oberen Glas durch die enge Taille der Gegenwart ins untere Glas rinnen sah, wo sich symbolisch das Vergangene türmte. Der Sand war nichts als sichtbar gewordene Zeit, von der nach einer knappen Stunde im oberen Glas der Zukunft fast »nichts mehr drin« war. Aus dem Raum der Zukunft im oberen Glas floß die Zeit augenfällig in den Raum der Vergangenheit im unteren Glas. Tempus fugit ... Vor mir Zeit, die in rötlichem Strahl niederrieselt, verrinnt, im Blutpuls rinnt, gemessen, unermeßlich ... Wie lange noch mein arrhythmischer Wille zum Griff nach der Hand, die das Stundenglas hält? Lang' hab' ich studiert, das Glas zu wenden, um Stunden, Tage, Jahre zu schenken jedem, der mich ruft, und immer gegen den, der unsere Zeit endet – anamnestische Rückschau auf Vergangenes, Gegangenes, vom Vergessen Ausgehendes, Befunde, pathogenetisch und nosologisch an der Wäscheleine der Literatur getrocknet, Erkenntnisse aus dem Strudel der Symptome, niederziehend die Angel der Diagnose, oft ohne Beute am Haken. Palpieren am eingefallenen Leib, spüren nach Resistenzen und bösem Gewächs, Suchen unter Schattendifferenzen im Röntgenbild, Blutaufstieg in Pipetten und Chiffren aus Computern, Sekundenphänomene am Stundenprolaps penicillinresistenter Nächte, Lehrsätze in subcorticalen Nestern, warm, aber gefährdet durch die scharfen Schnäbel wissenschaftlichen Zweifels und praktischer Erfahrung. Katalektische Bemühungen in den Käsewochen eines endlosen Studiums, Berufung im Gefühl, später Routine, die das Stundenglas mit Hilpersgriffen zu wenden sucht, weil die Zeit Leben, Leben vielleicht Erfolg bringt und Erfolg alles gilt. Wer zu mir kommt, wer mich ruft, will Zeit, Zeit, die er nicht hat. Viel gute Zeit wünsch' ich weiß wem und mir selber, wenn die Horen würfeln und die Glocken anschlagen, während thessalische Hexen in Kaschemmen kichernd die Karten mischen. Tag und Nacht vor dem Prokrustesbett der immer zu kurz bemessenen Zeit, zwischen Über- und Unterbett am Krankenbett, am Sterbebett, der Zeit, die Sibyllinischen Bücher vom gesunden Leben unterm Arm und nur selten die Hände frei für ein Gebet, das doch am Anfang wie am Ende des Sanduhrspiels gesprochen werden müßte …

»Betrachte das Bild immer wieder«, sagte mein Großvater zu meinem Vater.

»Halte das Bild in Ehren«, sagte mein Vater zu mir.

Und ich? Mir, dem Kinderlosen, dem zwischen Überlieferung und Auslieferung im engen Sturz der Zeit zu Sand Zerriebenen, dem nur der Zweifel als Sohn geboren wurde, mir bleibt die Spannung zwischen Traurigsein und Lachen. Mit mir ist es irgendwie anders. Seit ich den Zentauren Chiron nicht mehr als Urahn aus Olimszeiten halbgöttisch verehre, seitdem lache ich, wenn ich mich hier und da noch bei erregtem Gefühl in der Vorstellung ertappe, ich hätte wieder einmal für einen die Sanduhr gewendet und dem Tod ein Schnippchen geschlagen, seither lache ich sogar laut, wenn's gar noch die Leute sagen und einen Halbgott aus mir machen möchten. Ach wär's kein alter Stich und hätten's mir die Altvorderen nicht so ans Herz gelegt ... Aber ich empfinde die Allegorie vom Sanduhrspiel heute etwa so wie das Bild vom Ritter, Tod und Teufel, als eine vortreffliche künstlerische Imagination ethischer Hochspannung, unter der die Alten auf ihre Weise zu leiden hatten. Mein Lachen, glaubt es mir, es holt seinen Atem aus tiefer Bescheidenheit, aus dem Bekenntnis zu meiner menschlichen Unvollkommenheit und Schwäche, die mich unter meinen ländlichen Patienten zwar angesehen, aber als einer der ihren leben läßt, so leben läßt, daß ich mich in dieser Rolle wohler fühle als im luftigen Zwischenreich der Halbgötter. Einer meiner Patienten, dem ich im überkommenen Sinn das Stundenglas gewendet hatte, kam eines Abends zu mir und meinte: »Nix für ungut, Herr Doktor, aber i mein halt, daß Sie, wo Sie em Tod dauernd gegenüberstehet, net au no dem sei Bild an d'Wand hänge solltet. I bring' Ihne als Dank für Ihr G'schäft mit mir a anders Bild, wo Sie beruhigt.« Und er übergab mir einen Farbdruck stattlicher Größe, der eine kitschiggrüne Wiese mit weidenden Schafen zeigte. Inmitten seiner Schafe stand der Schäfer und hielt ein hübsches Weib an den Händen, dem er schmachtend in die Augen blickte, während der zottige Schäferhund scheinbar taktvoll den Kopf zur Seite drehte. Als mein Patient bemerkte, daß ich im ersten Augenblick unschlüssig war, was ich mit diesem Bild anfangen sollte, fügte er knitz hinzu: »Vergesset Se vor lauter Sanduhrspiel bloß das Schäferspiel net, denn des entspannt und hält am Lebe.«

Leichenschau

Der Begriff »Leichenschau« und seine wörtliche Bedeutung sind nicht kongruent. Vom Sprachlichen her würde man eine Ausstellung von Leichen erwarten. Diesen sprachlichen Nonsens haben wir der Kontraktion von »Leichenbeschau« zu »Leichenschau« zu verdanken. Aber es hat sich so eingebürgert: Die hierzulande vom Arzt als »Leichenbeschauer« geforderte Feststellung des endgültigen Todes wird Leichenschau genannt. Was der Beschauer mit Schauern oder Schaudern beschaut und auf dem Leichenschein protokollarisch zu bescheinigen hat, sind die geltenden Zeichen des Todes: Endgültiges Aufhören der Atmung und der Herztätigkeit, erloschene Pupillenreflexe und nach einigen Stunden eintretende Starre der Muskulatur, genannt »Leichenstarre«.

Auf dem Lande vollzieht sich dieser letzte Akt meist in der Schlafstube, wo nicht nur der erste, sondern auch der letzte Schlaf, der ewige, beginnt.

Die Leichenschau mit ihrem Drum und Dran kann gelegentlich Überraschungen bringen, die aber seltener auf den Verstorbenen als auf die Überlebenden zurückzuführen sind.

Gefaßt, mitunter befremdlich realistisch oder mit verheulten Augen umstehen die Angehörigen das Leichenbett. Mit verhaltener Stimme erkundigt sich der Arzt nach der letzten Stunde des Entschlafenen. Die Endgültigkeit des Abschieds ist zu dieser Zeit meist noch nicht vollständig ins Bewußtsein der Angehörigen gedrungen. Aber die letzten Lebensäußerungen des Toten wirken in die Gegenwart hinein. Die Tasse, aus der der eben Verstorbene noch einen Schluck Tee trank und die Tropfen und Tabletten, die er bis zuletzt einnahm, stehen noch auf dem Nachttisch. Alles Drumherum ist noch so, wie man es seit Wochen zu sehen gewohnt war. Selten nur findet man heute noch die Angehörigen im Gebet am Bett des Verstorbenen. Neugier und Entsetzen prägen die Gesichter, und der bislang nie ernsthaft bedachte Tod bringt für eine Weile seelisches Chaos. Spätes Mitleid durch Furcht vor gleichem Schicksal der eigenen Person … Aber nein doch: bei mir noch lange nicht, bei mir vielleicht die große Ausnahme oder ein plötzliches Ende ohne Leiden … Irgendwann, aber noch lange nicht … Ein kurzes, bald wieder verdrängtes Memento mori. So ist's in der Regel.

Der Arzt versieht seine letzte Pflicht und spendet den aus seiner Wissenschaft weit hergeholten, ebenso vagen wie gleichzeitig gerne vernommenen Trost: »Er hat bestimmt nicht mehr leiden müssen.« – »Er hat alles gar nicht mehr empfunden.« – »Bei dem schweren Leiden war der Tod sicher eine Erlösung.« – »Es ist ihm gutgegangen so.« – »Er hätte keine Aussicht auf Heilung gehabt.« – »Sehen Sie, wie er friedlich und erlöst daliegt.«

Solches oder ähnliches fügt der Arzt seiner Kondolenz hinzu, manchesmal gefolgt von einer kurzen Rekapitulation des finalen Leidens und meist schon wieder in der Wohnstube in Distanz vom Ort des Grauens. Fragen nach der Uhrzeit des Entatmens und dem Geburtstag des Gegangenen zur Eintragung in den Leichenschein bringen dann eine für alle wohltuende Rückkehr in die reale Gegenwart. »Ach so – die Gebühr, ja, die können Sie dann ja auf mein Konto bei der Spar- und Darlehenskasse überweisen.« Auf dem Lande schließt sich häufig noch ein Schnaps diesen Formalitäten an, bei dem sich dann häufig die Angehörigen noch einmal über ihre jüngsten Erlebnisse um den Verstorbenen äußern. Diesen Akt von Psychokatharsis, zu deutsch Seelenentlastung, muß oder sollte der Arzt den Angehörigen abnehmen. Daß er dabei mitunter ein paar Schnäpse nötig hat, darf man glauben.

Der Häfners Gustav, der wunderschöne bemalte Ofenkacheln herstellte und damit viele Öfen in und außerhalb der Gemeinde mit volkstümlicher Kunst verzierte, hatte die unausrottbare Gewohnheit, jedem zweiten Satz ein »spaßhalber« einzufügen. Als sein Weib einem lange bekannten Herzfehler durch plötzlichen Tod erlegen war, rannte er aufgeregt zum Nachbarn und meinte: »Du, Fritz, komm' au spaßhalber amol zu mir rom, mei Frau isch g'schtorbe.«

Der immer neugierige Adlerwirt fragte mich einmal unterwegs: »Herr Dokter, isch jemand g'schtorbe?«

»Wieso?«

»Ha, bei mir isch auf morge a Metzelsupp a'gmeldet!«

Als ein Großvater verstorben war, der als Rentner und Empfänger einer Tuberkulosebeihilfe monatlich fünfhundert Mark an die Jungen bezahlte, die ihn in einem Kellergeschoßzimmer des neugebauten, sehr verschuldeten Hauses aufgenommen hatten, wollte das Schluchzen der Jungen kaum aufhören. Ein nach der Leichenschau zur Kondolenz ins Haus gekommener Freund der Junghinterbliebenen konnte das Gegreine schließlich nicht mehr mitanhören und meinte tröstend: »Jetzt beruhigt euch halt, der Großvater hat doch schließlich trotz seiner Lungenkrankheit mit zweiundsiebzig Jahren ein schönes Alter erreicht.«

Da brauste der Schwiegersohn des Verstorbenen auf: »Narr, wenn du en Schwiegervater hätt'scht, der dir jeden

Monat faivhondert Mark zahlt, no tät'scht du au heule, wenn er stirbt! 's gröscht' Haus hätt' mer nomol baue könne, wenn er no zeh' Johr g'lebt hätt!«

Eine alleinstehende alte Frau war gestorben. Sie hatte ein langes Krankenlager hinter sich und war während ihrer Leidenszeit von ihrer Nichte, der einzigen näheren Verwandten, eigentlich recht ordentlich versorgt worden. Sie bestellte auch immer die Felder der Schwerkranken. Es konnte kaum Zweifel geben, daß die Nichte einmal das Häusle, die Äcker und die Ersparnisse der todkranken Tante erben würde, was giftige Mäuler im Dorf mit der Bemerkung kommentierten: »Dui pflegt ihr Tante z'tot.« Aber die übertrieben kirchenfromme Tante hatte »ihr Sach« der Kirchengemeinde verschrieben und kurz vor ihrem Tod diese letzte Verfügung der Nichte gebeichtet. Als ich von der Nichte nach der Leichenschau zum obligaten Schnäpsle eingeladen wurde, heulte sie aus Zorn und fauchte wütend: »So jemand sollt' net en Himmel komme! I han's G'schäft g'het, und der Pfarrer erntet da Woize! Soll der jetzt au d'Kirchhofblume gieße!«

Ja, die Trauer um's Sterben hat eben nicht nur in der Liebe, sondern auch im »Sach« ihre Wurzeln.

Die Leichenschau muß natürlich auch die Möglichkeit eines Scheintodes ausschließen. Mir ist allerdings in über zwanzigjähriger Praxis noch nie ein Fall von Scheintod begegnet. Nur einmal geriet ich in Verlegenheit, als die alte Mühlbäuerin gestorben war. Drei Tage zuvor schon hatte man mich geholt; allerdings weniger, um nach der mit sechsundachtzig Jahren im Altersmarasmus Dahindämmernden zu sehen, als an der gerade stattfindenden Metzelsupp' teilzunehmen. Die Familie des Mühlbauern, vier Generationen beieinander, wußte um meine Vorliebe für Metzelsuppen und hatte mir schon vier Monate zuvor das Versprechen abgenommen, an ihrer Metzelsuppe teilzunehmen. Es war an einem ungewöhnlich warmen Oktobertag, als ich der Einladung folgte. In der Wohnstube lag die schon abwesende, immer wieder tief schnarchende und aufseufzende Urgroßmutter auf dem Sofa. Man durfte meinen, es könne jeden Augenblick aus mit ihr sein. Der Tisch mit Wachstuch war mit dem Sonntagsgeschirr gedeckt, Gläser und Krüge mit Most, herrlich duftendes, selbstgebackenes Brot, Salz und Pfeffer, Senf und Gurken um das dampfende Wellfleisch. Meine Einwände, man solle die kranke Urgroßmutter doch nicht stören und ohne Umstände lieber in der Küche essen, fanden kein Gehör. »Wenn der Herr Doktor kommt, wird net in der Küche g'vespert«, entschied man mit unverkennbarer Geste der besonderen Beehrung. Bei geschlossenen Fenstern begann also der Schmaus in stickiger Stubenluft. Das Geklirr der Gabeln und Messer und das Schmatzen und Schlürfen der Metzelsüppler wurde immer wieder von tiefen Schnarchseufzern der schwer und unregelmäßig atmenden Urgroßmutter auf dem Sofa untermalt. Stubenfliegen in großer Zahl pendelten emsig zwischen dem Tisch und dem weit geöffneten Mund der Urmuhme. Schweiß und ein vorauswehender Leichengeruch erstickten den Atem. Mit einem Aufschrei des Vergeßlichen sprang ich hoch, griff mir an die Stirn, schüttelte den Kopf und bedauerte, einen dringenden Krankenbesuch vergessen zu haben, und rannte mit tausend Dankesworten ins Freie hinaus. Dort wußte ich meinem Schöpfer Dank für das Geschenk frischer Luft, die doch mehr bedeutet als das beste Essen.

Als ich drei Tage später zur Leichenschau gerufen wurde, fand ich die entschlafene Urgroßmutter im Bett. Die Gemeindeschwester hatte bereits den Kiefer hochgebunden, und ich war in Windeseile vom Tod der Greisin überzeugt, als ich plötzlich eine Bewegung der Füße der Toten bemerkte. Das gibt es doch nicht! Aber ich mußte bei längerer Beobachtung alle Zweifel beseitigt sehen: An den Füßen der Großmutter hob und senkte sich die Bettdecke! Ich riß die Bettdecke hoch, und was sah ich: das dreijährige Urenkelkind, das zu der toten Urgroßmutter unter die Decke gekrochen war und nun lachend aus dem Bett krabbelte. Das kleine Mädchen hatte, wie sich schließlich herausstellte, der Urgroßmutter die Füße gekitzelt, wie sie es zuvor schon oft getan hatte. Aber die Urgroßmutter reagierte nicht mehr.

Dagobert Rübe

Die Musik muß in die Häuser gehen; der Konzertsaal ist nur für Virtuosen und ein esoterisches Publikum da.

Mit gebührendem Abstand gedenke ich eines meiner faszinierendsten Patienten, zugleich eines seltsamen Menschen und eines Freundes, über den ich zwar schon viel nachgedacht habe, wobei ich aber nie das Gefühl erlangen konnte, seine Persönlichkeit so ganz erfaßt zu haben.

Dagobert Rübe, privater Musiklehrer in der nahen Kreisstadt, Junggeselle, Freund aller musizierenden Jugend und Komponist moderner Kantaten, lebte seit Anbeginn seiner Tätigkeit in einer Drei-Zimmer-Wohnung im Parterre eines alten Miethauses mit schmutziger Backsteinfassade. Nicole, meine Frau, für die das Pianoforte das wichtigste Möbel im Wohnzimmer ist, schwärmte mir eines Tages von Dagobert Rübe vor, einem wohl hochbegabten Musicus, einem Künstler, der als vollkommen unschwäbischer Mensch über eine so starke Ausstrahlung an Menschlichkeit verfüge, daß wir seiner Einladung folgen sollten. Überdies sehe er so krank aus, daß er sicherlich eines Arztes bedürfe.

Nun, wir besuchten ihn damals und wurden dann in der Folge rasch zu Freunden, für die gemeinsames Musizieren nur der äußere Anlaß häufigen Beisammenseins war.

Dagobert Rübe, den Umgang mit adeligen Schloßherren gewöhnt, war absoluter Geistaristokrat und in seiner Meinung unbestechlich und kompromißlos bis auf die Knochen. Nicht etwa dem Buchantiquariat in einem seiner drei Zimmer hatte er es zu verdanken, daß ihn jeder halbwegs gebildete Bürger in der Kreisstadt kannte; seine hohe Popularität lag in der nun schon 20jährigen Tätigkeit als privater Musiklehrer für Klavier, Violine und Flöte und in seinem Einfluß auf das Musikleben der Stadt begründet. Er galt aber auch als einer der belesensten Kenner der Literatur, insbesondere der französischen, worüber meine Nicole verständlicherweise entzückt war. Und weil er auch noch ebenfalls wie sie Alphonse de Lamartine als seinen Lieblingsdichter in extenso zu lesen und zu interpretieren pflegte, so erachtete ihn Nicole quasi als ein Stück ihrer französischen Heimat.

Wenn man Dabobert Rübe in der Stadt für ein verbummeltes Genie ansah, so nicht nur, weil er gar keine materiellen Zielsetzungen erkennen ließ, sondern nach meinem Dafürhalten vor allem deshalb, weil er ein absolut unregelmäßiges, allzuweit von der Norm abweichendes, eigenartiges Leben führte und mit seinem Lebensstil und seinen Ansichten eher in eine Weltstadt als in eine schwäbische Kreisstadt gepaßt hätte. Ob es den Tagesablauf, seine Eßgewohnheiten oder Schlaf und Wachsein betraf: Die Unregelmäßigkeit war seine Regelmäßigkeit. Da seine unerschöpfliche Gastfreundschaft als »aushausig« galt und er weder das übliche »Schaffe, schaffe, spare« kannte, noch über ein gesellschaftsfähiges Bankkonto verfügte und sich mit dem sogenannten gesunden Menschenverstand auf Kriegsfuß befand, so spielte dieser unschwäbische Mensch eine Außenseiterrolle, auf die er sich weder etwas einbildete, noch schien er unter ihr zu leiden. »Da sieht's ja aus wie in Dagoberts Antike«, sagten die Bürgersleute als geflügeltes Wort, wenn die Kinder eine heillose Unordnung im Zimmer angerichtet hatten. Dagobert Rübe hatte nämlich eine tief eingewurzelte Abneigung gegen alle gemachte, konventionelle Ordnung, gegen alles Rechtwinklige schlechthin und gegen sauber geleckte Stuben. Seine drei Wohnhäuser glichen einem vehementen Protest gegen Ordnung und Sauberkeit. Wer erstmals seine Räume betrat, der mußte den Eindruck gewinnen, hier seien Einbrecher am Werk gewesen.

Von der Straße aus betrat man unvermittelt wie durch eine Ladentüre den ersten Raum, das Antiquariat. Eine abgewetzte, mehrfach defekte Stragulaplatte deckte ausgetretene Holzdielen und verlieh dem Boden ein landkartenähnliches Aussehen, das etwa an die Aufzeichnung der Mecklenburger Seenplatte erinnerte. Da nur ein Fenster Tageslicht durch schmutzgraue Vorhänge in den Raum dringen ließ, herrschte melancholische Düsternis, und die zwei holzgedrechselten Stehlampen mit Schirmen aus vergilbter chinesischer Seide waren keineswegs überflüssige Kunstgegenstände.

Mattes Lampenlicht schien auf ein riesiges Ölgemälde: »Napoleon nach der Schlacht bei Waterloo.« Finster und resigniert blickte der Korse auf dem Bild in die brandhelle Nacht, wie immer den Daumen unter dem Knopfaufschlag des Uniformrocks und einen Fuß auf die Lafette einer Kanone gesetzt, umgeben von verwundeten und verzweifelt auf ihn blickenden Offizieren und Soldaten seiner geschlagenen Armee. Die Szene war eindrucksvoll und die Patina so düster wie der geschichtliche Augenblick und die Miene des Kaisers, so daß auch Antimilitaristen bei der Betrachtung nicht ohne ein leises Mitgefühl für den unglücklichen Feldherrn bleiben konnten. Die Oberfläche des Bildes war craqueliert, und merkwürdigerweise hatte die Leinwand genau an der Stelle der Kanonenrohrmündung ein ziemliches Loch, durch das die Blüte einer Rose von der rosengemusterten Wandtapete zum Vorschein kam. Dieses Kuriosum kommentierte Dagobert Rübe mit skurrilem Stolz: »Gar selten blühen aus Kanonenrohren rote Rosen.« Er sorgte daher stets dafür, daß das Bild nie verrückt wurde, was er an besagtem Phänomen leicht kontrollieren konnte.

Nahe der hintersten Zimmerecke neben dem Ölbild hatte die Wand eine Türöffnung, die durch einen alten Gobelin mit ausgedehntem Mottenfraß verdeckt war. Es handelte sich nach Dagoberts glaubhafter Versicherung um ein echtes Renaissance-Stück, das den auf einer Syrinx blasenden Pan darstellte. Bocksfüßig, tierisch behaart und mit Hornstummeln am Kopf, hielt er die Hirtenflöte mit grazilen Fingern an die bärtigen Lippenwülste. Seine Beine zeigten Tanzschritt. In einiger Entfernung badeten drei Nymphen in einem Teich. Sie stimulierten Pan anscheinend so gewaltig, daß seine Augen basedowähnlich aus den Höhlen traten.

Wer diese Szene beiseite schob, gelangte ins Musikzimmer. Hier dominierte ein schwarzer Bechstein-Flügel mit vergilbten Tasten und stark abgewetzten Messingpedalen. Schülergenerationen mit wohl nicht immer gepflegten Händen und mit Eisen auf den Sohlen hatten ihren musikalischen Eifer auf den Tasten und Fußpedalen verewigt. Eine vergilbte Gipsbüste Beethovens diente der Beschwerung loser Notenblätter auf dem Deckel des Flügels. Neben dem Flügel in der Ecke standen einige halb zusammengeklappte Notenständer, die an eine Gruppe schlafender Flamingos erinnerten. Dann ein gußeiserner Kanonenofen, aus dem sich in abblätterndem Silberlack ein Ofenrohr wie eine Pythonschlange an der Wand empor und um die Ecke wand, um unter einer Messingrosette in der Kaminöffnung zu verschwinden. Belebt wurde das Musikzimmer aber vor allem von Pamela, der von Dagobert verehrten Hauskatze, mit der er besonders liebevoll umging. Wenn Pamela – was sich zweimal im Jahre mit der Sicherheit des Eintreffens von Frühling und Herbst ereignete – Mutter wurde und in ihrer schweren Stunde klagende Laute vernehmen ließ, wich Dagobert nicht mehr von ihrer Seite, um ihr zuzusprechen. Nach dem Ereignis durfte Pamela dann ein Weilchen auf ihrem Kissen auf dem Flügel ruhen, und Dagobert spielte ihr jedesmal das Andante grazioso einer Klaviersonate von Mozart. Dieses Zeremoniell verlief wie eine feste Abmachung zwischen Dagobert und Pamela, weshalb sich die übrigen Hausbewohner beim Erklingen dieser Mozartmusik betroffen und vielsagend ansahen und schließlich seufzten: »Jetzt spielt er die Katzenmusik!« Dagobert, der seine Miete pünktlich entrichtete und dafür jede Freiheit in seinen Räumen für sich beanspruchte, war der Ansicht, daß die einschmeichelnde Mozartmusik die erschöpfte Katzenmutter aufmuntern und trösten würde. Die klagenden Laute von Pamela nach der Geburt ihrer Jungen verstummten jedesmal, wenn Dagobert zu spielen begann. Ruhig und mit vor Erschöpfung halb geschlossenen Augen verharrte Pamela auf ihrem Kissen auf dem Flügel so lange, bis sie die mütterliche Sorge zurück zu den Jungen trieb. Als der Biologielehrer des Gymnasiums einmal bei diesem Ereignis zufällig anwesend war und als Naturwissenschaftler Parallelen zum Pawlowschen Hundeversuch zog, wurde er von Dagobert Rübe einer mechanistisch-materialistischen Denkweise geziehen, die typisch für philosophisch unreife Naturwissenschaftler und Mediziner sei. Und er fragte, was man denn bisher schon von der Psychologie der Katze wisse. Die Verhaltensforschung stecke ja noch in den Kinderschuhen. Und überdies: So, wie etwa beim Klavierspielen nicht der mechanische Ablauf der Gehirn- und Muskelfunktionen beim Verwandeln von Notenzeichen in Töne das Wesen des Musizierens ausmache, so sei auch beim Umgang mit seiner Katze nicht das reflektorische Geschehen von Bedeutung, sondern es ereigne sich eine Fülle bislang nicht erklärbarer Vorgänge und Wechselwirkungen bei der Begegnung mit der Kreatur.

Ein dunkelroter, abgegriffener Plüschvorhang an einer großen Holzschiene trennte das Musikzimmer von »Bettanien«, wie Dagobert seinen Schlaf- und Eßraum nannte. Wer dieses Privatissimum betrat, der sah sich einem Gewirr von Schienensträngen einer Eisenbahnanlage gegenüber. War Dagobert gerade mit dem Betrieb der Eisenbahn beschäftigt, so teilte er die Besucher ohne sonderliche Begrüßung unverzüglich zu Hilfsdiensten als Zugführer, Weichensteller und Schrankenwärter ein. Mit virtuoser Sicherheit beherrschte er die komplizierten Fahrpläne mehrerer Züge, die unsereins nur mit Hilfe eines Kleincomputers abwickeln könnte. Zwei Drittel des Zimmerbodens gehörten der ständig aufgebauten Eisenbahnanlage. Nur ein schmaler Zutritt vor der Schlafcouch und ein kleiner Gehstreifen vor dem fast drei Meter langen Kochtisch waren noch frei. So fand man denn Dagobert Rübe in Bettanien entweder auf der Couch oder inmitten seiner Eisenbahnanlage auf dem Boden liegend. Am Abend hantierte er vor seinem Kochtisch. Nur bei der Zubereitung seines Essens stand er auf seinen dünnen Beinen, während er die übrige Zeit in Bettanien in der Horizontalen verbrachte. Da er für alles, was so und nicht anders um ihn war, und für alle Gepflogenheiten einen tieferen Sinn anzugeben wußte, so war die aufgezeigte Gestaltung von Bettanien meist sowohl Streitpunkt für Besucher mit herkömmlichen Vorstellungen als aber zugleich auch Ansatzpunkt für die Erklärung seiner ausgeprägt kontemplativen Lebensweise. Stehen – so betonte Dagobert Rübe immer wieder – sei das Ungesündeste und unnatürlichste auf der Welt, erfunden und geprägt vom kriegerischen, aggressiven Geist des Menschen, der sich vom Gang auf allen vieren nur zum

Zweck der Einschüchterung anderer Lebewesen erhoben hätte und mit der Aufrichtung zu einer Geste des Angriffs dem Gegner durch seine Größe imponieren wollte. Hochmut stehe mit der aufgerichteten Haltung des Menschen in klarem Zusammenhang und rufe den Zorn der Götter hervor, weshalb nirgends auf der Welt ein Gläubiger in einem Tempel oder einer Kirche in aufgerichteter Haltung vor den Altar treten würde. Aber Stehen sei auch gesundheitsschädlich, weil es den Kreislauf belaste und die Gehirndurchblutung mindere. Das unbewegliche Stehen von Posten vor Kasernen und Ehrenmälern fördere die Gehirnanämie und damit den blinden Gehorsam der Waffenträger und führe im Laufe der Zeit zu geistiger Verflachung. Arbeitende Menschen in Fabriken stehen, statt sie ihre Arbeit im Sitzen verrichten zu lassen, sei ein Teil der Barbarei des Fabrikzeitalters.

Wenn Dagobert sich geistiger Beschäftigung zuwandte, vor allem wenn er zwischen den Unterrichtsstunden meditierte, saß er im Schneidersitz auf seiner Bettcouch, eine weiße Papierscheibe vor sich, in deren Zentrum ein vielgestaltiger Tintenfleck den Blick fixierte und zum Ausgangspunkt für Assoziationen wurde. Der Schreibstift lag ständig zur Hand, und wenn er sich gesammelt hatte, so wurden seine Gedanken gleichsam in Bewegung der Hand umgesetzt, die auf der Papierscheibe Noten und Worte, dazwischen Figuren und Gesichter entstehen ließen. Unverhoffter Besuch konnte ihn nicht stören. Er führte in völliger Abwesenheit für die Umgebung die begonnenen Gedankengänge und musikalischen Assoziationen so lange weiter, bis eine natürliche Ermüdung das scharfe Denken und Sehen in sphärische Unschärfe verschwimmen ließ.

Eines Abends fand ich Dagobert Rübe in Bettanien, wie er vor dem Kochtisch auf und ab ging und aus einer Tüte naschte. Auf seinem Kochtisch, den er Alimentarium nannte, standen hundert Tüten und Blechdosen mit irgendwelchen Lebensmitteln, Süßigkeiten, Gewürzen, die nur noch Platz für die elektrische Kochplatte frei ließen. Dagobert hatte keine Küche, worüber er jedoch nie gram war, weil ihn wegen des Essens keine Vitalgefühle plagten und er keine Zeit für langwierige Essenszubereitung verbringen wollte. Zeit war ihm kostbarer als Essen, und überdies war er oftmals von Eltern seiner Musikschüler zum Essen eingeladen. Die Vielzahl von Tüten und Dosen auf seinem Alimentarium erklärte sich aus dem Umstand, daß Dagobert beispielsweise Grieß für einen Brei einkaufte, jedoch nur zwei Drittel der Menge benötigte und den Rest in sein Durcheinander abstellte und aus dem Sinn verlor. Kochte er dann wieder einmal Grießbrei, den er zusammen mit Kompott oder Konfitüre besonders gerne aß, so kaufte er erneut ein, und davon blieb wiederum beim Kochen ein Rest in einer neuen Tüte übrig. Das gleiche wiederholte sich mit vielen anderen Dingen, und schließlich wußte er dann selbst nicht mehr, was alles in den vielerlei Tüten und Resten herumstand. War er dann einmal ohne einen Pfennig Geld, was nicht nur am Letzten des Monats vorkam, da er sein Geld entweder für die Eisenbahn und Musikinstrumente ausgab oder an seine Schüler auslieh, so vertraute er mit dem Bibelzitat: »Suchet, so werdet ihr finden« auf die vielen Reste in seinen Tüten und wurde dabei in seiner Gläubigkeit auch nie enttäuscht.

Was Dagobert Rübe so originell machte, waren indessen nicht nur seine Eigenart zu leben und seine dürre, langgewachsene Gestalt, die an Don Quichotte erinnerte, war auch nicht sein braunes Wärzchen auf der Nasenspitze, auf dem Haare wuchsen, die ihm nur sein Lieblingsschüler zweimal im Monat mit einer Nagelschere abschneiden durfte – nein, diese Äußerlichkeiten vervollständigten höchstens seine typenhafte Gesamterscheinung. Dagobert Rübe war vielmehr eine unerschöpfliche Quelle origineller, mitunter skurriler Ideen und Gedankengänge, ganz besonders natürlich auf dem Sektor seines Metiers. Ein besonderes Anliegen war ihm seine Theorie von der heilenden Kraft der Musik. Dabei konnte ich ihm als Arzt und Freund der Musik immer wieder zu Ansätzen für die Erprobung der propagierten Heilwirkung der Musik verhelfen.

Der psychische Rhythmus des Menschen sei erwiesenermaßen durch musikalischen Rhythmus gut zu beeinflussen, meinte er, weshalb der Musik ein besonderer Platz im Rahmen der Heilpädagogik gebühre. Dagobert Rübe war jedoch kein Steinerianer, er kannte die Schriften Steiners, aber er fand die Eurhythmie zu sehr konfessionell belastet. Es ging ihm auch gar nicht um die Verkündung einer neuen Lebensführung oder um einen Anspruch auf Originalität bei dieser Idee. Unter Hinweis auf die Pythagoräer und die Kirchenmusik gab er zu verstehen, daß er sich nur für eine breitere praktische Anwendung der Heilwirkung der Musik einsetze. Das Abgleiten der Musik in virtuose Darbietung durch Künstler habe den Zerfall der Musik herbeigeführt. Die riesige Mehrzahl der Menschen habe heute kein direktes Verhältnis zur Musik. Das sei um so bedauerlicher, als man durch tägliche Übung von Musik oder Gesang vielen nervösen Störungen des Befindens und funktionellen Organbeschwerden beikommen könne. Der psychophysische Parallelismus erlaube eine Beeinflussung des gestörten Biorhythmus durch günstige Einwirkung auf den seelischen Rhythmus durch Mittel der Musik. Dagobert Rübe hatte, was inzwischen die moderne Psychotherapie ausgetestet hat, bereits intuitiv empirisch erfaßt: Jazz wirkt mobilisierend, zerstreuend, Bach und

Händel bringen Konzentration, Stabilisierung und Dämpfung, Mozartmusik wirkt belebend bei Erschöpfungszuständen und reaktiver Melancholie. Gesang und rhythmisches Sprechen hatten eine zentrale Bedeutung in Dagoberts musikalisch-rhythmischen Anwendungen. Fleißig suchte er aus dem Liederschatz der ganzen Welt geeignete Texte und Melodien aus, um sie als Medium zur psychischen Harmonisierung zu vermitteln. Seine Bemühungen, die heilpädagogisch angewandte Musik zusammen mit seinen Schülern Menschen aller Schichten, besonders solchen, die ohne Kontakt zur Musik lebten, ins Haus zu bringen, zeugten von sozialem Engagement. »Die Musik muß in die Häuser gehen«, forderte er, »der Konzertsaal ist nur noch für Virtuosen und ein esoterisches Publikum da.«

Am Beginn seiner Therapie stand die Unterrichtung in Atemtechnik, war er doch überzeugt, daß die meisten Menschen in der Schule alles mögliche, nur nicht das richtige Atmen gelernt hätten. Normales Sprechen setze aber richtiges Atmen voraus. Und so ließ Dagobert seine Klienten aus der großen Sammlung gut und lesbar gedruckter Prosa- und Lyriktexte unter Korrektur der Rhythmik am Anfang jeder Stunde immer neue Stellen vorlesen, ehe er dann im nächsten Schritt mit einem Instrument Pausen oder bestimmte Abschnitte der Texte musikalisch paraphrasierte. So gelangte er zur Kooperation und führte seine Klienten zur Steigerung eines ausdrucksvollen Vortrags bis hin zum Gesang. Seine Erfindungsgabe bei der Suche nach geeigneten Verfahren zur Überwindung von seelischen Disharmonien war genial.

Der »Gutzger-Marie«, die so hieß, weil sie seit Jahren an einem ständigen Schluckauf zu leiden hatte, der von mir medikamentös mit nur temporärem Erfolg behandelt werden konnte, half Dagobert durch die Erlernung der richtigen Atemtechnik, vor allem beim Schlucken. Außerdem mußte die Gutzger-Marie einfache, heitere Verse deklamieren, wozu sie den Rhythmus durch Schnalzen mit ihren Strumpfbändern hörbar untermalte.

Die »Federe-Hanna«, so geheißen, weil sie die Federn der von ihr in großer Schar gehaltenen Gänse verkaufte, litt an einem schrecklichen Aggressionstrieb. Wenn sie ihren Rappel hatte, so warf sie Tassen und Geschirr zu Bruch, und die ganze Familie ging aus dem Weg. Nach vielen Bemühungen gelang es Dagobert Rübe, sie dahin zu bringen, daß sie ihre Wut jeweils mit Kochlöffeln auf widerstandsfähigen Aluminiumtöpfen abtrommelte. Die Familienmitglieder hielten sich bei diesen Schlagzeugsoli jeweils so lange im Hintergrund, bis das anfangs unrhythmische Hämmern in den Marschrhythmus der von ihr dann gepfiffenen Marseillaise überging, die ihr Dagobert als aufrüttelnde Melodie beigebracht hatte.

Eine psychologische Meisterleistung vollbrachte er bei Michael, der zweimal in der Dunkelheit Frauen belästigt hatte, weil er mit seinem eruptiven Sexualdrang nicht fertig wurde. Er hatte den aufgelauerten Frauen keineswegs nach dem Leben, sondern nur nach der Liebe getrachtet, weshalb die Affären von den in Eyltingen angesehenen Eltern nach eingehender Aussprache mit den betroffenen Frauen, dem Büttel, dem Pfarrer Nebele und mir ohne Anzeige vertraulich geklärt und niedergehalten wurden. Hinter vorgehaltener Hand wurden die Vorfälle mit fantasievoller Ausschmükkung natürlich trotzdem im Flecken kolportiert, und so hieß der arme Junge gar bald nur noch das »Triebtäterle«. Die törichten Weiber und Mädchen gingen im Bogen um ihn herum, nur einige großherzige meinten, sich seiner zu ihren Gunsten annehmen zu sollen, trauten sich aber doch nicht, ihre Liebesdienste zu offerieren. Die Männer wiederum meinten im Wirtshaus, man solle »den Kerle« einfach jeden

Tag auf Gemeindekosten zur Lina schicken, dann hätte es seine Ruhe.

In dieser Situation schaltete sich nun auf meine Anregung hin Dagobert Rübe ein. Von der Schule her wußte man, daß Michael, der den Stimmbruch früher als die anderen hatte, bei gehemmter, sporadisch flegelhafter Aufführung in seiner Klasse eine frühmännliche, kräftige Stimme besaß. Beim Singen in der Schule sang er im Chorus dominant, beim Einzelsingen genierte er sich. Dagobert Rübe gewann den Jungen zum Gesangsunterricht, indem er ihm schmeichelte, er sei stimmbegabt, und es könnte vielleicht ein zweiter Karel Gott aus ihm werden. Mit Sprechübungen gelang es Dagobert, die Hemmungen des Jungen zu überwinden und ihn allmählich zum Singen und zur Ausbildung seiner Stimme zu bringen. Da der Junge in der Schule auch französisch lernte, so fand er bald besonderes Vergnügen an der Einstudierung alter, keineswegs prüder französischer Chansons. Die Anwendung einer Fremdsprache beim Gesang stärkte dabei in besonderem Maße sein Selbstgefühl. Vollends geschafft hatte es Dagobert Rübe, als er Michael bei einer öffentlichen musikalischen Veranstaltung mit seinen zahlreichen Schülern als Chansonsänger im kleinen Saal der Stadthalle der Kreisstadt auftreten lassen konnte. Als Michael einige französische Chansons vorgetragen und mit dem französischen Soldatenlied »Marlborough s'en va-t-en guerre« seinen Vortrag beendet hatte, erntete er frenetischen Beifall des jugendlichen Publikums und verrückte Schwärmerei vieler Mädchen. Da er neben dem Gesangsunterricht auch aktiv Sport betrieb und ein guter Torwart der Jugendhandballmannschaft im Eyltinger Sportclub war, hatte er in kurzer Zeit zur Beherrschung und normalem Umgang mit der Weiblichkeit gefunden. Durch Tüchtigkeit in seinem Beruf als Flaschner und Installateur ist er nach früher, aber glücklicher Heirat inzwischen ein geschätzter junger Mann in der Gemeinde und wegen seiner geschulten Stimme zur Stütze des Eyltinger Gesangvereins geworden.

Auch bei alten Menschen wußte Dagobert Rübe schlummernde musikalische Bedürfnisse zu wecken. So erteilte er gegen ein Geringes einem Dutzend alter Leute in Eyltingen Gruppenunterricht im Zitherspiel, wobei er dem sentimentalen Bedürfnis alter Menschen durch entsprechende Auswahl der geübten Stücke und Lieder entgegenkam. Allwöchentlich trafen sich die Alten im Nebenzimmer des »Lamm« und übten das »Ständchen von Heykens«, auch »Zillertal, du bist mei Freud'«, und zitherten »Hoch auf dem gelben Wagen« und »Zu Straßburg auf der Schanz«. Im Dorf spöttelte man freilich, wenn einer dartun wollte, daß er noch nicht zum alten Eisen gehöre, er sei »noch nicht reif für den Zitherklub«.

Als Dagobert einmal von einem Bauern, der Mitleid mit seiner Hungerleidergestalt fühlte, zum Schlachtfest eingeladen wurde, brachte er einige seiner Schüler mit, um in der großen Bauernstube vor der ganzen Familie und einigen zugeladenen Gästen das von ihm vertonte, für Kenner der Schüttelreimliteratur berühmte »Lied vom Schwein« seines Maler- und Dichterfreundes Müller-Gräfe vorzutragen. Die Bauersleute waren ihm nicht zu gering für solch delikaten Kunstgenuß, und er hatte recht mit seiner Meinung, daß Literatur und Musik unters Volk gehörten. Als einer seiner Gesangsschüler im Stile des Cantus planus der kirchlichen Liturgie die Schüttelreime sang

Da naht Odysseus aus der Welt Gefahren,
Ihn schlug die Sau mit ihrem Backenzahn;
Einst wird des Zahns vernarbte Zackenbahn
das Weib, das vor ihm niederfällt, gewahren.

Und Kirke, die am Inselstrande lebt,
Lockt singend über bleicher Steine Schwelle
Und füllt mit Helden ihre Schweineställe.
Weh' dem, der je nach ihrem Lande strebt!

grunzten die Bauersleute vor Vergnügen und gaben der Aufführung langen Beifall und Dagobert Rübe und seinen Musikanten zum Abschied ein Riesenpaket mit Würsten und Kesselfleisch als Dank mit auf den Weg.

Als der »Sau-Böckle«, wie der Schweinehändler hieß, seinen fünfzigsten Geburtstag im »Rössle« feierte, trat Dagobert ebenfalls mit einem kleinen Ensemble auf. Der Sau-Böckle war nämlich sehr sangesfreudig, und Dagobert fühlte sich ihm außerdem wegen eines Stipendiums verpflichtet, das dieser einem gesangbegabten jungen Mann und Schüler von Dagobert gewährte. Da der Sau-Böckle einen Mordsspaß an deftigen Lieder hatte, dichtete und komponierte Dagobert einen Song von einem Gaisburger Trunkenbold, in den er das lokalbekannte »Liedlein von der Hebamm« einflocht. Das Gaudium der auf deftige Späße eingestellten Geburtstagsgesellschaft war groß, als der Sänger unter Orchesterbegleitung die kleine Ballade von dem Gaisburger Säufer und seinem derben Weib vortrug:

Zu Gaisburg lebte einst ein Mann,
Der war ein Lump, man sah's ihm an.
Dieser alte Schlamper,
War ein Wirtshausgamper.
Morgens soff er schon, o weh,
Vierzehn Schnäpse statt Kaffee.
Deshalb mußte ihn mit Löffeln
Mittags schon sein Weib vertöffeln.
Wenn er dann sein Märzen tankte

Und am Abend in die Küche schwankte,
Servierte ihm die Alte barsch
Den in Gaisburg wohlbekannten Marsch.
Nach dem »Marsch« mit roter Wurscht
Plagte auch sein Weib der Durscht,
und dann tranken sie
Most.
Und dann sanken sie –
Prost!
Auf den Boden zwischen Zigarettenkippen
Mit dem Liedlein von der Hebamm auf den Lippen:
Trallera, trallera
D' Hebamm saut da Hohlweg ra
Unte will se tanze,
Do haut se's uf da Ranze.
Trallera, trallera …

Schließlich denke ich noch an die musiktherapeutischen Bemühungen Dagobert Rübes bei Angstzuständen. »Die Angst ist eine Erfindung des Teufels«, sagte er immer wieder, »sie liegt ursprünglich nicht in der Natur des Menschen. Sie muß um die Zeit des Sündenfalls entstanden sein, als sich der Mensch vom Einklang mit der Natur dissoziierte.« Rousseaus *Retour à la nature* gestand er nur erkenntnistheoretischen Wert zu, während er die diversen praktischen Versuche zur Rückkehr des Menschen in die Natur für schwachsinnige romantische Schwärmerei hielt. Nun, da diese von vornherein zum Scheitern verurteilten Versuche des Menschen zur Rückkehr zur Natur als aussichtslos erkannt würden, zerstöre der Mensch durch Technik und Zivilisation die Natur in einem einzigartigen Racheakt. Angst sei aber die Folge von Unsicherheit. Also gelte es, die Unsicherheit abzuschwächen oder zu beseitigen. Musik in jeder Form, vor allem als Singen oder Pfeifen, erachtete er als die praktikabelste Methode. Man wisse ja, daß der Wanderer auf einsamen Wegen sich durch Pfeifen oder Singen als harmloser Mensch auszuweisen versuche, man wisse auch, daß die Alten ihre Unsicherheit, wenn sie in die Schlacht zogen, durch gemeinsamen Schlachtgesang besiegten. Auch die beruhigende Wirkung von Schlafliedern spreche für diese Theorie.

Dagobert Rübe war jedoch ein Tausendsassa in der Erfindung praktischer Methoden wider die Angst. Der Bruckers Karoline, die in ständiger Angst lebte, ein Einbrecher könnte unter ihrem Bett versteckt liegen, weshalb sie allabendlich vor dem Zubettgehen erst unter das Bett sah, ob keiner drunter liege, empfahl Dagobert das Absingen des forschen Reiterliedes »Auf, auf Kameraden, aufs Pferd, aufs Pferd ...«. Während des Gesangs solle sie mit einem großen, spitzigen Schürfhaken im Rhythmus des Marschliedes wie mit einem Degen unter das Bett stechen. Das tat die Karoline mit solchem Erfolg, daß die Tapete unter dem Bett so aussah, als hätte ein Schrapnell eingeschlagen.

Einer gepflegten Matrone aus der Bungalow-Siedlung, die in ständiger Furcht lebte, beim Spaziergang von einem Sittenstrolch überfallen zu werden, riet er, den Schlager »Komm doch in meine Arme« zu pfeifen oder zu singen. Käme dann der gefürchtete Wüstling, so solle sie ihm freundlich entgegentreten und sagen: »Sie brauchen keine Gewalt für das, was ich Ihnen freiwillig gewähre!« Unter dem Vorwand, sich nur noch ein wenig schön machen zu wollen, solle sie ihre stets mitgeführte Sprühdose aus der Handtasche holen und dem Kerl in die Augen sprühen. Der Ernstfall ist ebensowenig eingetreten, wie er auf Grund des Aussehens der Matrone zu befürchten war. Da ich um diese Eulenspiegelei Dagoberts wußte, hatte ich es immer schwer, nicht zu lachen, wenn ich der besagten Dame gelegentlich auf ihrem Spaziergang begegnete und sie »Komm doch in meine Arme« pfeifen hörte.

Mit glänzendem Erfolg half Dagobert einem etwas labilen jungen Arbeiter, der plötzlich in Angst und Abneigung gegenüber seiner Stanzmaschine, die er zu bedienen hatte, verfiel. Er beteuerte, das Stampfen und Rattern der Maschine zermürbe ihn, er könne deshalb nicht mehr an diesen Arbeitsplatz. Nach Rücksprache mit dem Betriebsarzt schaltete sich Dagobert ein. In geduldiger Aussprache erklärte er dem Mann die Zusammenhänge zwischen dem Maschinenrhythmus und der durchaus ähnlichen Rhythmik moderner Tanzmelodien. Er suchte einige rhythmisch passende moderne Tanzmelodien aus, die er als Tonband für einen Kassettenrecorder zurecht machte, den der junge Mann besaß. Mit Einverständnis der Betriebsleitung durfte der Arbeiter nun seine Tanzrhythmen bei der Arbeit an der Maschine spielen lassen. Der Zusammenklang von Maschine und Melodie war frappierend, und der junge Mann überwand in kurzer Zeit seine Phobie, wobei er nach einiger Zeit des Tonbands nicht mehr bedurfte, weil er allein aus dem Geräusch seiner Maschine die ihm eingegangenen Melodien heraushörte und sie nur noch ab und zu pfeifend in den Rhythmus der Maschine einflocht. Der Betriebsrat war begeistert und meinte ein wenig melancholisch: »Schade, daß es Dagobert Rübe nicht hundertmal gibt, wir könnten sie alle hundert beschäftigen.« Ich pflichtete ihm lakonisch bei: »Der Himmel macht eben nur sporadisch eine Stippvisite bei uns.«

Schwäbische Dorfkurtisanen

Gott im Herzen, die Liebste im Arm, erwecket die Herzen und macht das Bett warm. (Alter Bauernspruch)

Vielleicht hat der Schwabe Christoph Martin Wieland das gleiche gedacht, als er den Lukian ins Deutsche übertrug, was ich hiermit behaupten möchte: Dem geistreichen griechischen Plauderer wären seine *Hetärengespräche* vermutlich auch dann eingefallen, wenn er nicht vor fast zweitausend Jahren in Griechenland, sondern jetzt in Eyltingen gelebt und die große Welt von einst in der Begrenztheit und eigenartigen Urbanität eines schwäbischen Fleckens entdeckt hätte. Das klingt zwar fast so vermessen wie der Anfang einer Büttenred' am Sklerosenmontag; aber ich will anhand meiner Aufzeichnungen um Beweise bemüht sein. Gerade die schwäbischen Dorfkurtisanen – die rustikalen suevischen Spätausgaben der von Lukian beschriebenen Hetären – sind es meiner Ansicht nach, die durch ihre mit Herz und ursprünglicher Poesie umgebene derbe Lebenslust eine libertine Auflockerung in die sonst so festgefügte Dorfgesellschaft bringen und mit einem Hauch von Urbanität das oft kritisierte Geschmäckle puritanischer Enge ausgleichen.

Man wird nicht erwarten können, daß schwäbische Dorfkurtisanen »Griechenland mit der Seele suchten«. Wozu auch, wenn es doch genügend männliche Vertreter des klassischen Landes im Flecken gibt, die zwar von Lukian kaum etwas wissen dürften, die aber das Heimweh und die Langeweile aus ihren dürftigen Losamenten hinaus und zu besagten Damen hintreiben, die man im Plural »Menscher« nennt. Sie heißen nicht Phryne oder Phyllis, Bacchis oder Melissa, sondern ganz simpel Frieda, Lina, Amale und Karline. Diesen spießigen Namen hat der Dorfmund allerdings noch ein schmückendes Beiwort, ein *Epitheton semiornans* hinzugefügt, das in seiner eindeutigen Zweideutigkeit keiner wissenschaftlichen Erklärung bedarf und von jenen, deren Hemmung und Geziertheit als feine Manier gelten will, nicht oder nur hinter vorgehaltener Hand ausgesprochen wird. Man sollte aber keine Trennung des bürgerlichen und des etikettierenden Beinamens vornehmen, sondern frei von der Leber von der Schnepperles-Frieda, der Goschen-Karline, der Duttlere und der Sechsmänner-Lina reden.

Da Dorfkurtisanen eher von Fuß bis Brust als von Kopf bis Fuß auf Liebe eingestellt sind, so ergibt sich für die allgemeine Beschreibung der logische Zwang, den unteren Extremitäten vorrangige Beachtung zu schenken.

Die Waden und Schenkel beeindrucken durch strotzende Muskelkraft und unterscheiden sich vom Umfangsideal strumpf- und filmgekürter Schönheitsköniginnen im Sinne einer imponierenden Plusvariante. Darum der häufige Ausruf: »Etz guck au dera ihre Pföschtle a'« oder »hot dui a paar Krautschtampfer!« Das Stämmige und Strotzende wirkt eben auf rustikale Männer ungleich anziehender als das Grazile, das man hierzulande bezüglich der unteren Extremitäten mit der geringschätzigen Bezeichnung »dünne Stecka« abtut. Die fast männlich dichte Behaarung der Waden und Schenkel dokumentiert hormonale Überbilanz. Glatzenbeine wären nicht minder verpönt als Bleyleshosen in einer Stripteasebar.

Hätte Praxiteles die Statue einer schwäbischen Dorfkurtisane zu schaffen, so könnte er auf die kraftstrotzenden unteren Extremitäten schon aus statischen Erwägungen nicht verzichten, müßte er die Beine doch einen massigen, gedrungenen Rumpf mit wenig Taille tragen lassen und auch um Balance für die monströse Büste besorgt sein. Hätten Bacchis, Melissa oder Korinna ebenso wie Karline, Frieda und das Amale happige Portionen Spätzle, Sauerkraut und Hausgeschlachtetes verzehrt, so wäre uns vermutlich auch von ihnen ein anderes Bild als das von alabasterhäutigen, schlanken Frauengestalten überliefert. So aber verleiht dem breiten Rücken, hierzulande Buckel genannt, ein prallfleischiges Hinterteil solches Überprofil, daß Maillol und Picasso – kämen sie nach Eyltingen – zu zeichnerischen Orgien hingerissen würden und Astheniker in Komplexe stürzten. Durch den gedrungenen Hals und den relativ kleinen, rundlichen, niedergestirnten Kopf wirken Rücken und Hinterteil so kolossal, daß sie an das Riesenweib Gargamelle erinnern, das mit dem Riesen Grandgosier so lange Rücken und Hintern aneinander rieb, bis sie den Riesen Gargantua gebar, wie uns Rabelais erzählt.

Und in der Tat hängen auch die »Menscher« von Eyltingen zumindest in ihren Vorstellungen dem Gigantischen an. Das zeigt die Geschichte der Sechsmänner-Lina. Ihr nach Umgang mit sechs Männern geborenes zweites »lediges Kind« war ein »Guschdäfle«, mopsig rund und in Stimme und Bewegung von kaum ausstehbarer Vitalität. Sein Wasserstrahl war so heftig, daß er der Hebamme ins Brustmieder reichte. Sosehr der Mutterstolz der Lina auf ihr Guschdäfle als biologischem Volltreffer auch berechtigt sein mochte, sowenig zeigte sich Justitia in Gestalt des Vormundschaftsgerichts über den neuen Erdenbürger befriedigt. Sie lud daher die sechs Mannen, die nach Linas Angaben die Väter seien, zur Vernehmung vor. Beim Gerede im Dorf stritt man sich um richtig oder falsch der Behauptung, das Guschdäfle sei von sechs Männern gemeinsam gezeugt worden. Das Guschdäfle sei ein »Plurer«, sagten die dem Volksglauben an eine Überbefruchtung anhängenden älteren Leute und sahen die abnorme Vitalität des Kindes als Beweis an für ihre alte Anschauung, die auch die Lina selbst mit Stolz verteidigte. Die geladenen Vateraspiranten, die getrennt und unauffällig – die einen mit dem »Sechse-Bus«, die andern mit dem »Achte-Bus« – in die Kreisstadt gefahren waren, zollten dem Gericht und der Wahrheit Respekt, indem sie ihre fakultative Zuständigkeit bei der Zeugung von Guschdäfle nicht in Abrede stellten. Als das Gericht mit einer Blutgruppenuntersuchung einen Vater unter den Sechsen suchen wollte, lehnte die Lina ein solches Verfahren ab, denn sie war von der Meinung, ihr Guschdäfle sei ein Plurer, weil's »alles in einer Nacht passiert« sei, nicht abzubringen. Das Gericht verfuhr daraufhin salomonisch, indem es die Bestimmung der Vaterschaft als »nicht sicher klärbar« befand. Da freuten sich die Lina und ihre sechs Mannen. Das Guschdäfle wurde aber als Plurer gefeiert und wegen seiner auch später unter Beweis gestellten Vitalität und Lebenstüchtigkeit das »Sechsmänner-Guschdäfle« geheißen.

Die Sechsmänner-Lina bewohnte zusammen mit ihrer Mutter und ihren später insgesamt vier »ledigen Kindern« ein abbruchreifes Häusle im Zentrum des Fleckens. Wenn die schiefen Hauswände und die vom Holzwurm zerfressenen Balken des Fachwerks noch hielten, so war es vor allem der stabilen Tapete zu verdanken, die der »Mini-Max«, ein kleiner, dicker und reicher Gewürzhändler mit Vornamen Max, auf seine Rechnung hatte anbringen lassen, damit sein Rock an der getünchten Wand in Linas Stube nicht immer weiß wurde.

Die Mutter wohnte mit den von ihr betreuten Kindern der Lina im Erdgeschoß, während zur Lina eine ausgetretene Holztreppe hinaufführte in die Beletage. »Mutter Erdgeschoß« gab in der Rolle des Zerberus der »Tochter Beletage« Tür und Treppe für Männerbesuch nur in jenem Umfang frei, als es die Sicherung des Täglichen verlangte. Mutter Erdgeschoß fühlte sich für die Gesundheit ihrer Tochter Beletage verantwortlich, galt es doch, jedem ungesunden Übermaß zu wehren. Als ich eines frühen Nachmittags – von der Lina, weil eines ihrer Kinder Fieber hatte, zu einem Hausbesuch gebeten – zur Tür hinein- und die Treppe hinaufstürmte, ehe Mutter Erdgeschoß ausmachen konnte, wer es sei, gab sie im nachhinein ihre Zustimmung mit dem Ruf nach oben: »Lina, heut no oin – mr sottet no a Wurscht zum Vesper hau!« Ich gab nach unten zurück: »I schick euch no oin, wo net so a'strengend ischt!« Und als ich wenig später auf der Straße den Otto Megerle traf, einen Rentner mit altem Hüftleiden, jedoch Dauerkunde bei der Lina, wie ein jeder wußte, fragte ich ihn: »Otto, was isch, bischt heut schon bei d'r Lina gwä?«

»Noi, Herr Dokter, heut no net.«

»Aber se isch doch do!«

»D'Lina scho, Herr Dokter, aber dr Adolf net, wo me emmer nuf lupft!«

Obwohl sich in Eyltingen und anderen schwäbischen Dörfern die »Hetärengespräche« in der Regel in privater Häuslichkeit ereignen, so gab's doch eine halbe Ausnahme. Die Rike, eine leicht Schwachsinnige, verwandelte im Nebenzimmer des »Rössle« den am Freitagabend von Zahltäglern umlagerten Tisch, auf dem sie sich ohne Dessous postierte, in ein heiteres Lustgefilde, indem sie Voyeure und Tacheure gleichermaßen auf deren wie auf ihre Rechnung kommen ließ. Als der Christian, ein Frührentner und Altjunggeselle von 63 Jahren, entsprechend der Spielregel, den Einsatz vor sich auf die Tischplatte zu legen, ein Fünfmarkstück deponiert hatte und bei der Befühlung der Waden hitzig wurde und mit seiner Hand über die Knieregion weiter aufwärts rutschte, klopfte ihm die Rike auf die Finger und herrschte ihn an: »Merk' dr's, Krischtian, für faiv Mark goht's no bis zu de Knui! De Hemmel derfsch bloß a'glotza!«

Weil aber der Neid auf dieser Welt das Glück, auch das Glück der Naiven, nicht duldet, so erregte nach einer Weile das freitägliche »Luschtbrett« die Mißgunst der Göttinnen, will sagen, den Sexualneid tugendhafter Hausregentinnen. Erst wurde Pfarrer Nebele mobilisiert, der sich aber mit einer Ausrede aus der Affäre zog. Darum ließen die Hüterinnen der Tugend nicht locker, bis Mars in Gestalt des Dorfgendarmen Hommel eines Freitagabends ins »Rössle« ging, um zu sehen, ob das, was anscheinend Freude machte oder zumindest eine Gaude war, sich mit den Statuten von Gesetz und Ordnung in Einklang befände. Der »Ernschtle Hommel« war aber als Büttel zweifellos nicht nur mit einer Dienstpistole bewaffnet und von einem scharfen Schäferhund begleitet, sondern vor allem auch mit Klugheit und Humor ausgerüstet, was man heute bei den Hütern der öffentlichen Ordnung nicht immer findet. Er setzte sich zuerst einmal gemütlich zu einem Glas Bier in die Gaststube und nahm vom Nebenzimmer gar keine Notiz. Natürlich hörte er sehr wohl Stimmen und Geräusche aus dem Nebenzimmer, wo sein Erscheinen sogleich vermeldet wurde und einige Panik unter der Runde am »Luschtbrett« auslöste. Die Rike brach ihre eben begonnene Szene aber mit der beruhigenden Versicherung ab: »No net hudle! Dr Ernschtle isch a a'ständiger Ma', der läßt oim schon no s' Hemd en d'Hos neistopfe!« Um ihrer beruhigenden Versicherung Überzeugung zu verleihen, hatte sie es mit dem Ankleiden gar nicht so eilig. Nachdem die Mannen bereits durch die Hintertür verschwunden waren, legte sie schließlich ihrer monströsen Büste die Halterung an und wurde so vom nun eintretenden Büttel und den ihm folgenden Wirtsleuten vorgefunden. Der Büttel tat sich schwer, wenigstens zum Schein ernste Miene zu machen, die Wirtsleute schmunzelten unverhohlen. Mit väterlich mildem Tadel belehrte er die Rike: »Aber Rike, des goht doch net! Sowas verstößt doch in einem öffentlichen Lokal gegen die Schtatute!« Darauf die Rike im Affekt: »I moin, mr send hier emmer so uf em Land – was ganget mi deshalb die Stadt-Dutte a'?«

Der Ernschtle Hommel und die Wirtsleute mußten so lachen, daß die Angelegenheit »wegen Mangels an Beweisen« ihre Erledigung fand. Der Rike hat's aber den Spitznamen »Duttlere« eingebracht.

Das »Amale«, wie im Schwäbischen die Amalie heißt, wurde im 35. Lebensjahr Witwe. Ihr Mann fiel seiner unsinnigen Raserei mit einer Beiwagenmaschine zum Opfer. Mit dreißig Jahren näherte er sich erst dem Gipfel der Pubertät, die sich bei ihm in wilden Rennfahrten mit seiner Beiwagenmaschine und einer zügellosen Sexualgier, vor allem aber in übertriebener Schilderung seiner Taten offenbarte. Das trug ihm außer einem schlechten Ruf den Spitznamen »Hurenschaukler« ein. Der Beiwagen seines Motorrads wurde in Verniedlichung eines tödlichen Unfalls, bei dem ein auswärtiges »Mensch« in einer Kurve herausgeschleudert wurde und zu Tode kam, das »Hurensärgle« genannt. Angeber wie er, denen es an einem auch nur annähernd mittelmäßigen seelischen Tiefgang mangelt, sind gerne zu unziemlichen Wetten aufgelegt, wenn sie dadurch – wenn auch fragwürdiges – Prestige zu gewinnen hoffen. So hänselten ihn einmal einige

Zecher im Wirtshaus wegen seiner kinderlosen Ehe. Um nicht den Makel des »Nichtkönners« auf sich sitzen zu lassen, wettete der Hurenschaukler einen Kasten Bier um den Gegenbeweis und darum, daß die Kinderlosigkeit seiner Ehe nur am Amale, nicht aber an ihm liege. Dann fuhr er mit einem höpfigen jungen Ding aus dem Dorf so lange ins Grüne, bis im Spätherbst der Erfolg sichtbar, die Untat im Ort ruchbar und die Wette einlösbar wurde. Als der Unhold bald darauf mit seiner Maschine aus einer Kurve hinausgetragen und an einem Baum zerschmettert wurde, hatte niemand in Eyltingen sonderliches Mitleid mit seinem Geschick. Pfarrer Nebele beteuerte zwar mehr routinemäßig als überzeugend durch Zitate aus der Schrift, daß auch schlimmen Sündern im nachhinein Vergebung zuteil werden könne. Das Amale und die Leute im Flecken hielten den schlimmen frühen Tod des Hurenschauklers aber für einen himmlischen Vergeltungsakt. Daß der Himmel ein Einsehen gehabt habe, versuchten die Brüder Eugen und Emil dem jung verwitweten Amale in aller Liebe zu beweisen. Die beiden »Industriebauern«, wie man die in der Fabrik arbeitenden Feierabend-Kleinlandwirte nennt, waren zwar verheiratet und hatten mehr Kinder als Hektar Land, waren zugleich aber mit mehr Herz und Trieb gesegnet, als von ihren von der Arbeit im Haus und in der Landwirtschaft chronisch ermatteten Frauen zu verkraften war. So ergab es sich bald, daß das Amale gleich der Witwe von Ephesos die bittere Witwentrübsal in kernige Lebenslust verwandelte, da Eugen und Emil an streng eingehaltenen Wochentagen im Wechsel nicht nur den Garten hinter Amales Haus, sondern nach dem allfälligen Vesper auch das Lustgärtlein prächtig in Schuß hielten. Das Amale strahlte eine vielen Dorfweibern geradezu unerträgliche Zufriedenheit aus. Als sie einmal unter dem brüchigen Siegel der Verschwiegenheit von einer vermeintlichen Freundin gefragt wurde, wie es denn mit den Brüdern Eugen und Emil in puncto puncti gehe, versicherte sie strahlend: »So gut wie die zwoi könnt's mir oiner alloi gar net b'sorge!« Das gab der verdorbenen Fantasie bösmäuliger Weiber Anlaß zu allerlei Gerede: Das Amale sei schon von ihrem verblichenen Hurenschaukler verdorben und zu abnormem Triebleben abgerichtet worden. Sie sei – um nur eines der Schimpfworte zu zitieren – eine »g'luschtige Eichelhähere« ...

Aber davon war wohl doch kaum die Hälfte wahr, wie die vom Sau-Böckle unter allen Eiden der Venus bezeugte Geschichte von seiner Verführung des Amale während des Urlaubs der Brüder Eugen und Emil annehmen läßt. Es sei nämlich gar nicht so einfach gewesen, das Amale herumzukriegen, beteuerte er. Erst seine einäugige Erkenntnis und Afterlogik, daß man doch dann erst ungeniert und so richtig leben könne, wenn man das, was man halt so altmodisch den Ruf nenne, hops gehen lasse, habe das Amale umgestimmt und zu dem Ausspruch veranlaßt: »Etz isch's vollends egal, dia zwoi hent mir sowieso scho da unbescholtene Witwestand versaut. Und du bischt jo gar net g'heirotet, no machts au nix!«

Wenn bei schwäbischen Dorfkurtisanen bezüglich ihres Odeurs herber Duft von Uralt Lavendel oder Kölnisch Wasser aus den Achselhöhlen steigt und sich mit Küchengeruch von Schmalz und Zwiebeldampf aus den Kleidern und Haaren zu einer raumfüllenden Geruchsorgel verbindet und wenn der Lack auf ihren Nägeln meist nur in brüchigen Spuren zu finden ist, weil er nur einmal zum Sonntag aufgetragen wird, so beweist dies weniger eine Nachlässigkeit im Make-up als den auch den Menschen ausgeprägten schwäbischen Hang zu biederer Häuslichkeit. Die »Schnepperles-Frieda« kann dafür als überzeugendes Beispiel gelten. Sie setzte ihrem zwar nicht impotenten, aber doch chronisch müden Heiner allwöchentlich ein paarmal die Hörner auf, wozu sie aber stets nur nach Erledigung der häuslichen Arbeit bereit war. Ihre Freunde und Liebhaber mochten noch so röhren: »Erscht wenn's Zemmer putzt isch ...«, entschied sie rigoros. Als der Ortspfarrer Nebele sie einmal ins Verhör nahm, beteuerte sie wahrhaftig: »Also Herr Pfarrer, mei Bett isch emmer sauber bliebe! I han mei Sach em Freie bosget!«

Als die Schnepperles-Frieda einmal beim Spätzlemachen in der Küche stand – in der Linken das Brett mit dem Spätzleteig über dem Kochtopf, in der Rechten das Messer, mit dem sie behend jene kleinsten Teigbatzen vom Brett ins heiße Wasser schabte, die dann im kochenden Wasser zu Spätzle werden – da wollte es einem ungeduldigen Liebhaber mit der Kocherei gar zu lange dauern. Deshalb rückte er von hinten heran und spielte Satyr mit der Nymphe am Herd, die aber unterdessen unbeirrt ihre Spätzle weiter schabte. Als sie allmählich in ihrem Geschabe mit dem Messer aus dem Rhythmus kam, grunzte sie unwillig-willig und fauchte in den aufsteigenden Wasserdampf: »Du verrückter Denger, du! Wenn aus meine Spätzle etz no Spatze werdet, bischt du aber schuld! Läßt mr denn au da Dampf ab, ehb's Esse en dr Schüssel isch!«

Die »Goschen-Karline« war – ihr Spitzname sagt es ja überdeutlich – wegen lautstarker Dispute mit ihrem Schorsch bekannt und fast gefürchtet. Die vitale Bauerntochter schien ihren braven, etwas schmächtigen Schorsch, einen Bahnarbeiter, nur geheiratet zu haben, um ihn physisch und mit der Gosch obendrein fertigzumachen. Während er mit dem Fahrrädle in den Dienst fuhr, trug sie die Zeitung aus und schwätzte sich von Haus zu Haus durchs ganze Dorf. Was sie aber doch bei alledem auf ein besonderes Niveau und über den Durchschnitt der Weiber im Dorf erhob, das waren ihr Hang und ihr Talent zum Dichten, zudem noch eine punktuale Belesenheit in den Werken von Schiller, Uhland, Hölderlin und Mörike. Wen sollte es da wundern, wenn sie sich zu Höherem berufen fühlte, als eines einfachen Bähnlers Weib zu sein. Ein jahrelanges Techtelmechtel mit dem Oberlehrer, das herzliche Vergnügen des alten Apothekers an ihren Verseleien und eine Reihe poetisch verbrämter Schäferstündchen mit dem Leiter der Spar- und Darlehenskasse ihrer Heimatgemeinde schienen ihren »geischtigen Grattl« zu rechtfertigen.

Kam des Abends ihr Schorsch von der Arbeit, so gab's häufig als Tischgebet vor dem Abendessen eine Schimpfkanonade, bei der die Goschen-Karline ihren Schorsch mit wahren Salven von Schimpfwörtern eindeckte. Da mich der arme Schorsch von Herzen dauerte, weil er ein Nervenbündel und immer wieder aufs neue an Magengeschwüren erkrankt war, nahm ich mir eines Abends den armen Schlucker unter vier Augen vor und riet ihm, eine unübertreffliche Tirade an unflätigen Beschimpfungen gegen das bösmäulige Weib einzustudieren und damit einen überraschenden Konterschlag zu führen. So geschah es. Ich richtete es so ein, daß ich gerade um die ausgemachte Zeit im Nachbarhaus einen Besuch absolvierte. Und höre da! Auf die schon gewohnten wüsten Schreie der Goschen-Karline – Du Prachtsdackl! Du daube Sau! Du Schienetrieler und Rädlesschmierer! – war mit einem Mal lautes Getöse wie von zerschmettertem Geschirr zu hören, dann trat eine kurze Stille ein, und plötzlich begann ein Schimpfwirbel von Schorsch, wie ihn bislang noch kein Mannsbild im Dorf von sich gegeben hatte: »Du Sägmehltaufe! Du Gotteskuh! Du giftiger Knolleblätterpilz! Du Prachtshenn'! Du Allmachtsgans! Du abkochts Hennefiedle! Wenn du so lang wärscht wie de domm bischt, no könntsch de Mond uf de Knui am Arsch lecke! Wart, du Allmachts-Socke, dir henk i jetzt no's Kreuz aus ond laß di uf dr Hand sterbe!«

Nach kurzer Stille ein Schluchzen der Karline und ihre weinerliche Stimme: »Du baiser Kalomes, du baiser! Schempft mr au so mit ema a'ständige Weib?«

Als darauf der Schorsch mit hörbar abebbendem Groll seine Karline ein »Seelemoggele« nannte und nach einiger Zeit des Schluchzens der Karline und immer leiser werdendem Gespräch das Licht ausging, da wußten der Doktor, die Nachbarn und morgens das ganze Dorf, daß dem Schorsch der »Widerspenstigen Zähmung« gelungen war. Dem Schorsch heilte das Magengeschwür zwar endgültig ab, doch erkrankte er später an Lungenkrebs. Als er im Sterben lag, ermahnte er seine Karline, doch auf die beiden Töchter gut aufzupassen. »Sorg au, daß se net mit ledige Kendle hoim kommet!«

Darauf seine Goschen-Karline mit roher Logik: »Des ka' doch dir egal sei, des woisch du doch nachher gar nemme!«

Als Witfrau führte dann die für gesetzte Herren immer noch attraktive Karline ein offenes Haus. Sie lud allerlei »gebildete Herre« zur Lesung ihrer Gedichte und solchen Gesprächen ein, die sich in etwa mit den von Lukian aufgezeichneten vergleichen lassen. Sie waren vielleicht etwas derber, aber doch stets vom Hauch einer sich geradlinig artikulierenden Poesie umgeben. Da die Gespräche vor einem wunderbaren altbäuerlichen Himmelbett, einem Erbstück der Karline, geführt wurden, so lag stets das vor Augen, was den Menschen besonders liegt, wenn sie sich lieben. Die aufgemalten Bauernsprüche ließen auch wortkarge Herren das Thema finden:

O Gotteswunder,
Schiff voller Löcher
Und geht nicht unter

stand auf der Fußseite des Himmelbetts zu lesen, während das Kopfbrett der Spruch zierte:

Gott im Herzen, die Liebste im Arm,
Erwecket die Herzen und macht das Bett warm.

Gleicher Art waren auch die Reimereien der Karline, die sie einem in roten Saffian gehüllten Oktavheft anvertraut hatte. Zwei Beispiele seien angeführt:

Müllers Klage
Da drunten in der Mühle
Da murmelt die Turbin'
Fort sind die Wasserspiele
Das Rad ist auch dahin!

Wunschbild
Ich wünsch' mir einen feinen Mann,
So einen mit richtigen Manieren,
Der nobel und sauber sein kann
Ohne sich salben und ständig frisieren.
Einer, der sich kann fein ausdrücken,
Wenn er was will ...
So einer wär' mein Entzücken,
Bei dem hielt' ich still.

Als dann eines Tages »so ein feiner Mann« in Gestalt eines Engländers anläßlich eines Fußball-Freundschaftsspiels zwischen Eyltingen und einer englischen Mannschaft zu ihr ins

Quartier kam, brachte sich die Karline mit Feintun schier um, wollte sie doch dem feinen Mann aus England, der fast kein Wort Deutsch konnte, beweisen, bei welch gebildeter Frau er das Glück hatte, im Quartier zu sein. Auf ihre Fragen, was er am Sonntag vor dem Fußballspiel zu essen wünsche, antwortete der Englishman halb deutsch, halb englisch: »Breakfast, nix, nur breakfast« und schrieb ihr's auf einen Zettel.

»No, nix Spätzle«, wehrte er das reichhaltige Angebot der Karline ab. Da die Karline aber nicht wußte, was *breakfast* sei, rannte sie zuerst zum Metzger, dann zum Bäcker, ehe sie ganz verzweifelt beim Gelegenheitsfreund Oberlehrer, der in amerikanischer Gefangenschaft gewesen war, Hilfe suchte.

»Stell dir vor«, gestand sie verzweifelt, »in Eyltingen hot keiner Bräkfest! Der Metzger hot's net, der Bäcker hot's net! Bis i jetzt am Samstag in d'Stadt ins Feinkost-G'schäft fahr, hot des zu!«

Daß ausgerechnet ihr solche Blamage widerfahren mußte, war doppelt schmerzlich, gönnte man ihr's doch im ganzen Dorf. Für die Einsichtigen, denen das Menschliche und vielleicht Allzumenschliche keine unwürdige Niederung bedeutet, in die hineinzublicken unschicklich ist, wird die Karline als dichtende schwäbische Dorfkurtisane aber eine beachtenswerte Erscheinung bleiben. Ihre mit einfachem Gemüt und der Unschuld einer naiven Zunge entwickelte Poesie, mit der sie das Triebhafte auf ihre Art zu sublimieren wußte, ohne es zu verdrängen, hat sie einen schwäbischen, vielleicht deshalb im Gedanken und in der Form so wohlgelungenen Vers finden lassen, der in schlichter Form eine bedeutende Erkenntnis formuliert:

Gäb jeder sich en Ruck, au bloß a Rückle –
's ging älles weiter um a ganz schö's Stückle.

Die Hermine, von allen nur Mine genannt, war ein armes Luder. Als lediges Kind bei früh verstorbenen Pflegeeltern groß gezogen, wurde sie gleich nach der Schule als Putzmädchen in größere Häuser von Geschäftsleuten verdungen. Sie war von gedrungener, stämmiger Figur und hatte ein rundes und so gutmütiges Gesicht, wie wir's dem Vollmond zuschreiben. Sie versah ihre Pflichten brav und fleißig und wurde dafür schlecht bezahlt. Ihr geringes Entgelt zwang sie zu äußerster Sparsamkeit, und so hatte sie aus ihrer Not insofern eine Untugend entwickelt, als sie bei ihrem geringen Entgelt die Sparmaßnahmen dort ansetzte, wo man normalerweise nicht hinsieht, andererseits aber doch gerne etwas sehen möchte. Die Mine trug keine Schlüpfer. Aber da ihre Röcke für die tägliche Putzarbeit zweckmäßigerweise auch nicht lang sein durften, so wurden die Benutzer der Treppen, wenn sie gerade oben putzte, zwangsläufig zu Voyeuren ihrer stämmigen Schenkelsäulen und deren rundlichen Kapitells.

Ein Drogist, in dessen Haus sie angestellt war, mochte vielleicht der erste gewesen sein, der die eher dorischen als korinthischen Säulen anstarrte, als er die Treppen hochgehen wollte, während die Mine die oberen Treppenstufen wischte. Ob der Herr noch einen Augenblick Geduld haben könne, bis sie die obersten Stufen trocken habe, fragte die Mine und beeilte sich. O ja, meinte der Drogist, sie solle sich nur Zeit lassen, ihm eile es nicht. Und mit gebanntem Blick stieg er die Treppe langsam höher, bis er alle Herrlichkeit des Fleisches vor sich sah. Da er aber ein galanter Herr war, versicherte er, er wolle der Mine von hinten her festen Halt geben, daß sie nicht rückwärts die Treppe hinabstürze. Und so umschlang er sie von hinten immer fester. Die Mine wischte noch eine Weile in gebückter Haltung mit dem Putzlumpen, bis sie sich schließlich auf den nächstoberen Treppen abstützen mußte, um nicht mitsamt dem aufstürmenden Herrn die Treppe hochzufallen. Nach einer glücklichen Viertelstunde keuchten sie beide die letzten Stufen hoch, und während der Drogist sich wieder zurecht machte und eine Überstunde zu bezahlen versprach, fragte die Mine verklärt: »Kommet Sie jetzt jede Tag d'Trepp ruff, wenn i putz?« Es war eine überflüssige Frage.

Mag nun sein, daß die Mine dieses Schlüsselerlebnis begehrlich machte. Jedenfalls fand die Mine fortan am Treppenputzen besonderen Spaß und wurde im Laufe der späteren Jahre in vielen Häusern in wohlbezahlten Stundenlohn genommen, da sich ihr Fleiß und ihr Standvermögen auf der Treppe gegenüber aufsteigenden Herren als löblich herumsprach.

Später, wohl nach dem dritten ledigen Kind, mußte sie wegen der Frage der Vaterschaft zum Vormundschaftsgericht. Der Beamte fragte die Mine, ob sie sich denn nicht denken könne, wer der Vater ihres Kindes sein könnte. Die Mine, die verärgert war, weil sie durch die Vorladung einen ganzen Vormittag zum Treppenputzen verlor, antwortete barsch: »Woher soll i des wisse? I ka mi doch, wenn i d'Trepp putz, net jedesmol umdrehe und gucke, wer hinter mir isch!«

Leider verunglückte die vitale und fleißige »Treppen-Mine«, wie sie zuletzt geheißen wurde, bei einem Autounfall tödlich. Bei ihrer Beerdigung sagte ein altes Weib zu einer anderen: »So a bravs und fleißigs Mädle isch se gwea, ond drei Kender hot se sogar g'het, ond jedes von ama andere.«

Pfarrer Nebele, dem die Mine auch schon die Treppen im Pfarrhaus sauber gemacht hatte, verstieg sich bei der Leichenpredigt zu solchem Lob der Mine, daß man den Antrag auf Seligsprechung befürchten zu müssen glaubte. In der zu einem sozialkritischen Lobgesang auf alle Putzfrauen ausgeweiteten Predigt verglich er die vielen von der Mine geputzten Treppen mit der Jakobsleiter und meinte geschwollen: »Alle die Treppen, die du geputzt hast, aufeinandergestellt, werden dir nun zur Jakobsleiter, auf der du befreit vom Zwang irdischer Leiblichkeit empor in den Himmel schreitest.«

Rührung kennzeichnete auch ein Gedicht des besagten Drogisten, der Mines Treppenfreuden inauguriert hatte und der nun, inzwischen ein alter Herr geworden, sich in seiner Kammer mit Wehmut an die früheren Putztage der Mine erinnerte und in sein Notiztagebuch schrieb:

O was sind wir Menschen blinde Deppen,
Denn der Himmel war schon hier,
Sandte Dich als Engel unsrer Treppen,
Dafür, Mine, sind wir dankbar Dir.

Hand am Leben

»Vielfach das Unheimliche, und nichts unheimlicher als der Mensch.« (Sophokles)

Die Statistiken über Kriminalität sagen uns, daß der Pegel der Verbrechen auf dem Lande niedriger sei als in den großen Städten. Aber im Rahmen des Bildes vom »friedlichen, sittsamen Land« nisten die Wanzen. Ich möchte behaupten, daß es auch auf dem Land nicht immer kanonisch zugeht. Die Statistik trügt insofern, als die Dunkelziffer der Verstöße wider das Recht in ländlichen Gemeinden wahrscheinlich höher liegt als die Zahl der hier juristisch erfaßten Vergehen. Das liegt nach meinen Erfahrungen vor allem an der Zahl schwer zugänglicher innerfamiliärer Verbrechen, die von der Familien- oder Sippenmafia nach außen abgeschirmt werden. Nur der Arzt als unmittelbarer Zeuge des Lebens vermag manchesmal Spuren eines Verbrechens oder Einblicke in Tatsachen und Zusammenhänge zu finden oder zu erahnen, die ihn darüber grübeln lassen, ob er seinen Verdacht für eine Anzeige hinreichend begründen kann und soll. Die Justiz zu Eyltingen in Gestalt des Dorfbüttels Ernschtle Hommel, ausgerüstet mit der Dienstpistole und einem nur auf den Postboten scharfen Schäferhund, hat sich bislang nur bei Einbruch und Diebstahl mit einigem Erfolg legitimiert. Die Kriminalpolizei der nahen Kreisstadt ist meist überlastet. Die leisen Verbrechen mit unheimlich heimlicher Vorgeschichte bringen ihr Endprodukt in Gestalt eines Toten meist nur der ersten Instanz zu Gesicht, dem Arzt, der die Todesursache und das Vorliegen eines natürlichen Todes bescheinigen soll. Angewiesen auf die Angaben der Angehörigen und die begrenzten Möglichkeiten einer äußeren Inspektion der Leiche, oft auch unter Zeitdruck, muß der Arzt seine Entscheidung treffen, im Ohr das auch für ihn gültige »in dubio pro reo«. Ein paar Erlebnisse dieser Art mögen für eine Reihe weiterer sprechen.

Am frühen Morgen ruft man mich in das neu erbaute Haus einer jüngeren Familie, die ich nur einigermaßen durch gelegentliche Behandlung der drei Kinder und der Ehefrau kenne. Ich weiß allerdings, daß der Großvater der Frau, deren Eltern früh verstorben waren, im oberen Stock des neugebauten Hauses mit den jungen Leuten zusammengewohnt und er auch Miteigentümer des Hauses ist, da ihm der Bauplatz gehörte und er über mehrere wertvolle Liegenschaften verfügte, von denen er zur Finanzierung des Hauses zwei Bauplätze verkauft haben soll. Der Alte stand im Ruf eines altersstarrsinnigen Furzklemmers, der im Wirtshaus ständig Klage führte, daß er als armer Rentner, der er, wie alle wußten, im Hinblick auf seine profitablen Grundstücke nicht war, sich kaum noch ein Viertele Haberschlachter leisten könne. Er schnorrte im Wirtshaus nicht nur Stumpen, sondern auch Streichhölzer und wußte das Lied seiner Armut häufig unter Tränen zu singen. Da er als ehemaliger Landwirt nur minimal privat versichert war und einen erheblichen Selbstkostenanteil zu leisten hatte, suchte er mich in den damals etwa zehn Jahren meines Wirkens nur einmal wegen eines Bruches auf, den er aber, vermutlich wegen der gefürchteten Kosten, nicht operieren ließ. Er war sonst gesund, lediglich altersentsprechend verkalkt. Mit den Jungen gab es sicherlich Spannungen, die er im Wirtshaus im Rahmen seiner Jeremiaden anklingen ließ, wenn er vom Undank der heutigen Jugend und davon sprach, daß die Jungen nur noch wegen des Erbteils Interesse an den Alten hätten. Solche mehr allgemein gehaltenen Äußerungen fanden bei den alten Mannen Anklang, ganz besonders der von ihm regelmäßig zitierte Vers:

Wann vor der Zeit das wilde Kind
Fragt nach des Vaters Jahren,
Eh' es mit Recht sein Erbteil find't,
Dann mag der Vater sparen.

Die Enkelin stand anscheinend ziemlich unter der Rute ihres stiernackigen, durch Alkohol, streng eingehaltene Vesper und Riesenportionen Spätzle schon früh verfetteten, ziemlich primitiven Mannes. Ohne Näheres zu wissen, empfand ich für die nach ihren drei rasch aufeinanderfolgenden Kindern schon etwas schwammige, früh verfettende Frau Mitleid, meinte ich doch, eine larvierte Depression bei ihr zu bemerken. Aber meine Hausbesuche waren meist eilig, und so fand ich nie die Zeit zu einem gründlichen Gespräch.

Diese Erinnerungen gingen mir auf dem Wege zum früh erbetenen Besuch und dann sogar in Sekundenschnelle durch den Kopf, als ich den Hausflur betrat und die jungen Leute vor dem reglos auf dem Boden liegenden Alten sah.

»Was ist passiert?« fragte ich betroffen, denn der Alte schien tot zu sein.

Riesenhämatome am Kopf und schon geronnenes Blut am linken Ohr und um die Mundwinkel waren meine erste Entdeckung. Die Pupillen waren weit, starr und ohne Reaktion. Keine Atmung. Beginnende Leichenstarre. Der Mann mußte schon einige Stunden tot sein. Während ich sein Hemd aufknöpfte und das Fehlen eines offenbar ausgerissenen Knopfes bemerkte und nach Atmung und Herz horchte, berichtete der junge Ehemann, er habe den Großvater heute morgen nach dem Aufstehen so vorgefunden. Er müsse wohl nachts oder ganz früh beim Gang auf das Klo gestürzt und die Treppe heruntergefallen sein. Die Frau weinte still und abgewandt.

»Keine Atmung, keine Herztöne mehr«, sprach ich leise vor mich hin. »Der Mann ist tot, wahrscheinlich schon seit zwei oder drei Stunden.«

Die junge Frau schluchzte. Ihr Mann blickte erschreckt und verlegen.

»Haben Sie denn nichts gehört von dem Sturz? Das muß doch trotz der Steintreppen ganz schön gepoltert haben?« fragte ich nun.

»Ich habe bestimmt nichts gehört!« versicherte der Mann. »Du?« fragte er seine Frau.

»Nein«, kam es zaghaft und nach kleiner Pause.

Wir schleppten den Leichnam aufs Sofa im Wohnzimmer, konnten aber wegen der nun vollends eintretenden Leichenstarre die Kleider nicht mehr ausziehen. Nach Hochziehen des Hemdes zeigten sich am Brustkorb mehrere Blutansammlungen unter der Haut. Wahrscheinlich durch Rippenbrüche zu erklären. Aber wie kam es zu der Schürf- oder Kratzwunde seitlich am Hals? Der junge Mann redete und erklärte fast pausenlos. Der Ehne sei schon seit Wochen immer schwindelig gewesen und ein paarmal »na g'hagelt«. Er könne sich deshalb denken, daß er beim Gang zum Klo auf dem oberen Flur versehentlich an die Treppe geraten und dann gestürzt sei. Und auf die harten Steintreppen wolle er nicht einmal als jüngerer Mann stürzen.

»Warum haben Sie mich erst jetzt geholt?« fragte ich nebenbei in seine Betrachtungen, während ich noch mit der genaueren Inspektion des Schädels befaßt war. Der Mann war kaum verlegen und antwortete beinahe vorwurfsvoll: »I ben so erschrocke, daß i mi erscht amol han setze müsse ond a Zigarett' rauche und nachdenke, ob i mei Frau wecke und mit so was erschrecke kann. Findet Sie doch auf nüchterne Mage amol jemand tot auf dr Trepp'!«

Nun wurde ich inquisitorisch: »Eben sagen Sie auf dr Trepp' – wo lag der Großvater denn, auf dr Trepp' oder auf'm Flur?«

Er wurde unsicher. »Ha, a bißle no auf der Trepp.«

»So, a bißle no auf dr Trepp' ... Und wer hat ihn in den Flur gelegt?«

»Ha, i natürlich. Mr ka doch jemand net uf dr Trepp' liege lasse.«

»Hat *jemand* noch gelebt, hat *jemand* noch g'schnauft oder g'jammert, wie Sie *jemand* auf der Treppe gefunden haben?«

»I glaub net, Herr Doktor.«

»Haben Sie *jemand* am Hals gekratzt?«

»Wieso?«

»Das frage ich mich auch«, erwiderte ich scharf.

Jetzt wurde der Bursche böse: »Also Herr Doktor, mir hent Sie g'holt als Arzt und net als Polizei.«

»Aber ich soll doch wohl den Totenschein ausfüllen und bestätigen, daß hier bei *jemand* ein natürlicher Tod vorliegt? Oder soll ich das nicht tun und *jemand* sezieren lassen?«

»Sexiere kommt überhaupt nicht in Frage!« begehrte er auf. »Unser Ehne war immer gege Ärzt ond Krankehäuser, des muß reschpektiert werde.«

»Jetzt zeigen Sie mir noch sein Zimmer und dann die Stelle, wo Sie ihn auf der Treppe gefunden haben«, forderte ich ihn auf.

Die Frau war im Badezimmer verschwunden, um sich, wie man hörte, zu erbrechen. Der Mann ging mir die Treppe hinauf voran und bruddelte etwas vor sich hin, wovon ich nur verstand: »So a Hondskommöde am frühe Morge.«

Ich war wütend ob dieser Pietätlosigkeit und mußte mich schwer beherrschen, sachlich zu bleiben und kühl zu denken. Einiges an der Sache schien sich nicht zu reimen.

Das Zimmer des Großvaters war unordentlich. Das Bett war offenbar benützt. Ich öffnete den Nachttisch und entdeckte einen Pottschamber, der halb mit Urin gefüllt war.

»Hat er den benützt?« fragte ich und blickte den Mann scharf an.

Offensichtlich verlegen antwortete der Mann im Stakkato: »Der Seich ... der Seich ... der riecht, der muß von geschtern sei ... also, den hat mei Frau vergesse zum ausleere.«

»Wenn er aber einen Nachttopf im Zimmer hat und offenbar auch benützt«, entgegnete ich triumphierend, »dann ist er doch wohl nicht am frühen Morgen aufs Klo gegangen!«

»Wieso?« konterte der Mann geistesgegenwärtig. »Mr muß doch schließlich net bloß bronze.«

Ich gab mich zufrieden und ging die Treppe hinab, gefolgt von dem Mann. Schon auf der drittobersten Stufe mehrere Blutspritzer. Am Eisengeländer schon in Höhe der oberen Stufen kleinere Blutflecken, wie von Fingern aufgedrückt.

»Da unte' ischt er g'lege«, versuchte der Mann mich abzulenken und deutete auf die vier unteren Stufen.

»Wie lag er auf der Treppe, Kopf oder Füße nach unten?« fragte ich.

»Also bloß d'Füaß waret no obe uf dr Trepp', dr Arsch ond's andere waret uf em Flur. No han i en halt vollends ronterzoge, daß er richtig doliegt«, erklärte der rohe Mann.

»Ja, hat er denn noch Lebenszeichen von sich gegeben, hat er noch geschnauft?« wollte ich wissen.

»Ha, i moin, er hätt' no a bissele g'röchelt. Aber wie i ihn g'frogt han: Ehne, was isch's? Hosch z'viel g'soffe? Do hot er nix meh gsait.«

Kopfschüttelnd ging ich zum Badezimmer, um die Hände zu waschen. Dort kam die junge Frau bleich und gelb heraus und bat mich, die Hände in der Küche zu waschen, sie müsse das Bad erst säubern.

Als ich mich danach zum Gehen wandte, fragte der Mann in sachlichem Ton: »Was isch jetzt mit dem Leicheschei? Was soll jetzt g'schea?«

»Ich komme heute nachmittag wieder zur zweiten Leichenschau«, antwortete ich ihm, »ich muß jetzt erst einmal Kaffee trinken und auch eine Zigarette rauchen wie Sie, wenn man so auf nüchternen Magen *jemand* am frühen Morgen schon lange tot findet und darüber nachdenken muß, wie merkwürdig *jemand* ums Leben gekommen ist.«

Mit unsicherem Blick und ohne Antwort starrte der Mann mir nach, als ich das Haus verließ.

Zu Hause grübelte ich: Gewiß war der Alte ein Furzklemmer und Knaudel, und sicher hat er's den Jungen mit seinem mißtrauisch gehüteten »Sach«, wie man den Besitz hierzulande nennt, nicht leicht gemacht. Aber die primitive, gefühlsrohe Art des Mannes seiner Enkelin läßt Besitzgier und Rücksichtslosigkeit vermuten. Und dann die ganzen Ungereimtheiten um den Tod des Alten ... Kratzer am Hals, die Blutspuren oben auf der Treppe, der benützte Pottschamber, der nicht vorhandene Abgang von Stuhl bei einem Toten, der angeblich wegen Drang zum Stuhlgang auf das Klo gehen wollte, dann die unsichere Frau, die sich in echter Erregung zurückzog und ihrem Mann so ganz und gar die Verhandlung und Aussage überließ, meine viel zu späte Hinzuziehung bei schon eingetretener Leichenstarre, der rohe, pietätlose Mann als alleiniger Akteur, die Frau erst geweckt, nachdem alles vorbei war … Und niemand soll etwas gehört haben, wenn ein Mensch im Haus die Treppe herabstürzt und doch sicher mehrfach aufschlägt? Ach, um wieviel leichter hätte ich's jetzt als Kriminalkommissar, wenn ich den Burschen noch und noch ins Verhör nehmen und Detailforschungen im Haus, vor allem bezüglich der Blutflecken auf der Treppe, anstellen könnte … Aber ich bin »nur« Arzt und »nur« verlangt, um den Tod des Alten festzustellen und zu bescheinigen. Gewiß, ich könnte auf dem Leichenschein die Frage, ob eine natürliche Todesursache vorliegt, in Frage ziehen und damit die Kriminalpolizei einschalten. Was aber soll die Justiz bei unsicheren Indizien gegen den einzigen Zeugen des Vorfalls und mutmaßlichen Täter eines Verbrechens, bei dem das Opfer nicht mehr aussagen kann? Wie, wenn ich mit so schlimmem Verdacht nicht recht hätte und der Mann mit den durch mich in Gang gesetzten Untersuchungen der Kriminalpolizei in seinem Ruf geschädigt würde? Er wäre zeitlebens mein Feind, würde bei seinem rohen, aggressiven Wesen mir vor die Füße spucken, wo er mich sähe. Es könnte ja wirklich so gewesen sein, daß der Alte ohne Nachhilfe die Treppe herunterstürzte und der Mann in seiner feindseligen Grundstimmung um den Alten nicht gleich so besorgt war, wie man es von einem Menschen moralisch und nach dem Gesetz erwarten müßte. Und eine Schädelfraktur oder mehrere gar mit Gehirnverletzung hat er ja ohne Zweifel erlitten. Zu retten wäre er aller Wahrscheinlichkeit nach nicht mehr gewesen, auch wenn man mich früher hinzugeholt hätte. Wie viele Verbrechen bleiben nun einmal unaufklärbar und nur dem Gewissen des Täters zur Last?

Als ich nachmittags die zweite Leichenschau absolviert hatte, schrieb ich auf den Leichenschein: »Vermutlich tödliche Gehirnblutung nach Schädelbruch durch Sturz auf der Treppe, entsprechend den Angaben der Angehörigen.«

Bei der Verabschiedung blickte ich den offensichtlich erleichterten Mann scharf an und sagte ihm: »Möge es Ihnen im Alter einmal nicht genauso ergehen!« Widerspruchslos senkte er den Kopf, als ich ihn stehen ließ und ging.

Spät an einem Winterabend wurde ich von Angehörigen zur Vögeles-Marie gerufen. Sie liege im Sterben. Ich hatte die etwas über siebzigjährige Frau, die an chronischem Asthma, Lungenblähung und Herzschwäche litt, schon längere Zeit nicht mehr gesehen. Im vergangenen Jahr waren die Angehörigen dann und wann gekommen, um die benötigte Dauermedizin für sie rezeptieren zu lassen. Meine Vorhaltungen, ich möchte die Großmutter wieder einmal untersuchen, sie möge doch in die Sprechstunde kommen, wurden mit der Bemerkung beiseite geschoben, die alten Leute gingen nicht gerne zum Arzt, weil sie fürchteten, es würde sich etwas Schlimmes bei der Untersuchung herausstellen. Und bei so alten Leuten könne man ja doch nicht mehr helfen.

Als ich ins Haus kam, fand ich in der Schlafstube nicht nur die im Haus wohnenden Angehörigen, sondern auch zwei von auswärts mit ihren Männern angereiste Töchter um das Bett der anscheinend in den letzten Zügen liegenden alten Frau stehen. Mit Friedhofsgesichtern verdrückte sich die Versammlung auf Zehenspitzen hinaus in die Wohnstube. Die im Hause mit ihrer Familie wohnende Tochter, eine hagere, giftig-fromme Person, die einer pietistischen Sekte angehörte, die sich zu Bibellesungen in Privathäusern traf, blieb als Wache auskunftbereit mit mir am Bett.

Die Vögeles-Marie rang nach Atem, schnappte, war bläulich im Gesicht und hatte dunkelblaue Lippen, Schweiß stand auf der Stirn. Ihr Puls raste und war flach. Sie hatte offenbar Fieber. Beim Behorchen stellte ich eine Lungenentzündung fest, und es fanden sich eindeutige Zeichen des beginnenden Herzversagens und Lungenödems. Die Frau war nicht mehr zu retten.

»Wie lang bisch denn scho so krank, Marie?« fragte ich die mit gesenkten Augenlidern schon sehr apathische Frau.

»Scho a Weile«, kam es gequält, und rasch ergänzte die Tochter: »Ha, so richtig schlimm isch's erscht seit zwei Tag.«

»Wir sprechen nachher noch miteinander!« fuhr ich sie verärgert an und schickte sie hinaus.

Da hatte man also, trotz sicher schon tagelanger Lungenentzündung und Herzschwäche, den Doktor erst geholt, als er nur noch das Leiden der bereits Sterbenden lindern und durch den düsteren Ausgang des Lebens hindurchhelfen konnte. Die Familie hatte von sich aus auf Tod entschieden und den Arzt erst zum Sterben bestellt. Da sie ohnehin an Lungenblähung infolge Asthma und an Herzschwäche litt, auch schon über siebzig war und sich wohl selbst nach dem Sterben sehnte, gab die erbgierige Schar der Töchter mit ihren Männern den Lauf der Natur zum Ende hin frei. »Der Herr hat's gegeben, der Herr hat's genommen«, heißt es so frommtröstlich am Grab. Und alle nur von der Erbschaft und nicht vom Schicksal Betroffenen segnen mit gefalteten Händen und gesenkten Köpfen den »Willen des Herrn«, der ihnen so ganz in ihr Begehren paßt. Gewiß war die Marie leidend, aber nichts geschah, was hätte geschehen können, um ihr Leiden zu mildern und sie noch ein paar Jährchen am Leben zu erhalten. Nicht einmal, als das Fieber die Lungenentzündung signalisierte und sie in schlimme Not mit der Atmung geriet, holte man den Arzt, der ihr mit den modernen Mitteln der Medizin hätte helfen können. Aber helfen wohin? In ein Leben im Kreise der Unlieben, die sie schon dauernd wegen der Erbschaft bedrängten, weil sie Land verkaufen und bauen wollten? Wofür könnte noch die Sonne aufgehen, wenn man fast täglich hört und spürt, wie um einen herum Pläne besprochen und gemacht werden, die nur der eigene Tod als Erbbringer zu erfüllen vermag? Die Hilfe des Arztes könnte zwar ein paar Jahre noch schenken, das läge im Bereich des Möglichen. Aber Jahre der Lieblosigkeit und Mißachtung zählen nicht mehr. Darum wohl auch kein Widerstand mehr, aus der Enttäuschung des Lebens hinwegzusterben, als die Kinder keine ärztliche Hilfe anforderten.

Draußen in der Wohnstube gespannte Entschlossenheit in Gesichtern, die ich niemals duzen wollte. Scheinheilige mit mühseliger Schmerzmiene. Familie vollzählig zur Erbteilung angetreten. Aber als ich zu einem ernsten Wort ansetzen wollte, kam Pfarrer Nebele, den man, wie ich später hörte, noch vor mir gerufen hatte. Der Segen des Himmels schien wichtiger als ärztliche Hilfe.

Als mich Pfarrer Nebele fragte, wie es stünde, antwortete ich zynisch: »Der Gerechte erbarmt sich seines Viehs, aber das Herz der Gottlosen ist unbarmherzig – Sprüche Salomons, Kapitel 12, Vers 10. Man hat nur Sie gerufen, Herr Pfarrer, mein Besuch war ein Versehen.« Ich verließ das Haus in zorniger Betrübnis.

Die stolze Irma, eine Zugezogene, die man so nannte, weil ihr, der Sekretärin in der Computerfabrik der nahen Stadt, keiner der jungen Männer im Dorf, die der attraktiven und verführerisch aussehenden jungen Dame nachliefen, angemessen schien, die stolze Irma also hatte relativ spät ihren Verschleiß an Anbetern zugunsten eines Ehekontrakts mit einem zwanzig Jahre älteren Mann von Ansehen, Beruf und Vermögen aufgegeben. Sie war der Typ einer Nofretete, zu welchem Vergleich schon das hochgesteckte blonde Haar

Anlaß geben konnte. Wo sie auftrat, wurde sie von Männern, die ihre Schwäche für unwiderstehliche Stärke hielten, angehimmelt und umschwärmt. Aber ihr Beiname »die Stolze« bedarf noch der Ergänzung »die kühl Berechnende«. Nur gutsituierte Männer mit Mercedes oder Sportwagen konnten sich bei ihr gegenseitig ausstechen. Keiner im Dorf sah Irma jemals in einem Volkswagen sitzen. Morgens wurde sie von einem ihrer Verehrer abgeholt und abends wieder von einem nach Hause gebracht. Vielversprechend sein und aus kühler Klugheit das Letzte verweigern, das mochte ihre erfolgreiche Devise sein. Als sie etwa 35jährig einen Oberingenieur Mitte der Fünfzig geheiratet hatte und in dessen Luxusbungalow in der Waldsiedlung gezogen war, kam bald danach ein Kind. Aber o Schande für die eitle Frau: Es war ein mongoloides Kind mit Wolfsrachen. Nach der Geburt und Entdeckung der Fehlentwicklung reagierte sie mit Schreikrämpfen und heftigster Abneigung gegen das arme Wesen, das sie sich anfangs zu sehen weigerte. Sie verlangte sogar von den Ärzten der geburtshilflichen Klinik in ihrem Raptus die Tötung des Kindes. Beruhigungsmittel und erklärende Einwirkungen der Ärzte in der Klinik und danach auch meinerseits brachten ihren verletzten Stolz allmählich in eine labile Stabilität der Vernunft. Der Ehemann, der seine zwanzig Jahre jüngere Frau geradezu sklavisch verehrte, war verständig, besaß aber keinen tieferen Einfluß, vollends noch in diesem Falle, da seine stolze Irma ihm wegen seines vorgerückten Alters die Schuld an der Mißgeburt zuschob. Ein junger Assistent in der Klinik hatte diesen Vorwurf unabsichtlich durch den erklärenden Hinweis provoziert, bei Ehepartnern in schon höherem Lebensalter sei die Wahrscheinlichkeit der Geburt mongoloider Kinder größer als bei jüngeren.

Um seine Frau zu schonen und sie nicht dauernd mit dem fehlgeratenen Kind zu konfrontieren, hatte der vermögende

Ehemann eine Schwester engagiert, die vom frühen Morgen bis zum späten Abend den Säugling versorgte. Trotzdem zogen Düsternis und eine gespannte Stimmung in dem Hause ein.

Eines frühen Morgens wurde ich von der Kinderschwester ins Haus gerufen. Mit bösen Ahnungen fuhr ich hin und wurde schon an der Tür von der aufgeregten Schwester mit der Mitteilung empfangen, das Kind müsse heute nacht erstickt sein, es sei tot. Das Kind habe auf dem Bauch gelegen, das Kissen über dem Kopf.

Ich konnte nur noch den Tod das Kindes bestätigen, da sich keine Zeichen äußerer Gewalteinwirkung fanden.

Irma, die Stolze, hatte sich im Schlafzimmer eingeschlossen und war, wie mir der zerknirscht wirkende Ehemann beteuerte, nicht ansprechbar. Er selbst habe einen besonders tiefen Schlaf gehabt und während der Nacht nichts, aber auch gar nichts gehört oder bemerkt. Bei seinem ausgerechnet heute so abnorm tiefen Schlaf hätte man allerdings das ganze Haus samt ihm forttragen können, ohne daß er es bemerkt hätte.

»Vielleicht wird sich Ihre Frau nun wieder beruhigen, vielleicht?« philosophierte ich beim Abschied nachdenklich.

Als anderntags die Kinderschwester zu mir kam, um die Sterbepapiere abzuholen, und dabei immer wieder beteuerte, sie könne sich das kaum vorstellen, daß das Kind, das sonst immer so ruhig in seinem Bettle lag und doch kaum die Kraft besäße, das Deckbett über den Kopf zu ziehen, versuchte ich sie und im Grunde mich selbst zu trösten: »Wir beide wissen's, Schwester, daß uns keine Schuld trifft. Hoffentlich wissen's auch einige andere.«

Die stolze Irma ist zwar stolz, aber fortan kinderlos geblieben.

Ein düsteres Kapitel sind die Selbstmorde. Sie haben in jedem Falle ihre Vorgeschichte, sosehr es als grausiges Ereignis überraschen mag, wenn ein Mensch Hand an sein Leben legt und man ihn, den man noch kurz zuvor gesehen hat, ohne etwas vom nahen Unheil zu bemerken, sterbend oder schon tot findet. Ungeheure, dem Außenstehenden oft ganz oder doch weitgehend verborgene seelische Spannungen und Eruptionen gehen voraus, stürzen in der Gesellschaft Gültiges um, brennen Eigensicherungen durch und reißen im riesigen Strom der Verzweiflung alles mit sich in den Strudel des Vergehenwollens ... Nur wenn er vorher noch Verdacht schöpft, hat der Arzt eine kleine Chance, die Entfesselung zerstörender Seelenkräfte zu verhindern. Das Unheimliche ihrer Macht bereitet dem Arzt um so mehr Sorgen, als er in vielen Fällen, in denen er die Schwermut erkennt und behandelt, nicht sicher wissen kann, ob er bleibenden Erfolg erwarten darf oder in unerwartetem Augenblick einen Rückfall mit Katastrophe befürchten muß.

Makabrer Witz haftet unterdessen zwei Fällen an, die ich erzählen möchte, weil beide Patienten noch leben und gute Chancen besitzen, trotz ihrer fatalen Neigung zum Selbstmordversuch vielleicht alt zu werden.

Der August Erbele war ein schwerblütiger, seelisch weicher Mann, einer von jenen Menschen, denen vieles weh tut, was anderen höchstens leid tut. Es war ein bis ins Mark redlicher, aber ein wenig düsterer Mann, der in den Augen des Dorfes als Edelschwächling galt, während die Sophie, sein gelinde gesagt resolutes Weib, ihn als »dummen Sekkel« ansah und gleichlautend titulierte. Und das nur, weil er – um ein Beispiel zu nennen – allen Vagabunden, die anklopften, das Gastzimmer im Haus anwies und sie zum Essen an seinen Tisch lud. Er tue das aus Mitleid und um Christi Gebot zu erfüllen, suchte er seiner nach außen hin frommen Sophie sein Handeln verständlich zu machen. Aber als dann einmal einer von der Straße nach dem Essen, als der August aufs Feld gefahren und die Sophie mit dem noch verweilenden Gast allein war, der Sophie nicht nur den Hof, sondern unterhalb der Gürtellinie Hitze machte, verdrosch die flachbusige Sophie zuerst den Zudringlichen und abends dann den vom Feld heimgekehrten August. Die Schläge mit dem Kochlöffel hätte er zwar verdaut, nicht aber ihre Verunglimpfungen mit dem Maul. In größter Erregung erklärte er der Sophie, jetzt sei Schluß, in einer so liederlichen Welt wolle er nicht mehr leben. Er ging in sein Zimmer und säbelte mit einem Küchenmesser an den Pulsadern herum, erwischte aber nur die Venen und ein paar Sehnen. Die Sophie, die mich schreckensbleich holte, teilte mir atemlos mit, ihr August sei sicher blemblem, er habe sich die Adern aufgeschnitten und blute »wie a g'stochene Sau«.

Wir eilten hin, und ich fuhr nach Anlegen eines Druckverbandes mit dem August in die Klinik, wo man seine Sehnen wieder zusammenflickte. Nach der Tat, die ihn wohl selbst erschreckt hatte, war der August wieder im seelischen Gleichgewicht. »Desmol war's nix«, meinte er bedauernd, als er nach einer Woche zu mir in die Praxis kam, um sich die Fäden aus der Wundnaht entfernen zu lassen.

Knapp zwei Jahre später, wiederum im Frühjahr, in dem sich Selbstmorde häufiger ereignen, wurde ich erneut in Eile zum August gerufen. Er habe wieder »was angestellt«. Ich fand ihn mit großer Kopfwunde und blutüberströmtem Gesicht auf dem Sofa liegend. Er jammerte und stöhnte leise und hielt ein Handtuch auf die Kopfwunde gepreßt.

»Schießt sich des Rendvieh mit em Schweinebolze ins Hirn!« erklärte die aufgebrachte und erregte Sophie grobmäulig.

»Sei froh, daß er di net verschosse hat«, fuhr es mir heraus, denn sicher war sie wieder die Ursache der Tat.

Bei der Inspektion der Kopfwunde sah ich das Geschoß herausragen und konnte es leicht entfernen. Währenddem jammerte der August: »O du lieber Heiland, laß me doch sterbe oder schick mer oin von deine Engel.«

Aber die Zeichen standen auch dieses Mal auf Leben. Wie ich schon bald sah, hatte sich der August, vielleicht weil er sich vorher mit einem Krug Most einen angetrunken hatte, nur einen Tangentialschuß beigebracht.

»Ach, Herr Doktor, jetzt isch's wieder nix!« jammerte er, als ich ihm mit absichtlichem Spott gesagt hatte: »O August, du g'hörscht zur Andreas-Hofer-Gedächtnis-Kompanie, die bloß Fahrkarte schießt!«

Auf der Fahrt in die Klinik, wo er später rasch versorgt und der Heilung zugeführt wurde, gab ich ihm den Rat: »Jetzt laß dir's nächste Mal was anders einfalle, wenn du wieder Weltschmerz spürst! Hau lieber amol deiner Sophie de Ranze voll oder schmeiß ihr d'Suppenschüssel an de Kopf, des wär gescheiter als so a Metzelsupp a'richte!«

Es hatte eine leichte Gehirnverletzung abgesetzt, und der August neigte in der Folgezeit zu Erregungszuständen. Er hat aber nie mehr an sich, sondern nur noch an seine Sophie die Hand angelegt. Die war allerdings von Stund an mit ihm zufrieden trotz der gelegentlichen Hiebe und würdigte diesen Umstand mit der Feststellung: »Seit mei Auguscht en Saubolze em Hirn g'het hot, isch a Ma' aus em worde.«

Die Selbstmordgeschichte der Elis, wie man ihren Namen Elisabeth zum Rufen abkürzte, hat eine Schilderung der Person zur Voraussetzung:

Die Elis war eines von sechs Kindern einer ziemlich armen Landwirtfamilie. Sage doch keiner, die Armut bedeute nicht Schicksal! Die Elis wäre jedenfalls voraussichtlich keine Lebedame geworden, hätte sie die bettelarme Familie nicht gleich nach der Schule in Stellung nach Frankfurt schicken müssen, wo sie sich für ein besseres Trinkgeld im Haushalt eines Nachtbarbesitzers verdingen mußte. Sie sollte dort, wie man versprach, den Haushalt lernen. Das schien ihrer Mutter, deren Horizont nicht über den kleinen Misthaufen vor dem Haus hinausreichte, ein wichtiges Anliegen. Sie wußte mit dem aufsässigen, sehr aufgeweckten und früh entwickelten Mädchen nach der Schulentlassung nichts Rechtes anzufangen und war der Meinung, daß Kochen, Putzen, Waschen und Bügeln das Wichtigste sei, was ein Mädchen für später zu lernen hätte. Aber die Elis sollte in der Großstadt gar bald andere Dinge lernen, für die sie ihr im Vergnügungsgewerbe professioneller Hausherr für geeigneter hielt. So reifte sie bald eher zu einem Früchtchen als zu einer geschulten Haushälterin und wurde mehr und mehr das, was man in jener Zeit eine Lebedame nannte. Die Mutter hörte nur Erfreuliches über ihren enormen Verdienst und die Gepflogenheiten eines eleganten Lebens, wie man es zu Eyltingen sich nicht mal erträumen konnte. Als Pfarrer Nebele sich gelegentlich bei der Mutter nach dem Ergehen der in der Fremde lebenden Tochter erkundigte und fragte, ob sie denn keine Sorge um das unmündige Mädchen bezüglich der Verführungen einer Großstadt habe, antwortete die Mutter zufrieden: »Anfangs han i mir scho Sorge um mei Elis g'macht, aber seit i weiß, daß sie unter Polizeiaufsicht steht, bin i ganz beruhigt!«

Nach vielen guten Jahren und noch mehr Enttäuschungen kehrte die Elis, die immer gerne in Rätseln sprach und von sich behauptete, im letzten Mondviertel geboren zu sein, nach Eyltingen heim. Mit dem verbliebenen Rest ihres in Diensten der Venus erarbeiteten Vermögens kaufte sie sich ein älteres Häusle, in dem sie fortan wohnte. Sie galt zwar als abgenagter Knochen, fand aber durch Kartenschlägerei und allerlei schwarze Künste und Schäferstündchen mit älteren Herren ein hinlängliches Auskommen. Wenn auch niemand glaubte, daß die dem Aberglauben der Magie anhängende Elis einmal in den Himmel der Abraxasanbeter kommen würde und man sie in die Gruppe der Dorfkurtisanen einreihte, so genoß sie immerhin eine gewisse Achtung, die etwa jenes Ausmaß hatte, das der Aberglaube auch bei konfessionellen Christen besitzt. Horoskope und kleinere Prophezeiungen verliehen ihr das Flair einer Dorfkassandra, da sie fast ausnahmslos schlimme Ereignisse befürchtete oder voraussagte. In Wirklichkeit war sie – mit den Augen des Arztes gesehen – eine paranoide Psychopathin mit, gemessen am Pegel des Dorfes, überdurchschnittlicher Intelligenz. Da sie als Lebedame in der Großstadt wohl oft genug ein Opfer skrupelloser Menschen gewesen sein mochte, wußte sie die Menschen einzuschätzen. Das zeigte sich – womit wir in die engere Vorgeschichte ihres Suizids eintreten – beim nahenden Ende ihres Erbonkels Jakob. Unter den sechs Geschwistern, denen die Elis zugehörte, entspann sich damals ein Wettlauf um die letzte Gunst des an Magenkrebs dahinsiechenden Onkels. Zwei Häuser und mehrere wertvolle Äcker und Wiesen, wohl auch noch eine kleine Barschaft versprachen dem oder den Erben erstrebenswerten Zuwachs an Besitz. Während nun die Geschwister der Elis sich gegenseitig mit pflegerischen Diensten bei dem schwerkranken Onkel den Rang abliefen, brachte sich die Elis mit allerlei »geheimen Medizinen« dem Herzen des von der Schulmedizin als unheilbar erkannten Kranken nahe. Um einen absolut sicheren Sieg in der Erbolympiade zu erringen, ließ sich die vorzügliche Menschenkennerin etwas einfallen, das schon allein der Originalität und der dahintersteckenden Intelligenz wegen den Erfolg verdient hätte. Mit ihrer großen Erfahrung und

Menschenkenntnis wußte sie um die Empfänglichkeit eines Schwerkranken für Wachträume und irrationale Erscheinungen. Daher warf sie sich um Mitternacht ein weißes Leintuch über und erschien ihrem Onkel Jakob als Gespenst mit einer Kerze in der Hand. Mit verstellter Stimme sprach sie ihn an, als er auf das Bimmeln eines Glöckchens in ihrer anderen Hand hochschreckte: »Fürchte dich nicht, Jakob! Ich bin dein guter Geist. Höre auf mich! Du sollst dein Sach der Elis vermachen! Du sollst dein Sach der Elis vermachen! Und abermals sage ich dir, du sollst dein Sach der Elis vermachen!« Darauf löschte sie die Kerze in ihrer Hand und verschwand im Dunkeln auf leisen Füßen, wie sie gekommen war.

Einige Zeit später kam sie im Morgenrock zu ihrem Onkel, der sich stöhnend im Bett wälzte, und tat besorgt, da sie seine Unruhe im Traum erlebt hätte und nun, wenn auch mitten in der Nacht, doch sehen wolle, was mit ihm sei. Tief beeindruckt von allem erzählte nun der Onkel von der Erscheinung des guten Geistes und was er ihm aufgetragen habe. Gerührt nahm er die Elis in die Arme und versicherte ihr, er wisse jetzt, wem er sein Sach vermachen müsse. Allerdings wolle er sie um Verschwiegenheit bis nach seinem Tode bitten, damit er nicht den Zorn der anderen verspüren müsse. Die schlaue Elis riet ihm, er möge den Notar nicht durch sie, sondern durch eines der Geschwister holen lassen, damit kein Verdacht aufkomme. So geschah es.

Kaum war das Testament mit der Alleinerbschaft für die Elis unter Dach und Fach, als die Elis einen groben Fehler beging. Sie hatte zu jener Zeit einen nichtsnutzigen Kavalier, der sich für seine Liebesdienste von der schon welkenden Elis aushalten ließ. Ihm vertraute sie in einer schwülen Stunde, in der sich nach schwäbischer Definition erst Hand in Hand, dann Hand an Ebbes, darauf Ebbes in Hand und zuletzt Ebbes in Ebbes befindet, ihre Eulenspiegelei mit dem Onkel Jakob an und regte ihn vollends mit dem Versprechen auf, sie würde nach Antritt der Erbschaft mit ihm eine Reise nach Italien machen, und mit dem vielen Geld würden sie sich beide erst einmal in Stuttgart in den feinsten Geschäften einkleiden und Lederkoffer kaufen. Dann würden sie im Schlafwagen allein in einem Abteil der ersten Klasse in seidenen Pyjamas gen Süden schlafen und zur Erfrischung Sekt trinken und liebestoll die Gläser an die Wand werfen …

Der verschlagene Ganove wollte aber sofort einen Vorschuß von der Elis, um ihr, wie er sich ausdrückte, »die Spinnerei glauben zu können«. Sie habe doch noch Erspartes, das sie im Hinblick auf die in Kürze zu erwartende Erbschaft nun abheben könne. Rasch sah die Elis ihren Fehler ein, aber es half nichts, daß sie den Kerl schließlich nach heftiger Auseinandersetzung hinauswarf. Die Rache kann sich jeder denken. Er brachte die erbschleicherische Eulenspiegelei der Elis den Geschwistern und schließlich auch dem kranken Jakob zu Ohren, der die Elis noch zwei Tage vor seinem Hinscheiden durch ein neues Testament von jeglicher Erbschaft ausschloß. Nach dem Saukrach, den es dabei abgesetzt hatte, kam die Elis am späten Abend in feinster Aufmachung mit Mantel, Fuchspelz um den Hals, breitrandigem Hut und Regenschirm, zudem angetan mit all ihrem Schmuck, ins elterliche Haus und verkündete theatralisch ihren Abschied von dieser Welt.

»Ihr werdet mich erst wieder als Leiche sehen! Adieu, wer will, kann mich jetzt in Schönheit sterben sehen!« Bitterlich weinend, verschwand sie in die Nacht.

Die zwar einfältigen, aber realistisch gesinnten Geschwister nahmen ihren Auftritt als Theater, denn sie waren Ähnliches von ihrer Elis gewohnt. Nur die jüngste der Schwestern kam, von Skrupeln geplagt, am späten Abend noch zu mir, um meinen Rat zu dieser Situation einzuholen. Ich konnte ein Schmunzeln nicht verbergen. Sicherheitshalber fuhr ich aber doch mit der Schwester zum Häuschen der Elis. Sie war fort. Wollte sie in ihrer Demütigung vielleicht doch Ernst machen? Ich riet den Geschwistern, bis zum anderen Tag mit einer Meldung an die Polizei zuzuwarten.

Am anderen Morgen schon in aller Frühe meldete ein Spaziergänger in der nahen Kreisstadt der Kriminalpolizei, er habe im Stadtsee eine Frauenleiche entdeckt. Der erfahrene Kriminalkommissar verständigte zunächst den Feuerwehrkommandanten und fuhr mit ihm zum Stadtsee, einem relativ seichten Gewässer, das aber hydrophilen Selbstmördern schon oft zur Verwirklichung ihrer Pläne ausgereicht hatte. Vorsorglich hatte er den Krankenwagen vom Roten Kreuz angefordert. Der Feuerwehrkommandant war mit Gummihose und -stiefeln sowie einer langen Stange ausgerüstet. Als sie am See ankamen, sahen sie tatsächlich den reglosen Körper einer Frau teilweise aus dem Wasser ragen. Sie hatte einen breitrandigen, altmodischen Hut auf, der mit einem Kinnband befestigt war, und trug eine Brille. Schließlich sahen sie eine Hand aus dem Wasser ragen, die sich an etwas hielt. Es mußte der Griff eines in den Grund gebohrten Schirmes sein. Sie trug auch Handschuhe und war mit einem Mantel angetan. Außerdem sah man einen Pelz um den Hals. Der Feuerwehrkommandant meinte, er brauche nur einige Schritte hinauszugehen und könne dann die Leiche mit seiner langen Stange an Land ziehen. So tat er es. Aber als er das zweitemal mit der Spitze seiner Stange im Brustbereich der Leiche einhakte, schrie die Leiche plötzlich: »Aua!« und begann sich zu bewegen. Feuerwehrkommandant und Kommissar waren sprachlos, als sich die Leiche tatsächlich bewegte, sich mit Unterstützung des Feuerwehrkommandanten noch im Wasser aufrichtete und mit schwacher, aber vernehmbarer Stimme fragte: »Wieviel Uhr isch's denn? Mir isch's wie in dr Ewigkeit!«

»Seit wann sind Sie denn schon im Wasser?« wollte der Kommissar wissen, als mit Blaulicht der Sanitätswagen heranrückte.

»Zwischen eins und zwei heute nacht«, konnte die vermeintliche Leiche noch sagen und wurde dann ohnmächtig.

»Also lag die Frau etwa sechs Stunden im Wasser«, rechnete der Kommissar aus.

Rasch wickelten die Männer vom Roten Kreuz die erschöpfte, stark geschminkte und parfümierte und mit viel Schmuck gezierte »Selbstmörderin« in Decken und fuhren eilends ins Kreiskrankenhaus. Dort stellten die Ärzte lediglich eine Unterkühlung und Erschöpfung fest.

Nach etwa zehn Tagen durfte die Elis mit wieder getrockneten Kleidern, samt Hut und eingerolltem Schirm und in vollem Schmuck nach Hause. Die Männer von der Feuerwehr, die Polizei und das ganze Dorf schüttelten sich vor Lachen über diesen Streich der Elis, die sich fortan kaum noch sehen ließ und in ihrem Häusle ein völlig zurückgezogenes Leben führte. Als Orakel war sie verstummt. Erst als sie völlig unerwartet einige Jahre später von einem ihrer vielen früheren Liebhaber in ein größeres Erbe gesetzt wurde und sich die Geschwister plötzlich wieder zu ihr drängten, kam sie einmal in meine Behandlung wegen einer fieberhaften Bronchitis. Als ich sie in einem längeren Gespräch noch einmal auf ihren früheren Suizidversuch ansprach, meinte sie: »Wenn d'Leut au lachet, Herr Doktor, aber i han's ernscht g'moint damals. Bloß – heut hätt i zwar's Geld, aber nemme d'Nerve dazu!«

Ihr Versuch, in Schönheit zu sterben, habe sie für Krankenhaus und Bergungskosten sowie Polizeigebühren immerhin runde zweitausend Mark gekostet, ergänzte sie bekümmert.

»Aber Elis«, tröstete ich sie, »zweitausend Mark isch doch kein Geld fürs Überleben!«

»Scho, Herr Doktor, aber des ka' sich jemand wie i net alle Johr leischte!«

Hausbesuche

Ärztliche Besuche sind wie alle Besuche – dem Regen gleich, dessen wir überdrüssig werden, wenn er täglich kommt, den wir aber erbitten, wenn er ausbleibt. (Volksmund)

Morgens, wenn aus offenen Fenstern rote Inlettzungen hängen und Zimmermief ins Freie gähnt, wenn Frauen mit Lokkenwicklern im Haar den Kehricht der Nacht in die Mülltonne tragen, fahre ich die Häuser entlang. Morgens sammle ich den Rapport der Nacht, gebe die Direktiven für den Tag, rezeptiere die chemische Hilfe. Morgenstund hat Medizin im Mund. Recipe ... dreimal täglich vor dem Essen, seltener nach dem Essen. – Essen, du herzallerliebste Beschäftigung und Ersatzhandlung außer Bett! Der Magen – Zentrum aller Dinge. Die Küche, der große Therapieraum neben dem Schlafzimmer – Drehscheibe des Lebens. Von gutem Tisch und weichem Bett getrennt zu sein oder beides nicht zu besitzen, bedeutet ein kardinales Unglück des Lebens. Daß dem so ist, sehe ich tagaus, tagein. Die Wohnstuben dagegen, nur an Sonn- und Feiertagen beheizt und benützt, sind nur Sekundärräume. An den Wänden Familienbilder, eingerahmte Diplome, Möbel aus dem Discount, oft noch mit Plastik überzogen, ein Tisch, vier Stühle, zwei Polstersessel, ein Sofa und ein Büfett mit Vitrine, hinter deren geschliffenem Glas bunte Sammeltassen dahinstauben, in der Ecke eine Nähmaschine, alles garniert mit Gummibäumen und Zimmerlinden, so erlebt man das Wohnzimmer, häufig auch noch »gute Stube« genannt, weil hier alles so neu und unbenutzt bleibt, wie es einst geliefert wurde.

Anders die Küche. Hier riecht's und lebt's in vitaler Unordnung durcheinander. Sogar der Fernsehapparat hat hier zwischen aufgehängten Windeln und Geschirrtüchern und eindeutigen Spruchweisheiten (»Mir schmeckt's«, »Wer trutzt mit der Schüssel, der schad't seinem Rüssel«) seinen Platz auf einer Eckkonsole gefunden. Der Herd, der heilige, teure Herd, dessen Kochplatten von überlaufender Milch immer wieder reingehalten werden, kommt nur wenig außer Betrieb. Feinschmecker finden an den Küchentischen weniger Freude als chronisch Hungrige, die sich gewohnheitsmäßig den Bauch vollschlagen. »Wenn ich nichts esse, kann ich auch nicht arbeiten« und »Gut essen hält Leib und Seel' zusammen« lauten die Devisen. Hätte Kant eine »Kritik des Essens« geschrieben, so wäre dieses Buch in Eyltingen gewiß kein Bestseller geworden. Am Sonntag gibt's Braten mit Spätzle und Kartoffelsalat, am Montag den Rest vom Sonntag, am Dienstag »Brockele« (Erbsen), Gelbe Rüben, Kartoffelbrei und Rote Wurst, am Mittwoch saure Kutteln, am Donnerstag Schweinsknöchle mit Sauerkraut, am Freitag Pfannkuchen mit Kartoffelsalat (für die Kinder wahlweise mit Kompott) und am Samstag Gaisburger Marsch. Das ist der traditionelle Küchenfahrplan in diesem schwäbischen Landesteil. Dank und Zufriedenheit widerfährt den Eyltinger Weibern für ihre Mühe um die »Kochetse« am Ende dann, wenn die Lieben allesamt mit gefalteten Händen über vollgeschlagenem Bauch leicht schwitzend die Verdauung einsegnen, ab und zu rülpsen und mit zufriedener Miene konstatieren: »Wenn mr g'schafft hat, no schmeckt's halt!«

Der Arzt hat's schwer, gegen die Völlerei mit Argumenten seiner Wissenschaft anzugehen. Selbst der grobe Rat: »Kerle, freß net so viel, sonscht holt dich bald der Katzenjakob (Tod)«, wird mehr als origineller Ausspruch des Doktors denn als beherzigenswerte Aufforderung verstanden. Und wie sollte man den Genuß von Schweinefleisch, das ohnehin soviel mehr Charakter als Kalbfleisch hat, abschaffen können, solange noch ein bis zwei Säue zur Schlachtung und in die Kühltruhe kommen? Man hat noch ein paar Äckerle, die Kartoffeln liefern, und die Schweinemast, für die auch Küchenabfälle Verwendung finden, wird meist nebenher von der Großmutter besorgt. Die Jungen gehen ja in die Fabrik. Vielleicht wird's anders, wenn's einmal keine Großmütter mehr mit solch traditionellen Ambitionen gibt? Es steckt vielleicht mehr als unfreiwillige Komik dahinter, was einmal eine zornige Großmutter den Jungen, die sich einfach nicht mehr mit der Schweinefütterung befassen wollte, an den Kopf schleuderte, als sie im Tone einer schwäbischen Kassandra prophezeite: »Wenn i amol nemme leb', so hent ihr koi rechte Sau meh' em Haus!«

Sei's drum. Obwohl ich in der Rolle des lebenden Zeigefingers auch auf diesem Gebiet der Lebensführung nicht müde werde, gebe ich mich doch nie der Hoffnung hin, die Welt der meiner Obhut Befohlenen dort aus den Angeln heben zu können, wo sie nun einmal ans Scharnier des Lebens geschraubt sind. Oh, was machen sie vornehmlich in jüngeren Jahren, solange der Leib noch mittut, für Unsinn aus Tradition!

Und das Schlafzimmer, der andere Vitalraum im Hause? Schlafzimmer, meist ohne Heizung, haben hierzulande etwas Ungemütliches, ja Melancholisches an sich. Über Ehebetten, die ein »Gräble« trennt, das allabendlich die Frage »Bei mir oder bei dir?« aufwirft, hängen süßlich fromme Buntdrucke und außerdem Sprüche, die keine Zweifel daran aufkommen lassen, daß alles, was hier geschieht, seine Moral und den Segen des Himmels hat. Häufigstes Motiv: Jesus in Gestalt des guten Hirten, ein zum Streicheln süßes Lämmlein auf dem Arm, friedlich umlagert von lauter weißen Schafen, die auf sattgrüner Weide gut in der Wolle stehen. Das Symbol des Friedens und sicheren Behütetseins über dem Bett, in dem es gewiß nicht ausschließlich fromm zugehen mag. Dekorativ aufgetürmt Haipfel und Kopfkissen mit dem Monogramm des Mädchennamens der Frau, Beweis für eingebrachte Aussteuer. Kopfkissen – Beichtstühle des Gewissens und Rathaus für allerlei Entschlüsse, Kelch der Träume und Zentrum des Schlafes, des Lebens ohne Leben und des Totseins, ohne tot zu sein. Zwischen riesigem, geblümtem Deckbett und dem Unterbett in der Federnschatulle der müde, oft so unruhig muntere Leib, bis zu den Knöcheln ins Nachthemd eingewickelt, der Bettleib im Eigengeruch des Leibbetts. Ein paar Sprüche, in gesunden, sündigen Tagen unterschwelliges Ärgernis, in Zeiten des Krankseins flüchtige Zuflucht: »Ein gut' Gewissen ist mein Ruhekissen« oder »Alle Eure Sorge werfet auf IHN, ER wird's machen«. So ganz überläßt man aber IHM die Sorge doch nicht, denn auf dem Schlafzimmerschrank stehen tiefgestaffelte Reihen von Einmachgläsern mit allem, was der Garten an Frucht getragen hat. Und am Wochenende und an Feiertagen dient der unbenutzte Toilettentisch als Ablage für die mit Tüchern abgedeckten Kuchen. Eine Weile dominieren dann Zimt- und Obstgeruch über den Moschus ungepflegter Leiber und ungelüfteter Kleidung. Aber schließlich ist alles eine Sache der Gewohnheit, und Besucher und Arzt betreten die Schlafstube ja nur selten, und wenn, so kaum ohne Erschrecken und Entschuldigung der Hausfrau, die Betten seien noch nicht gemacht.

Über dem mit Bambis und Märchenfiguren drapierten

Kinderbett ein Bild, auf dem ein weiß gewandeter Schutzengel ein verängstigtes Kind auf schmalem Steg über wildschäumende Wasserfluten geleitet. Es gibt in Eyltingen zwar keinen reißenden Fluß, jedoch viele wasserscheue Kinder. Das Wasser gewinnt möglicherweise durch die über vielen Kinderbetten hängende Darstellung des gefährdeten Kindes über dem reißenden Strom schon im frühkindlichen Erlebnis die Imagination einer Gefahr. Schwimmlehrer können bei Landkindern ein Lied davon singen.

Die Ungemütlichkeit vieler Schlafzimmer erfährt vollends eine Steigerung durch riesige Wecker auf den Nachttischen und dem dummen Spruch von der »Morgenstund mit Gold im Mund«. Seit die nachts auf den Nachttischen abgelagerten Gebisse reichlich mit dem edlen Metall ausgerüstet sind, hat die Morgenstund tatsächlich Gold im Mund. Trotzdem schaffen der laut tickende Wecker auf dem Nachttisch und der Hinweis auf gebotenes Frühaufstehen eine Atmosphäre, wie sie bei der Vertreibung aus dem Paradies im Donnerwort vom »Schweiße des Angesichts« ihren schreckenden Ausdruck fand. Auch der Pottschamber und die häufig noch gebräuchliche Wärmeflasche mildern nur ein klein wenig die Freudlosigkeit der Schlafzimmer. Wundert's, daß man hierzulande nur in der Nacht und kein bißchen länger im Bett liegt, als es die Ohnmacht des Schlafes verlangt? »Im Bett sterbe d'Leut«, hört man häufig, wenn es an sich der Bettruhe bedürftige Kranke nicht mehr im Bett leidet. Wären die Schlafzimmer wohnlicher und die Betten gemütlicher, so kämen viele dahinter, daß es sich auch im Bett munter leben läßt.

Als eines Tages eine Einrichtungsfirma ihre Vertreter von Haus zu Haus schickte, um mit modernen, stimulierenden Bildern, Sprüchen und Tapeten und sogenannten französischen Betten die Schlafzimmer zu revolutionieren, setzte es für die »Hausierer« Schimpf und Schelte und in zwei Fällen sogar Prügel ab. »Noi, noi – näckete Weiber und auszogene Männer hängt a a'ständiger Mensch net in sei Schlafzimmer«, hörte man allenthalben im Dorf. »I ka jo mei Alte näckig a'glotze, sell koscht' nix«, meinte einer im Wirtshaus, mußte sich allerdings dann den Einwand gefallen lassen: »Warum machscht no emmer 's Licht glei aus, wenn d' ins Bett gohscht?«

Am meisten Ungemach hatten die Schlafzimmerrevolutionäre infolge ihrer kessen Wandsprüche zu leiden, von denen der noch gelindeste lautete: »Wenn dich die hübschen Buben locken, so bleib' nicht prüde in der Ecke hocken.«

Solche Schlüpfrigkeit rief auch Pfarrer Nebele auf den Plan. Von der Kanzel wetterte er wider den Teufel, der unter dem Deckmantel moderner Kunst und eines modernen Lebensstils die Schlafzimmer der Gemeindemitglieder in Bordellräume verwandeln wolle. Darum forderte er alle auf, einmütig der Ausbreitung von Unzucht und Sittenlosigkeit entgegenzutreten und Geschäfte mit der Schlüpfrigkeit zu verhindern. Häuser, in denen schmutziger Firlefanz die Stuben verunziere, werde er nicht mehr besuchen.

Daraufhin wagte es niemand, einige Sozis und Freidenker und die Intellektuellen in der Bungalow-Siedlung am Wald ausgenommen, die alte Schlafzimmerunherrlichkeit zu beenden und der Frivolität und Lebenslust Einzug in die Schlafstube zu gewähren.

Zwei dringende Hausbesuche mit Überraschungen

Ob ein Hausbesuch dringend und notwendig ist, kann nicht immer gleich erkannt und entschieden werden, wenn ein Angehöriger den Arzt um sofortigen Besuch des Kranken in der

Wohnung bittet. Drei Gesichtspunkte rechtfertigen aber den Hausbesuch trotz gradueller Unterschiede der Indikation: ein akutes, bedrohlich erscheinendes Krankheitsbild mit oder ohne Fieber, ferner die Versorgung des bettlägerigen oder bewegungsbehinderten chronisch Kranken und schließlich die vor allem bei Erstfällen angezeigte Inspektion der häuslichen Verhältnisse, der Intimsphäre, als einem Teil des »sozialen Milieus« des Kranken, als Ursprungs- und Austragungsort persönlich-familiärer Konflikte, wo zudem ein sofortiges Agieren des Arztes von Vorteil sein kann. Eigentlich würde zur Vervollständigung der Orientierung des Arztes über die Konfliktwelt des Patienten noch der gezielte »Betriebsbesuch« am Arbeitsplatz gehören, doch hindern Zeitmangel und Kompetenzschwierigkeiten diese an sich erstrebenswerte Vervollständigung einer Situationsanamnese.

Während die chronisch Kranken ohne Mühe in den Terminplan der Hausbesuche aufgenommen werden können, kommt es bei überraschend angeforderten Hausbesuchen natürlich mitunter zu »Pannen«, wenn man jede Verzögerung oder gar längeren Aufschub eines solchen Besuches so bezeichnen will. Aber wenn der Arzt gerade mit programmierten, meist ebenfalls dringenden Hausbesuchen unterwegs ist und keine Funkeinrichtung im Wagen hat, so kann es trotz telefonischer Anrufstationen während der Besuche zu Verzögerungen kommen, die von lebensentscheidender Bedeutung sein können. Zumeist sind es aber, Gott sei Dank, nur Peinlichkeiten und Unstimmigkeiten, die aus solch unglücklicher zeitlicher Koinzidenz dringender Besuche übrigbleiben.

Wer eine Gallen- oder Nierenkolik hat, erwartet mit Recht sofortige Hilfe und Befreiung von unerträglichen Schmerzen. Jede Viertelstunde, die er kürzer oder länger leiden muß, weil der Arzt nicht gleich oder erst später als möglich kommt, ist für ihn subjektiv hochbedeutsam. Warum der Arzt erst wesentlich später zu ihm kommt, ob es wegen als dringlich eingestufter Bagatellfälle oder wegen einer Reifenpanne seines Autos war, interessiert den Patienten erst hinterher. Die Stunde der Entschuldigung folgt erst der Stunde der Hilfe. Setzen ein Herzinfarkt oder eine Gehirnblutung einer therapeutisch chancenlosen Gefäßsklerose einen überraschenden, schnellen Abschluß ohne die Gegenwart des Arztes, so heißt es in einer Mischung aus verzeihlicher Fehleinschätzung des todbringenden Leidens und begreiflichem Wunschdenken: »Mei Chrischtian könnt vielleicht heut no lebe, wenn dr Dokter glei komme wär!«

Als eines späten Nachmittags jemand in der Praxis anrief, ich solle bitte ganz schnell zum Alfredle, dem sechsjährigen Büble eines Landwirts im Dorfzentrum, kommen, er habe wohl Blinddarmentzündung, da war ich unglücklicherweise unterwegs auf Hausbesuchen in einem Nachbardorf. Bis man mich dort übers Telefon erreichte, mochte eine halbe Stunde vergangen sein, und weil ich gerade mit einer Spritze beschäftigt war und eine Viertelstunde Fahrzeit vor mir lag, so kam ich erst etwa eine Stunde nach dem Notruf ans Bett des Alfredle. Ich kannte das mickerige Kerlchen wegen dauernder Drüsenschwellungen als lymphatischen Typ mit Nasen- und Rachenpolypen und permanenter Erkältungsneigung. Jetzt hatte er leichtes Fieber und einen diffus druckempfindlichen Bauch ohne sicher abgrenzbare Zeichen einer akuten Blinddarmentzündung. Die Zunge war belegt, seit dem Vortag hatte er keinen »Stinker« gemacht. Die Mutter wußte das und monierte außerdem Übelkeit und Brechreiz bei ihrem »Mandesle«.

Ich war nicht von der Wahrscheinlichkeit einer akuten Blinddarmentzündung überzeugt und entschloß mich, zunächst noch ein paar Stunden abzuwarten, verordnete ein krampflösendes Zäpfchen und versprach, nach der Abendsprechstunde wieder vorbeizukommen.

Als ich etwa dreieinhalb Stunden später wieder ins Haus kam, empfing mich die Großmutter und gestand verdattert, sie hätten ihr Alfredle ins Krankenhaus gebracht und dort würde das arme »Mändle« jetzt wohl schon operiert.

Auf mein verdutztes: »Ja wie isch mir's denn? I han des Kind doch gar net ei'gwiese!« gestand die Großmutter, sie hätten, weil ich nicht gleich gekommen wäre, in ihrer Angst und Sorge den Kollegen vom Nachbarort angerufen. »Der war glei do und hat gmeint, es sei a ganz akute Blinddarmentzündung, mr müßt sofort operiere. Und wie Sie no später komme sind, hen mir uns des net sage traut. Aber wie Sie weg waret, hen mir's mit dr Angscht z'tun kriegt und sind schnell mit unserem arme Mändle ins Krankenhaus g'fahre.«

Ohne ein Wort machte ich kehrt und ging in einer Mischung aus Ärger und Resignation nach Hause. Als ich dann im Krankenhaus anrief und zunächst meiner Verärgerung Luft verschaffte, erfuhr ich, daß die Appendektomie eine kurz vor der Perforation stehende Appendizitis ergeben hatte. Nun wollte mir auch der Trost des Chirurgenkollegen, mit der Appendizitis bei Kindern könne auch der erfahrene Arzt immer wieder hereinfallen, nicht mehr schmecken. Ich war einige Tage geknickt, obwohl durch das richtige Handeln des ohne sein Wissen konkurrierenden Kollegen vom Nachbarort und durch die ängstliche Besorgtheit der Eltern Schlimmes verhindert worden war. Aber ich dachte immer wieder an den möglicherweise ernsten Verlauf, wenn meine abwartende Haltung zum Zuge gekommen wäre. Mit meinem Nachbarkollegen, mit dem ich mich gut verstehe, trank ich bald darauf einen Schluck auf das 1 : 0 für ihn, vor allem aus Dankbarkeit für sein gelungenes Einspringen.

Amüsante und heitere Aspekte ergaben sich demgegenüber bei einem anderen dringenden Besuch, zu dem ich ebenfalls wegen heftiger Leibschmerzen der Frau des Kaminfegers Girr gerufen wurde. Das gleichaltrige, etwa fünfzigjährige kinderlose Ehepaar lebte, allen im Flecken offenbar, in neiderregender Liebesehe, sah man die Girrs in der Öffentlichkeit doch stets Arm in Arm oder Hand in Hand und häufig Zärtlichkeiten austauschend, wie man sie nur Flitterwöchnern oder jungem Gemüse zugestand. Jedenfalls mußte sich Pfarrer Nebele, der bei keiner Taufe den Hinweis unterließ, nur Kinder würden einer Ehe Sinn und Halt geben, durch die Girrs widerlegt sehen.

Das äußerlich Hervorstechendste an beiden war ihre körperliche Frische und Gepflegtheit, die sie wesentlich jünger und sehr ansprechend erscheinen ließen. Besonders die Frau, eine mittelschlanke, optimal proportionierte, schwarzhaarige, fremdrassig aussehende Dame von stattlichem Wuchs, die einer Waldenserfamilie entstammte und in Köln aufgewachsen war, hatte eine ungewöhnliche Ausstrahlung auf Männer. Er hingegen war von Berufs wegen schwarz, sonst aber rötlichblond und glich in seiner Erscheinung einem drahtigen Schotten. Beide lebten vollkommen zurückgezogen in einem hübschen, von großem Garten umgebenen und von Büschen und Bäumen eingewachsenen Haus, das nur wenige Amtspersonen je betreten hatten. Außerdem ließ ein scharfer Schäferhund ohnehin keinen unerbetenen Besuch ins Haus. Die »Kaminfegers«, wie ich sie nannte, waren mir immer sympathisch erschienen. Ich kannte sie allerdings nur aus der Sprechstunde. Noch nie hatte man mich ins Haus gerufen. Die beiden waren im landläufigen Sinne kerngesund, anscheinend problemlos, nur dann und wann einmal erkältet und eines Grippemittels bedürftig. Vom Briefträger, einem widerlichen, verschlagenen Schürzenjäger, wußte man, daß er vor mehreren Jahren mit der attraktiven Kaminfegerin im Zuge einer Paketzustellung im Garten ein Schäferspiel starten wollte, jedoch kläglich abblitzte und nach dem Ansprung des Schäferhundes das geplante Schäferspiel mit zerrissener Hose abbrechen mußte. Seitdem erhielten die Girrs ihre Post durch die Frau des Postboten zugestellt, bei der umgekehrt kein Mannsbild in Versuchung geraten konnte.

Nun aber wurde ich am frühen Nachmittag dringend um einen Hausbesuch gebeten. Die Frau winde sich vor heftigen Leibschmerzen. Keine Blutung, kein Fieber. Am Gartentor empfing mich der schwarze Glücksbringer in voller Montur. Er wolle mich nur hereinlassen und habe den Hund noch weggesperrt, denn er müsse gleich auf Tour ins Nachbardorf. Nach Aushändigung des Hausschlüssels schwang er sich mit Leiter und Besen aufs Fahrrad und verschwand.

Im Hause bellte der Schäferhund, der in der Küche eingeschlossen war. Ich trat in die Wohnstube. Sie war sauber und mit durchschnittlichem Geschmack eingerichtet. Durch eine halbgeöffnete Türe drang Schmerzgestöhne aus dem Nebenraum. Ich klopfte und trat in ein halbdunkles, ungewöhnliches Gemach, das einem Traum aus Tausendundeiner Nacht glich: die Wände mit tiefblauem Samt ausgeschlagen, besetzt mit goldfarbigen Metallfiguren. Verschlungene Nackedeis beiderlei Geschlechts. Sterne als Embleme des unendlichen Liebeshimmels. In einer gewölbten, eingebauten Nische ein Lager mit Fellen aller möglichen exotischen Tiere, darauf die schmerzgeplagte Frau des Kaminfegers. »Geben Sie mir schnell eine Spritze, Doktor, ich halt's nicht mehr aus!«

Ich setzte mich auf den Rand des Lagers und bat die Schmerzgepeinigte, auf dem Rücken zu liegen, damit ich mir erst einmal den Leib ansehen könne. Meine Füße versanken im dichten Fell eines Grizzlybären, der dem Bett vorgelagert war und mit halbgeöffnetem Maul sein Riesengebiß türwärts zeigte. Als die Kaminfegerin die Lamadecke fußwärts schleuderte, sah ich, daß sie nackt im Bett lag. Ihr Nachthemd lag neben dem Kopfkissen aus Zebrafell. Meiner flüchtigen Verwunderung über die Art ihres Zubettliegens entgegnete sie mit der Kurzanamnese: »Wissen Sie, Doktor, ich war nach dem Essen wie jewohnt mit meinem Mann zusammen, und eben waren wir jlücklich jewesen, da kriech ich einen heftigen Schmerz – da!« – sie nahm meine Hand und führte sie in die rechte Nierenregion – »bis runter zum Bauch. Dat wurde immer schlimmer und unerträchlicher. Der Urin war janz rotbraun ...« – Die Inspektion des Leibes ließ mich schmunzeln: Bauch, Brüste und auch das Gesicht waren stellenweise rußgeschwärzt. Der Kaminfeger hatte in der kurzen Mittagspause fatale Spuren seiner Glücksbemühungen hinterlassen. Meine den Leib abtastenden Hände bekamen daher Rußglanz. Aber der Arzt muß die Feinheit des Sehens mit der Fähigkeit des Übersehens verbinden.

Während ich Dilaudid-Atropin in die Spritze aufzog, um die Nierenkolik zu beenden, und dabei die rußglückliche Frau beruhigte, die Schmerzen würden nun gleich nachlassen, verfing sich mein Blick an dem ungewöhnlichen Beleuchtungskörper, der über dem Bett schwebte. Die überdimensionale Zierde eines Mannes aus transparentem Kunststoff war innen mit einer länglichen Glühbirne beleuchtet und an dünnen Drähten aufgehängt. Eine Kordel an der Wand vermochte diese deftige Beleuchtung in Schwung zu versetzen. Die Kaminfegerin bemerkte meine Neugier und mein Schmunzeln und erklärte: »So wat Orijinelles kann man bloß in Paris finden. Sie sind ja Arzt und wat jewöhnt und können dat sicher verstehen.« O ja, ich verstand und gab die schmerzlösende Injektion mit dem Kompliment: »Ein wirklich einmalig originelles Zimmer, wie man es bei uns selten sieht.«

Meiner Rußglücklichen brach der Schweiß aus. Die Spritze wirkte rasch. Ich wartete geduldig am Lagerrand. »Sie sind der erste fremde Mensch, der unser Tabu zu sehen jekriecht hat«, versicherte die sich allmählich Entspannende. »Wissen Se, mein Mann und ich hassen de Prüderie«, fuhr sie fort. »Wir pflejen und trainieren eben de janze Körper. De Leute wären nich so schnell alt, wenn se wie wir sich jeden Tach 'n paarmal glücklich machen täten.«

»Das vermute ich auch«, pflichtete ich bei.

»Aber dat jeht nich mit der üblichen spießichen Tour«, erklärte die Kaminfegerin weiter und wischte sich bei deutlich nachlassendem Schmerz mit dem Nachthemd Schweiß und Ruß aus dem Gesicht. »Da muß man 'ne tolle Phantasie entwickeln, und vor allem, dat müssen Se sich merken, Doktor: Immer dran denken, immer wieder dran denken! Dat jelingt freilich am besten mit 'n Schlafzimmer, wo ein' auch die Lust kommen kann ...«

»Na«, flocht ich ein, »wem se hier nicht kommt, dem kommt se auch im Paradies nicht!«

Nebenbei warf ich immer wieder einen Blick auf die reichhaltige Ikonographie der Liebe an den Wänden rings um das Bett. Es waren hübsche Drucke aus dem Kamasutra. In die Decke über dem Bett war ein Riesenspiegel eingepaßt. Verlegen fragte ich: »Alles aus Paris?«

»Alles, wat Se hier sehen ... Doktor, mir is mit einmal so 'n bisgen schwindelig, nein, so janz leicht ... Ich spür jetzt keinen Schmerz mehr. Dat is so 'n schönes Jefühl, als wär der Franz bei mir jewesen ...«

»War er doch auch«, erwiderte ich lakonisch.

»Na, ich glaub, er braucht heute abend nichts mit mir anfangen ... Wissen Se, Doktor – ach, Ihnen kann ich ja unsern Rhythmus sajen: der Franz und ich machen et janz rejelmäßig am Morjen, nach et Mittachessen und am Abend vor en

Einschlafen ... Dat is seit Jahren der richtige Tajesrhythmus für unser'n bisgen starkes Jeschlecht ...«

Herrjeh! Dreimal täglich mit fünfzig noch! dachte ich betroffen und meinte, nur um etwas zu sagen: »Jetzt kann ich mir erklären, warum Sie beide so fit und gesund sind ...«

Voller Stolz und wie zur Demonstration zog meine schmerzbefreite Rußglückliche an der Lampenkordel und setzte den Lampenphallus in Schwingung.

»Sie sollten jetzt ein wenig schlafen und sich von der Nierenkolik erholen«, beendete ich die Szene. »Ich komme in drei Stunden noch einmal vorbei und bringe Ihnen dann noch ein paar Medikamente, und morgen soll Ihr Mann den Urin vorbeibringen.«

»Is jut, lieber Doktor. Ach, Sie sind ein Engel!«

»Na schön, dann schlafen Sie jetzt mal gut! Bis später!«

Beinahe fluchtartig verließ ich das einmalige Liebeskabinett. Im Wagen mußte ich mir erst mal eine Zigarette anstekken, um mich auf dem Nachhauseweg zu beruhigen.

Manchmal fällt es schwer, sich über ärztliche Erlebnisse nicht aussprechen zu dürfen ...

Als ich abends zum zweiten Besuch ins Haus kam, empfing mich der Kaminfeger und verkündete in Hochstimmung, seine Frau sei schmerzfrei und wieder wohlauf. Der Stein sei wahrscheinlich abgegangen. Meine Erwartung, ich könnte das ungewöhnliche Liebeskabinett wiedersehen und noch einmal näher besichtigen, wurde enttäuscht. Meine Patientin saß geschminkt und wie zu großem Ausgang gerichtet in einem Sessel der Wohnstube, und die Türe zum Kabinett blieb zu. Der Kaminfeger und sein schönes Weib begegneten mir sittsam und höflich. Beide taten so, als wäre ich nie in ihrem Tabu-Raum gewesen. Es schien mir eine Weile, als habe nicht die Kaminfegerin, sondern ich selbst unter dem Einfluß einer starken Droge gestanden. Alles, was ich erlebt hatte, gewann den Eindruck eines phantastischen Spuks. Trotz aller Leibhaftigkeit des Erlebten wurde ich eine Weile mir selbst gegenüber mißtrauisch. Als aber die liebesstarke Kaminfegerin anderntags in die Sprechstunde zur Nachuntersuchung kam und beim Abschied mit einer deutlichen Anspielung meinte: »Nich verjessen, Doktor: immer dran denken!«, da war ich mir wieder des Erlebnisses sicher.

Geburtshilfe

Heute wird es immer seltener, daß Frauen zu Hause unter Assistenz der Hebamme und/oder des Hausarztes niederkommen. Die größere Sicherheit bei Komplikationen während und nach der Geburt, nicht zuletzt aber auch die Pflege der Wöchnerin und des Neugeborenen in den ersten Wochen sprechen vernünftigerweise für die Klinikentbindung. Die Hausärzte sind dieser Entwicklung in der Mehrzahl mit Einsicht und ohne Ressentiments gefolgt. Der Berufsstand der Hebammen hat jedoch durch diese Entwicklung gelitten, da sich die freie Niederlassung der Hebammen auch auf dem Lande bei der immer geringer werdenden Zahl der Hausgeburten kaum noch lohnt, höchstens noch als Nebenberuf. In den ersten Jahren nach dem Kriege war es noch anders. Da Geburten sich überwiegend nachts in den frühen Morgenstunden ereignen und die meisten Menschen als erstes nicht das Licht, sondern die Finsternis der Welt erblicken, wurde der Arzt in früheren Jahren häufig wegen Geburten um seine Nachtruhe gebracht. Die alten Landärzte hatten gerade in der Geburtshilfe ihre besonderen Regeln, die sie nicht allein aus ihrer medizinischen Erfahrung, sondern auch aus ihrer Menschenkenntnis ableiteten. Eine dieser Erfahrungsregeln war das geduldige Abwarten bei Gebärenden, um der Natur der Frau ihren eigenen Rhythmus des Gebärens zu lassen. Mein Vater sprach immer vom »Ausgebärenlassen« und bleute mir diese Erfahrungsweisheit linguistisch ein: »Hausgeburt heißt Ausgeburt!« Mit seiner mir manchmal unbegreiflichen Ruhe ist er natürlich auch einige Male hereingefallen. Als eines Abends der Mann einer schwangeren Frau läutete und von unten meinem Vater oben am Fenster zurief, er möge rasch kommen, seine Frau habe starke Leibschmerzen, er glaube, die Geburtswehen setzten ein, da riet ihm mein Vater beruhigend in seiner ländlich derben Ausdrucksweise: »Jetzt legsch dei Weib erscht amol auf d'Seite und sagscht ihr, se soll en Furz lasse. Wenn's no net besser wird, rufscht me wieder a', no guck i noch der Sach.«

Eine halbe Stunde später rief der Mann an und teilte mit, der Furz sei mit Hilfe der Hebamme angekommen, es sei ein Stammhalter.

Viele Ärzte sprechen lieber von ihren Niederlagen und Fehlern als von glänzenden Erfolgen. Das hat nicht allein mit anerzogener und angelebter Bescheidenheit, sondern vor allem mit der Einsicht zu tun, daß Erfolg blendet und Sprechen vom Erfolg töricht ist und daß Fehler und Versagen sehend machen und die besten Lehrmeister sind. Wenn ich daher in der Erinnerung meist von persönlichen Schwierigkeiten, Mißerfolgen oder Versagen berichte und den normalen Gang der Tätigkeit außer acht lasse, so bedeutet dies nicht, daß es bei meinem ärztlichen Wirken am üblichen Quantum erfolgreicher Hilfe gefehlt hätte. Was aber wert ist, dem Vergessen entrissen und als Mittel wider die Melancholie des Alltags rezeptiert zu werden, das ist die endlose Kette der heiteren Erlebnisse, die sich sowohl um die Person des Arztes selbst wie auch um die vieler seiner Patienten schlingt. Wer als Arzt das Komische in der Medizin nicht zu sehen und zu erleben vermag, kann ihre düstere Seite weder verstehen noch ertragen.

Wie sehr auch der Arzt am Allzumenschlichen leiden muß, erfuhr ich gerade bei einigen besonderen geburtshilflichen Hausbesuchen. Als mein Vater schon alt war und ich ihn mehr und mehr in der Praxis vertrat, kam eines Abends – mein Vater ging gerade müde die Treppe zur Wohnung hoch – ein Bauer ins Haus und vermeldete, daß sein Weib »nicht verrichten« könne. Das Kind, das zweite, sei da, die Hebamme komme mit der Nachgeburt nicht zurecht. Mein Vater ging erst noch ein paar Stufen die Treppe hinauf, dann hielt er an, drehte sich um und blickte nachdenkend und müde vor sich hin, ohne etwas zu sagen. Der Bauer erbot sich, meinen Vater mit seinem Pferdekarren gleich mitzunehmen und auch wieder heimzufahren, damit er nicht selbst fahren müsse. Beide, der bekümmerte Mann und mein müder, körperlich überforderter Vater, taten mir in der Seele leid. Obwohl ich alles andere als ein schon erfahrener Geburtshelfer war und daher wohl auch der Vater nicht um eine Vertretung bat, trug ich mich an, an Vaters Stelle einzuspringen und auf dem Scharrbänkle auf dem Bauernwagen zu sitzen. Der Vater meinte mit dankbarem Blick: »Unten neben dem Schrank steht meine Tasche« und verschwand in der Wohnung. Sicher war ihm nicht wohl bei meiner geringen Erfahrung, aber er ließ sich nichts anmerken. Der Bauer führte mich in zufriedener Stimmung zu seinem Wagen. Aber bereits beim Aufsteigen wurde ich daran erinnert, daß ich schon den ganzen Tag über einen schnellen After hatte. Als wir im Trab am Dorfende die Saileswiese erreichten, spürte ich einen heftigen Riß im Eingeweide. »Trauet Se sich als junger Dokter zu, der Hebamm' auf d'Sprüng zu helfe?« fragte der Bauer auf dem Bock etwas hinterhältig. Dabei mußte ich hinten mächtig halten, als ich ihn mit verzerrtem Gesicht beruhigte: »Des isch net die erste Nachgeburt, die ich ohne Hebamm' hol!« Aber ich war unterdessen ganz mit meinem eigenen Leib beschäftigt. Mir war sonnenklar, warum die alten griechischen Ärzte den Sitz der Seele unterhalb des Zwerchfells vermuteten. Wenn ich jetzt von der letzten Gelegenheit, hinter einem Gebüsch auf der Saileswiese zu sitzen, keinen Gebrauch machte, waren meine Chancen auf dem weiteren Weg gering. Links und rechts der Straße kamen kahle Wiesen und Felder, über denen nur ein dünner Nebelschleier lagerte. Und dann hätten wir ja das Nachbardorf erreicht. Aber wenn ich jetzt ante actum austreten ging, sah es nach Aufregung und Unsicherheit aus. Außerdem überzeugte mich ein Griff in die hintere Hosentasche, daß ich kein Stück Zeitung bei mir hatte. Meine erzwungene Tapferkeit schien sich mit einem Male zu lohnen: Es trat eine Phase der Ruhe ein. Wie schön ist doch ein friedlicher Bauch! Aber als wir das Dorf erreicht hatten, setzte ein neuer Sturm ein. Der Hosenboden meldete seine Funktionswilligkeit an. Zu allem hin meinte mein Kutscher auch noch: »Jetzt wird's ernscht, Herr Dokter.« Recht hatte er im weitesten Sinn. Grün und bleich vor Leibschmerzen trat ich in die Stube, wo die Frau leise stöhnend im Bett lag. Sie durfte wenigstens ihrem Schmerz Ausdruck geben, ich hatte ihn zu unterdrücken. Die Hebamme machte sich mit dem Neugeborenen zu schaffen und meinte besorgt, es könne sich um eine Atonie der Gebärmutter handeln, denn die Frau blute auch laufend. Wie ein Feldherr, der überlegen und rasch zu handeln weiß, verlangte ich in meiner inneren Not ein Bügeleisen, setzte es der jammernden Frau auf den Leib und drückte, während ich sie pressen ließ. Schwuppdiwupp, gleich waren die Sekundariae da. Schweißtriefend konnte ich gerade noch die Kreiszeitung vom Tisch nehmen und darum bitten, einen Schnaps vorzubereiten, ehe ich wie ein Pfeil zur Tür hinaus und ins angebaute Lokushäusle rannte. Als ich meinen heißen Strahl gegen die eisige Luft aus dunkler Röhre schoß, wurde mir klar, daß ich post actum ohne die feuchtgewordene Unterhose in meine Hose schlüpfen mußte. Glücklicherweise brachte mir der Bauer in rührender Fürsorge ein Kerzenlicht an den finsteren Ort. Wiederum ein Glück, daß der Anzeigenteil der Kreiszeitung am Ende übrigblieb und meiner übelriechenden Unterhose eine verbergende Hülle gewährte. Bevor ich ins Zimmer zum Schnaps und einer letzten Inspektion der Wöchnerin und des Neugeborenen zurückkehrte, deponierte ich meine eingewickelte Schande diskret auf dem dunklen Flur. Als ich dann ins Auto der Hebamme stieg, die mich freundlicherweise nach Hause brachte, und mein Paket auf den Rücksitz legte, meinte sie: »Gell, Herr Dokter, die dankbare Leut habet Ihne no a Vesper eingwickelt?«

In einer Winternacht, in der es ununterbrochen schneite und sich der Schnee schon vor der Haustüre türmte, rief mich die Hebamme gegen drei Uhr früh aus tiefem Schlaf: Die Geißen-Frieda aus Hinterweiler, bis dato schwanger im sechsten bis siebten Monat, habe frühgeboren, das Kind sei tot. Es sehe aber nach einer Zwillingsschwangerschaft aus. Der Bauch sei noch dick, die Frau habe noch Wehen, ich solle doch lieber gleich dazukommen. Gut gesagt bei dem hohen Neuschnee, und warm anziehen mußte ich mich ja wohl auch erst noch. Aber ich eilte und kämpfte mich mit dem Wagen durch den Schnee bis zum steilen Berganstieg nach dem auf der Höhe gelegenen Hinterweiler, einer Aftersiedlung von Eyltingen, einstmals von ausgedienten Militärs als Lehen des Königs an seine Zwölfender besiedelt und erst heute ob seiner schönen landschaftlichen Lage mehr und mehr als Baugebiet gefragt. Aber auf halbem Anstieg blieb mein Auto stecken, obwohl ich mich an die Fahrrinnen des Wagens der Hebamme gehalten hatte. Was blieb mir, als den Wagen stehen zu lassen und mit meinem Koffer zu Fuß vollends den Berg hinaufzustapfen. Ich fluchte auf die Empfängnis der Weiber im allgemeinen und auf die der Geißen-Frieda im besonderen. Sie hatte das erste Mal schon Zwillinge, danach aber zwei Fehlgeburten, weil ihr Rhesusfaktor nicht mit dem ihres Mannes übereinstimmte. Man hatte ihr ärztlicherseits, auch durch den Frauenarzt in der Klinik, von weiteren Schwangerschaften abgeraten. Schließlich war sie auch ein unvorstellbar primitives Weib, die mit ihrem massigen, taillenlosen Körper, ihrem Rundschädel ohne Stirn – oberhalb der Augenbrauen wuchsen schon die struppigen Kopfhaare – und mit ihrem abnorm kräftigen Naturgebiß, das sie beim Lachen übersichtlich zeigte, wie das Weib eines Höhlenmenschen aussah. Sie könnte zu Zeiten Rulamans das Feuer in der Höhle der alten Parre geschürt haben. Bei ihrem permanenten Mangel an Körperpflege verbreitete sie einen so widerlichen Körpergeruch, daß selbst der Geißbock zur Seite wich, wenn sie ihm Futter brachte. Ihr Mann arbeitete in der großen Autofabrik der nahen Stadt, und sie hielt ein Rudel Geißen, mit deren Milch sie butterte und die Familie zu einem wesentlichen Teil ernährte. Das kraftstrotzende Weib mußte aber wohl durch seine Vitalität den hageren Ehemann so enorm ansprechen, daß er, wenn nicht überhaupt total von Sinnen, so doch ohne Geruchssinn wurde, wenn sie ihn abends, wie die Nachbarn zu berichten wußten, mit dem lauten Ruf: »Frieder, komm, i bin so schö näkkich!« ins Schlafzimmer orderte. Jedenfalls machte die Nachbarn das laut grunzende Vergnügen und die wilden Schreie des Entzückens der Geißen-Frieda im Schlafzimmer neidisch, sonst hätten sie's nicht als Störung empfunden. Nun war es also wieder einmal soweit, obwohl es an ärztlichen Belehrungen zur Verhütung von Nachwuchs nicht gefehlt hatte. Als ich der Geißen-Frieda die Zusammenhänge zwischen ihren Fehlgeburten und dem nicht zusammenstimmenden Rhesusfaktor einmal erklärte, meinte sie schließlich mit auf Lusterhaltung abzielender Logik: »Wenn i des mit dem Jesesfaktor recht verstande han, no muß i mir von jetzt ab zum Kendlemache en Ma' mit ama richtige Jesesfaktor suche. Sieschț Frieder, jetzt hosch da Salat: Warom hoscht au koi rechts Bluat em Ranze. I han dir emmer predigt, sollsch meh Honig esse ond dei Bluat sauber halte!«

Das in etwa ging mir durch den Kopf und munterte mich grimmig auf, als ich durch den Schnee watete. Endlich hatte ich das Haus erreicht, in dessen »guter Stube« das Licht brannte. Aus der Haustüre rannte mir eine Nachbarsfrau aufgeregt entgegen: »Kommet Sie schnell, Herr Dokter, alle drei Kender sen tot. Se sottet dene arme Wese da Odem neiblose, sonscht wär's schad!« Als ich die Stube betrat, sah ich den Heroldsruf der Nachbarin bestätigt. Es handelte sich um eine vorzeitige Drillingsgeburt, die bei Eintreffen der Hebamme schon mit der Totgeburt des ersten Drillings angelaufen war. Die Hebamme hatte die weiteren Geburten, die rasch verliefen, abgewickelt und auch die Nachgeburt war schon da. Als ich den Tod der zu früh geborenen Kinder festgestellt hatte und zur Geißen-Frieda ans Bett ging, um ihr Tröstendes zu sagen, verlangte sie, ihre Leibesfrüchte sehen zu dürfen. Ich riet ihr davon ab, aber sie bestand darauf mit der Versicherung, sie fühle sich bereits wieder relativ wohl, und umkippen könne sie ja nicht, da sie bereits im Bett liege. Also brachte die Hebamme ihrem Wunsche folgend den Korb mit den drei Totgeborenen ans Bett. Neugierig betrachtete sie die drei toten Wesen. Dann meinte sie kopfschüttelnd: »Also noi, mr sott's net moine, daß so viel Ziefer en oim wachse ka'!«

Kaum war ich nach diesem Ergebnis zu Hause und eben wieder ins Bett gekrochen, da läutete es Sturm. Nicole ging für mich nachsehen, weil sie fürsorglich meinte, ich müsse jetzt erst wieder einmal ausruhen. Aber die ereignisreichste aller gestörten Nächte war noch nicht um. Draußen im Schnee stand eine Frau, die aufgeregt mitteilte, bei ihren Mietleuten im Haus sei die Frau niedergekommen, das Kind sei da, aber die Hebamme nicht. Ob ich nun käme, das Kind abzunabeln? Die Hebamme sei benachrichtigt. Nicole meinte darauf, um mir Ruhe zu gönnen und ein doppeltes Engagement zu vermeiden, man müsse eben bei dem Schnee vielleicht die Hebamme mit dem Wagen holen. Darauf die Frau: »Wir dachten, der Herr Doktor tät vielleicht die Hebamme mitbringe.« Glücklicherweise gab Nicole ihrer Entrüstung in französischer Sprache Ausdruck, ehe sie der Frau Bescheid gab, sie wolle mit mir sprechen. Aber was soll's? Ich zog mich an, trank einen Cognac und machte mich zu Fuß auf den Weg. Auf der Straße fand ich frische Wagenspuren im Schnee, also mußte die Hebamme inzwischen da sein. Als ich dann ins Zimmer trat, war sie gerade dabei, das Neugeborene abzuwaschen. Auch die Nachgeburt war schon da. Die Hebamme war von meinem Erscheinen überrascht und fragte erstaunt: »Ja, was machen Sie hier, Herr Doktor? War's Ihne vorher noch nicht g'nug?« Die Leute hatten, wie sich nun herausstellte, der Hebamme nichts davon gesagt, daß sie mich hergebeten hatten. Auf mein ärgerliches »Verflucht und zugenäht« meinte die Hebamme humorvoll: »Jetzt machet Se halt a paar Stichle am Damm, daß Se's G'fühl krieget, mr hätt' Sie braucht!« Ich lehnte verärgert ab. Der verdatterte Ehemann suchte mich zu beschwichtigen: »Es war eine Sturzgeburt, Herr Dokter, 's Kindle ischt in Eimer neiplumpst!« Mit kaum unterdrücktem Grinsen entgegnete ich: »So, in Eimer isch's neiplumpst, dann muß ich jetzt erst einmal nachsehen, ob's einen Schädelbruch hat!« – »Des brauchet Se net, Herr Dokter«, wehrte der Mann ab, »wisset Se, 's war en Plastikeimer!« Ohne Groll verließ ich das Haus und lachte mich zu Hause in den verdienten Morgenschlaf.

So widerwärtig nächtliche Hausbesuche gerade bei Geburten sein können, so schwer fällt bei häuslicher Geburtshilfe aber auch das Warten in engen Stuben an heißen Tagen. Als ich einmal auf Vertretung in einer Landpraxis im Hohenzollerischen war, wurde ich an einem knallheißen Julitag zur Kaiserwirtin hoch oben in einem Gasthaus am Berg gerufen. Man ging damals noch nicht nach »Tiebenga« (Tübingen) in die Klinik, holte aber sicherheitshalber den Arzt. Ach, ich war mit Gott und der Welt verfallen, weil ich an diesem schönen, heißen Sommertag nun in einer muffigen Schlafstube auf Wehen lauern mußte, denn wenn einmal ein Weib so daliegt und das ganze Haus in Atem hält, kommt kein Doktor mehr weg, ehe das Kindle da ist. So hing ich schwer atmend am Fenster und betrachtete die Zollernburg, auf die wir als Studenten oft singend und unbeschwert gewandert waren. Plötzlich ertönte ein dumpfes Rollen, und ich dachte an einen Lastwagen, der vielleicht den Berg heraufdonnerte. Aber als das Häusle schwankte, wurde mir klar, daß es sich um eines der auf der Zollernalb häufigen Erdbeben handeln müsse. Ein Erdbeben ist nun ein Elementarereignis, gegen das weder Mannesmut noch Berufsethos etwas auszurichten vermögen. »Hählinge« schaute ich zu meiner Kreißenden auf den prallen Leib, in dem sich nichts regte. Dann wanderte mein Blick am Fenster hinunter. Ein neuer Erdstoß setzte ein und das Häusle schwankte und zitterte bedenklich. Unterhalb des Fensters lag die Miste, und ich dachte sekundenschnell an den glücklich verlaufenen Prager Fenstersturz. Irgendwie mußte es mir gelingen, noch vor dem Einsturz des Hauses aus dem Fenster zu springen. Ich schätzte die Höhe meines Sprunges auf etwa drei Meter und versuchte in Blitzgeschwindigkeit, die Rettung meiner Person mit der Situation und dem Berufsethos in Einklang zu bringen. Du lieber Gott, wenn mein Sprung auf die Miste schiefgeht und das Häusle nicht einstürzt, dann komm ich bestimmt als Witzfigur im »Lahrer Hinkenden Boten«! Aber es rumpelte gewaltig da drunten in der Tiefe. Vorsorglich klammerte ich mich schon am Fensterbrett fest. Wenn das Häusle einstürzt, ist die Gebärende sowieso futsch und ich bin's dazu. So nahm ich mir vor zu springen, wenn sich die ersten Risse in der Decke zeigten und der Verputz auf mich niederrieselte. In einer vorgestellten Wolke von Staub wollte ich dann den Rettungssprung auf die Miste unternehmen. Der Ehemann stand unterdessen lauernd am anderen Fenster. Er hatte etwas Tückisches in den Augen. Da fing die Frau zu jammern an, es ging los. Jetzt Leben ade, wenn das Häusle einstürzt! Unter starkem unterirdischem Rollen setzten Preßwehen ein, und die Frau gebar unglaublich schnell ein Knäblein. Ich war vollauf beschäftigt und bemerkte in diesen Augenblicken nicht einmal, daß die Decke beim letzten Erdstoß einen Riß bekam. Aber als das Kind abgenabelt war, hörte das Beben schlagartig auf.

Als ich hinterher einen Schnaps mit dem glücklichen Buben-Vater trank und immer noch innerlich mit mir beschäftigt war, weil ich mir nun wie der Reiter überm Bodensee vorkam, meinte der Mann mit schadenfrohem Grinsen: »Ja, ja, Herr Dokter, i han scho gmerkt, was Ihne in d'Hos gfahre isch. Aber i hätt Sie an de Füß 'packt, wenn Sie gsprunge wäret. Sie wäret mir net aus em Fenster komme!«

Das geborene Bübchen aber wurde nach dieser Geschichte mit Spitznamen das »Erdbebemännle« geheißen. Für mich stand nach diesem Erlebnis fest, daß ich mich später einmal auf keinen Fall auf der Zollernalb im Erdbebengebiet niederlassen würde.

Männer, die Geschichtchen machten

Erst läßt die Biographie krank werden, und dann wird Krankheit zur Biographie.

Die Weltchronik wurde, wie man uns lehrte, geprägt von »Männern, die Geschichte machten«. Die Dorfchronik wird dagegen belebt von »Männern, die Geschichtchen machten«. Während Hugo der Achtundzwanzigste, Friedrich der Andere und Wilhelm der Größte ganze Völker in Not und Verderben brachten und grauenvolle Metzeleien als ruhmreiche Schlachten feiern ließen, gelang es Franz dem Brezelholer, Karl Auguscht dem Goliath, Albin Hirneise dem Schneider und König Fritz, jenen Männern zu Eyltingen, die Geschichtchen machten, höchstens, in Konflikt mit der häuslichen Regierung zu kommen oder die eigene Gesundheit zu ruinieren. Diese Helden der Geschichtchen trugen weder einen Marschallstab im Tornister noch Lorbeer oder Krone auf der verlängerten Stirn, dagegen aber eine verborgene Tragik durch ihr Leben, deren Mechanismus sich aus der Sicht des Arztes auf die Formel bringen läßt: Erst läßt die Biographie krank werden, und dann wird Krankheit zur Biographie.

Mögen die Historiker, die der Druckteufel nicht ganz zu Unrecht oft schon Hysteriker werden ließ, bei denen, die Geschichte machten, nach imaginärer Größe suchen. Ich begebe mich lieber bei denen, die Geschichtchen machten, auf die Suche nach dem Menschen. Das ist allerdings mein persönliches Anliegen, denn für die Suche nach dem Menschen hat uns Ärzte die zur Multiversität deformierte Universität nicht ausgebildet. Man hat uns die Anatomie und die Funktionen des Körpers sowie ein riesiges Sammelsurium von Entgleisungen der Körperorgane nahegebracht, es hingegen anderen Wissenschaften überlassen, von den Torheiten und Sünden des Lebens als Wurzel von Krankheit und Tod, ferner etwa von Charakter, Seele, Umgang mit Menschen und sozialem Schicksal zu sprechen. Diese Lücken des Wissens vom Leben auszufüllen und das Erfordernis, den Patienten biographisch und in seinen gesellschaftlichen Zusammenhängen zu erfassen, blieben nach dem unerforschten Ratschluß der fahrig gewordenen Alma mater dem Vermögen und Ermessen, vor allem der Erfahrung und Autodidaktik des einzelnen Arztes überlassen. Das ging so lange recht wie schlecht mit Privatinitiative dahin, bis sich die im medizinischen Studium ausgesparten Wissensgebiete, etwa die Psychoanalyse und die Sozialwissenschaften, zu wissenschaftlicher Reputation und Eigenständigkeit entwickelt hatten. Die Torheiten und Sünden des Lebens als Wurzeln von Krankheit und Tod, die Methodik und Sprache des Umgangs mit dem Menschen, die schicksalhaften, sozial bedingten Momente des Lebens hat man zwischen den Zeilen der Lehrbücher unbesprochen stehenlassen. Hier mußte sich aus dem Mediziner der Arzt durch praktische Erfahrung entwickeln. Arzt wurde man recht oder schlecht autodidaktisch. Die biographische und soziale Erfassung des Patienten blieb dem Vermögen und Ermessen des Arztes überlassen. Die eigentliche ärztliche Erfahrung, jenes Abwägen von körperlichen Befunden und seelischen Gegebenheiten in biographischen und sozialen Zusammenhängen, nahm der einzelne Arzt ohne Tradierung an die jüngeren Ärzte mit sich ins Grab. Die medizinische Wissenschaft fühlte sich für das Erfahrungswissen der ärztlichen Praxis nicht zuständig. So kann es nicht wundern, daß heute das Pendel vom naturwissenschaftlich geprägten Denken älterer Ärzte unter dem Einfluß der Psychoanalyse und der Sozialwissenschaften bei jungen Ärzten in eine schematische psychosoziale Betrachtungsweise umschlägt und man nun verbohrt nach sozialen Ursachen der Krankheiten sucht und geneigt ist, Anlage, Vererbung und somatische Faktoren als zweitrangig zu erachten. Aber die medizinische Anthropologie, eine Heilkunde des Menschen, die zugleich Heilskunde ist und den Disziplinen einer allumfassenden Lehre vom Menschen, von seinem Heil und Unheil, eine durchgehende Struktur geben wird, liegt durch die geistigen Spannungen in der Auseinandersetzung zwischen naturwissenschaftlichen und psychosozialen Erkenntnissen in den Wehen. Viele praktizierende Ärzte vollziehen bereits aus These und Antithese eine empirische Synthese alter und neuer Erkenntnisse im Alltag ihres Wirkens. Das nicht nur Interessante, sondern überaus Amüsante einer biographisch-sozialen Betrachtung von Zusammenhängen zwischen Leben und Krankheit, Veranlagung und Biographie, sollen ein paar Skizzen von »Männern, die Geschichtchen machten«, klarlegen.

Der Mann, der Brezeln holen ging

Franz hieß er und war als Metzger während seiner Lehr- und Wanderjahre viel herumgekommen. Die alten deutschen Provinzen, vor allem Sachsen, ferner die Schweiz und das Elsaß waren Stationen seines beruflichen Vagantentums. Vermutlich war es seinem etwas unsteten Wesen zuzuschreiben, daß er es in seinem Handwerk nur bis zur Gesellenprüfung und nie zu selbständiger Existenz gebracht hatte. Er war ein nervöser, hochtouriger, hagerer Typ, ein kleiner Tausendsassa. Sein Wanderdasein fand jedoch ein jähes Ende, als er – heimatlos – nach der Entlassung aus der amerikanischen Kriegsgefangenschaft 1946 nach Eyltingen kam, um sich dort mit seiner Briefbekanntschaft aus dem Krieg, der Bässlers Marie, zu verehelichen, die ihm Haus und Heimat zu bieten hatte. Aber o Heimat, deine Taverne! Der Franz war nach wenigen Jahren mehr im »Rössle« am Stammtisch als am angestammten Tisch zu Hause, um Schnäpse und Bier zu stemmen. Statt sich mit seiner Marie um einen Stammhalter zu mühen, betätigte er sich als Stammtischhalter, wo er beinahe so viel zu sagen wußte, wie er zu Hause zu hören bekam. Dabei hatte alles recht vielversprechend mit dem Franz und der Marie angefangen. Glücklich, dem Inferno des Krieges und der Gefangenschaft entronnen und davongekommen zu sein, hatte Franz die feste Absicht, mit der Marie ein neues bürgerliches Leben anzufangen. Sie, die er nur von Feldpostbriefen und einem Kurzurlaub her kannte, war durch den Soldatentod des Vaters Halbwaise geworden und wohnte mit der Mutter zusammen als einziges Kind im elterlichen Häusle, wo man nach der Heirat alsbald einen gemeinsamen Haushalt mit der Mutter führte. Die Mutter, noch sehr vital und bestimmend im Haus, eine ausgesprochene Ragalle, hatte von Anbeginn keine so gute Meinung von ihrem Schwiegersohn, den sie »bloß grad so uf der Brennsupp' daher g'schwomme« sah und der sich nach ihrer Meinung, nachdem er es vorher zu nichts gebracht, »ins g'machte Nescht g'setzt« hätte. Die Marie tat sich doppelt schwer, denn sie hatte sich den Franz in den Kopf gesetzt und ins gemachte Bett gelegt, stand aber doch ganz unter der

Fuchtel ihrer Mutter, gegen deren Autorität sie sich nicht nachhaltig aufzulehnen traute. Ihr geheimster und innigster Wunsch gipfelte daher in beruflichem Erfolg und wachsendem Ansehen ihres Franz in der Dorfgesellschaft, damit die Verdächtigungen und Unterstellungen der Mutter gegenstandslos würden. Aber Franz, der zunächst in einer Metzgerei zu Eyltingen arbeitete, vertrug sich nicht mit seinem Chef, wobei ich überzeugt bin, daß es weniger an Franz als an dem schon sklerotisch dementen Metzgermeister lag, der sich die Vorschläge, Erfahrungen und Gewürzrezepturen von Franz weder zu eigen machen noch von seinen obsoleten Methoden der Wurstherstellung abweichen mochte. Als der Chef einmal längere Zeit wegen einer Gallenblasenoperation im Krankenhaus verbrachte und Franz die Wurst nach seinen Rezepten herstellte, stieg der Umsatz rapide, und es sprach sich rasch herum, daß Franz eine viel schmackhaftere Wurst mache als sein Chef. Nun kam dadurch noch Prestige ins Spiel, und in der Folge gab es bei dem ohnehin niedrig angesetzten Lohn für Franz keine Lohnerhöhung mehr, obwohl er den größten Teil der Arbeit selbständig ausführte und qualifizierte Kräfte wie Franz auch im Metzgerhandwerk selten wurden. Als ich den Metzgermeister einmal daraufhin ansprach, der Franz habe während seiner Abwesenheit im Krankenhaus eine ausgezeichnete Wurst gemacht und er sei zu beglückwünschen, einen so tüchtigen Mann an der Seite zu haben, blähte sich sein ohnehin schon blaurot gedunsenes Gesicht zu einer prallen Blunze, die erst wieder etwas erschlaffte, als er den ebenso despektierlichen wie sibyllinischen Spruch ausgeblasen hatte: »Mit dem isch's, wenn mr g'nau na'guckt, net andersch wie mit de Lehrling: Mr ka' die Kerle bloß no zum Schlachte brauche, grad no zom hemache, weil se no bloß des hemache könnet, was mr sowieso hemache muß.«

Nun hätte der Franz natürlich gerne seine Stelle gewechselt und wäre zu einem der beiden anderen Metzger im Dorf gegangen. Aber so konkurrierend sich die drei Metzger sonst verhielten, so kartellmäßig verfuhren sie bezüglich der Ablehnung von Personal, das innerhalb des Dorfes wechseln wollte. Und so kam es, daß der Franz seinen Metzgerberuf aufgab und Arbeiter in der nahen Automobilfabrik wurde, wo er mehr verdiente und seinen Feierabend hatte. Für die wirklich böse Schwiegermutter war dieser Berufswechsel ein Anlaß, ihre schlechte Meinung von Franz als einem Tunichtgut bestätigt zu finden. Und so gab es Krach und Qualm in der Bude, und der Franz mußte gar gründlich die biblische Weisheit erfahren, daß ein einfach Linsengericht in Frieden besser bekommt denn ein opulentes Mahl im Streit. Die Schlichtungsversuche seiner Marie hatten etwa die Wirkung von UN-Beschlüssen bei Weltkonflikten. Vernunft ist gegenüber Bosheit und Emotionen machtlos. Und böse Worte provozieren sich gegenseitig. Die alte Bässlerin nannte ihren Schwiegersohn einen »Kotelettschneider«, der mit seiner großen Gosch »bloß Saublose aufpumpe« könnt. Der Franz, der sich zu Recht beleidigt fühlte, gab ihr's zurück mit »giftigem Knollenblätterpilz« und »saudomme Schnätterepäppere«. Seine Marie schluchzte zum einen an seiner Brust, dann heulte sie wieder ihrer Mutter in den Schurz und flehte nach beiden Seiten um Frieden und Bestand ihrer Ehe. Während die Mutter unversöhnlich und gehässig blieb, wurde der Franz magenkrank. Er kam mit einer reichhaltigen Palette von Magenbeschwerden in die Sprechstunde und wurde mehrfach durchuntersucht, da er sich einbildete, an Magenkrebs erkrankt zu sein. Aber alle fachärztlichen Untersuchungen ergaben den Ausschluß der befürchteten Diagnose und die Ansicht, daß es sich lediglich um einen nervösen Magen mit Verdauungsstörungen handelte. Franz aber kultivierte unterdessen seine Beschwerden so ausdauernd und mitleiderweckend, zudem so originell, daß ihm selbst die Kumpane am Stammtisch gerne zuhörten, wenn er von seinen Leiden erzählte. Er war ein nervöser Luftschlucker und hatte stets ein großes Luftdepot im Magen, das ihn in allen möglichen Varianten koppen ließ. Ob er nun jeden Satz mit einem lauten Rülpser beendete oder auf eine Tanzmelodie aus der Musikbox im »Rössle« im Rhythmus koppte, er wurde dauernd bestaunt und erhielt Zustimmung zu seiner Ansicht, es müsse ihm etwas fehlen, was die Ärzte nicht herausfinden könnten. Mit Phantasie begabt wie viele Hysteriker, erfand er immer wieder neue Schilderungen von abnormen körperlichen Phänomenen, die er jedoch nicht mit Leidensmiene, sondern so humorvoll vortrug, daß er die Lacher stets auf seiner Seite hatte. So philosophierte er beispielsweise: »Mei Körper isch international. Wenn i kopp, no sag i oui, weil mei Mage schwätzt französisch. Wenn i 's Wasser laufe laß, no tut's sächsisch un kennt mehr höre: Sieße sacht de Suse – wisswisswiss ... – Sieße summt de Suse – wisswisswiss ... Und wenn i nies, no schwätz i türkisch und sag Hadschi bassamanelka. Aber mei Darm girrt und knurrt renitent bayerisch: Oamol umidum, no amol umidum – brrr – dös is a Gaudi – bumm! – Wenn i no ein fahre laß, klingt's italienisch: Funiculi – funicula – baschta ... Aber des isch mei Elend: die Ärzte verstehen nix von der Sprache der Organe. Die wisset bloß alles lateinisch. Aber horche, welche Dialekt mei Interieur schwätzt, des tun se net.«

Der »müde Emil«, ein Veteran des Stammtischs im »Rössle« mit Herzfehler und Herzmüdigkeit, die ihn im Wirtshaus immer wieder einschlafen ließ, pflichtete nach allgemeinem Gelächter Franz bei und meinte: »Bis der Dokter bloß g'merkt hat, daß sich mei Herz seit Rußland immer no im Kriegszustand befindet und Salve wie a Stalinorgel schießt, do könnt ei'm längscht d'Munito ausgange sei.« Das stimmte allerdings nicht so ganz, denn der »müde Emil« bekam seit Jahren ein Digitalispräparat verordnet, das er jedoch nur unregelmäßig einnahm. Seine Müdigkeit war ein Indikator für den Digitalisbedarf seines kranken Herzens. Einmal, so erzählte man, hatte er im »Rössle« einen Rostbraten mit Sauerkraut bestellt und war eingeschlafen, bevor das Gericht serviert wurde. Als er lange später aufwachte, hatte ein anderer am Tisch seinen Rostbraten verzehrt und war bereits nach Hause gegangen. Der müde Emil zahlte und ging befriedigt heim. Vermutlich hatte der Schlaf ihn mehr gestärkt, als es der Rostbraten vermocht hätte.

Nun kam es mit Franz, der wegen seines häuslichen Unfriedens mehr im Wirtshaus denn zu Hause saß, allmählich so, wie es die böse Schwiegermutter prophezeit hatte. Er arbeitete in der Automobilfabrik und führte nebenher für die Bauern Hausschlachtungen durch, deren Entgelt er schwarz kassierte. Da er aber nicht nur bei den Hausschlachtungen, sondern auch im »Rössle« dem Bier und Schnaps reichlich zusprach, etablierte sich in seinem nervösen Magen allmählich eine chronische Schleimhautreizung, die medizinisch als Gastritis bezeichnet wird. Verschlimmernd wirkte auch sein hoher Zigarettenkonsum. Und so stank er immer scheußlicher aus dem Mund, so daß es zu Vorhaltungen seiner Marie kam, vor allem, wenn er im Bett rauchte und die Kissen dann nach Rauch stanken. Und wenn er alle fünf Minuten aufstieß, so wehte seiner Marie eine Luft entgegen, die sie mit dem Duft einer Güllengrube verglich. Erst versuchte sie es, ihn zu ermahnen, er solle doch auf seine Gesundheit achten und die Qualmerei und Sauferei aufgeben. Aber als alles Bitten nichts nützte, drehte sie ihm jedesmal im Bett den Rücken zu und schimpfte: »Solang du stinkscht wie an Fuchs em Winter, will i nix meh' von dir wisse.«

In der Sprechstunde ermahnte ich Franz immer wieder, auf den Pfad einer gesunden Lebensführung zurückzukehren. Aber Franz schien kein anderes Mittel mehr gegenüber der häuslichen, nun von ihm mehr und mehr mitverschuldeten Misere einzufallen als der Gang ins Wirtshaus. Die Behandlung konnte sich nur noch auf symptomatische Hilfen beschränken. Zu Hause hatte er nun nicht nur die Schwiegermutter, sondern auch sein vergrämtes Weib gegen sich. Seine häusliche Rolle beschränkte sich immer mehr auf die des Gehaltablieferns und eines dienstbaren Knechts. Die Stammtischler im »Rössle« bemerkten eine tiefe Resignation, die Franz nur noch mit der Drohung überspielen konnte, er werde die Giftspritzen zu Hause schon noch verseckeln. Er sah eingefallen und windig aus. Keiner, am allerwenigsten seine beiden Weiber im Haus, hätte ihm noch eine Gegenaktion zugetraut. Aber eines Samstags geschah etwas Unerwartetes, wodurch der Franz sein Ansehen nachträglich rehabilitierte und vor allem Entzücken in der Männerwelt hervorrief.

Der Franz war schon am Freitag nicht ins Geschäft gegangen, was jedoch seiner Marie nur die knappe Frage: »Urlaub?« entlockt hatte, worauf er ebenso bündig antwortete: »Allerdings.« Und weil die Schwiegermutter ein Gesicht machte, als wolle sie einen Kommentar geben, setzte Franz seiner knappen Antwort noch hinzu: »Was drgege?«

»Mach doch, was de wit!« beendete darauf die alte Bässlerin die Unterhaltung. Aber der Franz, der auffallend kampflustig war, wollte ihr ausnahmsweise einmal nicht das letzte Wort überlassen und fügte ein betontes »Allerdings!« hinzu. Abends war dann Franz ins »Rössle« zum Stammtisch gegangen und wie üblich erst spät in der Nacht heimgekommen, als die Marie schon schnarchte.

Im »Rössle« am Stammtisch hatte Franz immer wieder

rätselhaft gesprochen, und es fiel den anderen auf, daß er zwei Runden spendierte, während er sich sonst mehr auf das Schnorren verstand und darüber jammerte, daß ihm seine beiden Hausdrachen immer den Zahltag abnähmen. Er habe sich am Stammtisch immer wie zu Hause gefühlt, führte er in einer Art Ansprache vor dem spendierten Umtrunk aus und fügte hinzu, er werde diesen Tisch und die Tischgenossen daher nie vergessen.

»Ha, du tuscht grad so, als ob du abkratze welltscht«, warf der Feuerwehrkommandant, der mit zur Runde gehörte, ein.

»Wer weiß? Prost!« hatte darauf der Franz geantwortet.

Am Samstag fiel es nach dem einsilbig verlaufenen Mittagessen der Marie ein, daß sie vergessen hatte, beim Bäcker noch Brezeln zu holen. Aufmerksam und dienstbereit stand Franz auf und verkündete: »No gang i jetzt Brezle hole.« Eine Tasche oder einen Korb benötige er nicht. Und während sein Weib und ihre Mutter noch in der Küche saßen, ging Franz kurz ins Schlafzimmer und verschwand dann ungesehen.

Als es schon dem Abend zuging und Franz immer noch nicht vom Brezelnholen zurück war, überboten sich die Schwiegermutter und sein Weib in bösen Schimpfereien über den »Saufaus und Wirtshausgamper«, und die Mutter der Marie triumphierte: »Han i dir's net älleweil g'sait, daß der Kerle bloß wege onserem Sach dir mit sei'm Dondersnippel de Kopf verdreht hot?!«

»I glaub's bald au«, schluchzte die Marie, »aber wenn mr halt g'heiratet isch, no isch mr ebe g'heiratet.«

Als der Franz am Abend nicht heimkam, schien die These der alten Bässlerin nur bestätigt. Aber Franz kam auch in der Nacht nicht nach Hause, und er blieb den ganzen Sonntag aus. Jetzt bekam es die Marie allmählich doch mit der Angst zu tun. »Er wird sich doch nix a'do han?« wagte sie zu äußern. »Saudomms G'schwätz«, entschied die böse Alte, »was wird sich au an Fetz wie der a Strickle leischte, wo mr doch, wie er ischt, em Pfandleih' kaum a Gläsle Bier für en zahle tät.«

Als der Franz die folgenden Tage auch nicht erschien, wurde die böse Alte kleinlaut und gab schließlich ihr Einverständnis, daß man die Polizei, nämlich den Ortsgendarmen, über das Ausbleiben von Franz unterrichten müsse. Nachfragen hatten ergeben, daß er am Tage des Brezelnholens nicht am Stammtisch war. Da Ernschtle Hommel, der Büttel, eine Meldung aufnehmen und weiterleiten mußte, erfuhr es bald das ganze Dorf, daß der Franz Brezeln holen gegangen und nicht mehr zurückgekehrt sei. Bald hörte man, daß der Franz in der Automobilfabrik termingerecht gekündigt habe und ausgeschieden sei ohne Angabe, warum und wohin.

Ein Vierteljahr später traf eine Karte von Franz ein, die der Briefträger wegen der seltenen ausländischen Briefmarke schon studiert hatte, ehe er sie der Marie aushändigte. Franz entschuldigte sich auf dieser Karte aus Melbourne, daß er vom Brezelnholen nicht zurückgekommen sei. Aber er habe es so nicht mehr aushalten können. Nun sei er in einer Großschlächterei gut untergekommen, und es gefalle ihm ausgezeichnet in Australien. Er habe keinerlei Magenbeschwerden mehr. Später wolle er vielleicht wieder einmal einen Besuch in Deutschland machen.

Mit diesem mutigen Entschluß hatte der Franz aber der giftigen alten Bässlerin und seinem feindselig gewordenen Weib eine Lektion erteilt, die insbesondere unter den Männern zu Eyltingen großen Beifall fand. Gab es einmal Krach mit dem Weib, so drohten fortan die Männer ihren Weibern: »Wart, Alte, wenn de so weitermachscht, no gang i bald Brezle hole ...«

Der Kampf des Schneiders Hirneisen gegen den letzten Buchstaben seines Namens

Nicht jeder ist mit seinem Familiennamen zufrieden. Ich kannte eine Dame, die hieß Klaffschenkel und wurde eine alte Jungfer. Aber in der Regel erträgt ein gesunder Mensch die Provokationen, die sein spaßiger Name auslöst, mit Humor oder Zähneknirschen. Und wenn's gar nicht geht, so kann eine Änderung im Namensregister Abhilfe schaffen. Wer ahnt schon, daß Herr Scheibe einstmals »Scheiße« hieß? Er war Offizier in einem Heeresstab in Frankreich, und man riß sich um einen Anruf bei ihm, um gegen Kriegsende auf seine Meldung »Hier Scheiße« am anderen Ende der Leitung sagen zu dürfen: »Bei uns auch ...«

Ein wenig anders war's beim Dorfschneider in Eyltingen, der Albin Hirneisen hieß. Hirneisen ist ein hierzulande gar nicht so seltener, ich meine vor allem gar nicht anstößiger Name. Aber der Schneider war nach geltender Ansicht ein ebenso origineller Spinner wie gleichzeitig ein zwar fleißiger und akkurater, manchmal aber unlustiger Meister seines Handwerks und nach dem Urteil eines selbstverschuldeten psychiatrischen Gutachtens ein zwar sozial auffälliger, aber nicht asozialer paranoider Psychopath. Das zeigte sich besonders an einem übersteigerten Kampf gegen den letzten Buchstaben seines Namens. Er hatte es sich in den Kopf gesetzt, nicht Hirneisen, sondern Hirneise zu heißen, wie man auf schwäbisch seinen Namen ausspricht. Sein Denken und Handeln, das zwischen eigenem Sinn und Eigensinn angesiedelt war, formte ein Lebensschicksal, das einer fortgesetzten Trutzgeschichte gegenüber gesellschaftlichem Normverhalten gleichkam. Es sprach immerhin für seine Intelligenz, daß er sein »Anderssein«, seine psychische Differenz gegenüber der Mehrheit der »Normalen« in einem längeren Prozeß so zu kultivieren wußte, daß er schließlich aus seiner anerkannten Originalität ein ausgeglichenes Selbstgefühl bezog.

Albin Hirneisen sehe ich am deutlichsten in seiner Schneiderstube in einem alten Haus am Bach vor mir, nach alter Manier im Schneidersitz auf einem großen Tisch am Fenster. Mit fixiertem Rundrücken saß er da, einen Rock, eine Hose, woran er mit ungewöhnlich raschen Nähbewegungen arbeitete, vor sich, ein elektrisches Bügeleisen, das er sein »Zwirneise« nannte, neben sich. Feuchtschwüle Luft vom wiederholten Aufdämpfen des Stoffs, am Boden Stoffetzen und Fadenreste, ein Regulator an der Wand, ein Spiegel, am Rand mit Aufträgen und Rechnungen besteckt, an der Wand ein gestickter Spruch:

> Wenn einer spinnt, gibt's was zu lachen –
> Wenn alle spinnen, gibt's eine Katastrophe.

Zwischen Elle und Maßband, zwischen Scheren und Nadelkissen auf seinem Tisch eine Schar von Katzen, seine engsten Freunde. Diese dienten ihm bisweilen als Alibi, wenn er, was keine Seltenheit war, die Lust an der Arbeit verloren und Rock oder Hose nicht termingerecht gefertigt hatte. Er begründete dann den Verzug seiner Arbeit jeweils mit dem Ausspruch: »Katz' hat auf Tisch g'schisse, hab net arbeite könne, stinkt.«

Albin Hirneisen hatte, wie man schon an diesem Passus bemerkt, eine Abneigung gegen persönliche Fürwörter und Geschlechtswörter. Das hörte sich dann bei seinem langjährigen Hauptanliegen, der Namensänderung, so an: »Heiß Hirneise, net Hirneisen. Sagt doch jeder Hirneise, net Hirneisen zu mir. Sag au net nähen, sondern nähe. Hab schon Antrag g'stellt. Wenn Landrat kommt, sein Frack abhole, sag ihm, soll unterstütze mein Antrag.«

Albin Hirneisen hatte Gott und die Welt, genau gesagt Pfarrer Nebele, den Bürgermeister, Gemeinderäte und schließlich sogar den Landrat um Unterstützung seines Antrags auf Namensänderung angegangen. Am Anfang hatten alle erst einmal sein Begehren belächelt und ihm darzulegen versucht, daß er sich doch um Kaisers Bart verstreite, denn wenn er Hirneise heißen wolle, so sei ihm doch damit schon gedient, daß im Schwäbischen jeder seinen Namen ohne das störende »n« am Ende ausspreche. Ginge er aber je nach Norddeutschland, so sei es doch sehr von Vorteil, denn ein Norddeutscher würde aus Hirneise sicherlich ein Hirneisen machen. Daher sei es gescheiter, den Namen so zu belassen.

Was als Trost gedacht war, geriet bei dem hintersinnigen Schneider jedoch in den bösen Verdacht, ein Komplott wider ihn zu sein, wobei der ewige Kanzleitrost, den er auf den Ämtern bezüglich seines Antrags erfuhr, seinen perversen Verdacht zu bestätigen schien. Wähnen wurde zu Wahn und entwickelte eine skurrile Boshaftigkeit. Eines Tages begann Albin Hirneisen, Narrenkleider für jene Amtsträger zu schneidern, denen er unterstellte, sie hintertrieben seine beantragte Namensänderung. Er entwickelte dabei eine so beachtliche Kreativität, wie man sie einem Dorfschneider nie zutrauen würde. Dem Amtschef des Namensregisters fertigte er eine Phrygische Mütze, auf die ein durchgestrichenes »n« aufgenäht war. Auf einem Begleitzettel stand die algebraisch wirkende Formel »n = nn, zu deutsch: n ist nichts nutz«.

Dem Bürgermeister, von dem er annahm, er hintertreibe seinen Antrag, schneiderte er einen »blauen Anton« mit der Aufschrift »Bürgerlehrling«. In die Brusttasche steckte er einen Zettel mit dem deformierten Teilzitat: »Wer ist Lehrling? – Der nichts kann.«

Für einige Gemeinderäte, die sich im Flecken über sein Gehabe um die Namensänderung lustig gemacht hatten, stellte er Narrenkappen her, auf denen er ihre Namen mit einem »n« am Ende aufnähte, und ließ sie in einer Schachtel während einer Gemeinderatssitzung abgeben. Als der Bürgermeister die Schachtel in einer Unterbrechung der Sitzung öffnete und den Inhalt vorstellte, war aus dem Häberle ein Häberlen, der Brezger zum Brezgern und der Metzger zum Metzgern geworden.

Lachen und Entrüstung hielten sich daraufhin im Gemeinderat zunächst die Waage. Die einen wollten gegen ihn vorgehen, andere fanden den Spott originell und begnügten sich mit der Vorstellung, daß dieser Spaß den Schneider bezüglich der Aufwendung an Arbeitszeit schon teuer genug gekommen sei. Schließlich gewann der Humor die Oberhand, als Bürgermeister Nägele vorschlug, Oberlehrer Bächle solle einen witzigen Vers als Antwort verfassen, damit alles auf der Ebene des Spaßes bleibe, wohin die ganze Angelegenheit gehöre.

Obwohl sich der Scherz gleich anderntags im Flecken herumsprach und bei den meisten neben Gelächter viel Beifall auslöste, vor allem bei jenen, die den Gemeinderat für eine Mafia hielten, bastelte Oberlehrer Bächle, mein Freund und häufiger Gesprächspartner, an einem Antwortvers herum. Eines Abends kam er zu mir, um sich Rat und Zustimmung einzuholen, wollte er's doch gnädig mit dem kranken, geschundenen Schneider halten, den er in meiner ärztlichen Obhut wußte. Ich fand sein Verslein gut und angemessen:

Hirneisen hin – Hirneise her,
Lieber Albin, Du hast's schwer.
Wer hat nicht schon mal eine Meise!
Die Deine hat gaudiert uns sehr,
Mehr Streit um Worte wäre wirklich Scheiße.
Drum heiß' in Gottes Namen halt Hirneise!

Diese gereimte Antwort an das tapfere Schneiderlein führte in der Folge, wie kaum anders zu erwarten, nur wieder zu einer erneuten Reaktion von Albin Hirneisen. Außerdem kam das im Auftrag des Gemeinderats vom Oberlehrer gereimte Pasquill, das dem Schneider anonym zugesandt, dessen Urheberschaft aber sogleich im Flecken bekannt wurde, bei den Leuten nicht besonders an. Des Schneiders Schneid und Originalität gewannen mehr und mehr Achtung, und alle Duckmäuser, die ihren privaten Groll auf das Rathaus nicht selber vorzutragen wagten, sahen in Albin Hirneisen ihren Mann und einen unerschrockenen Rebellen wider die Amtsmacht schlechthin. So bildete sich um den Schneider gleichsam eine Anti-Rathaus-Partei der Unzufriedenen, der viel daran lag, die Gereiztheit und Kampfeslust von Albin Hirneisen auf Flamme zu halten. Eines Morgens fanden Lehrer und Schüler am Schwarzen Brett in der Schule ein aus grünem Stoff gefertigtes überdimensionales Feigenblatt, neben dem auf einem angehefteten Zettel stand:

Zum Zudecke von Schamlosigkeit von Lehrer,
wo sagt »Scheiße«.

Hirneise

Ganz Eyltingen lachte, und der Schneider hatte nach Ansicht der meisten die Partie für sich entscheiden können.

In diesem Augenblick sah ich einen günstigen Ansatz für mein Eingreifen, denn Albin Hirneisen sollte zwar durch sein gestiegenes Ansehen wieder Selbstvertrauen finden, jedoch gleichzeitig Abstand von weiteren unabsehbaren Auseinandersetzungen gewinnen, die er auf die Dauer nicht verkraften konnte.

Als er wegen eines Rezepts eines Tages zu mir kam, überraschte ich ihn, indem ich auf ein Rezept schrieb:

1. Hirneise – vom Namensregister sofort zu genehmigen.

2. Maulhalten – morgens, mittags und abends je zehnmal.

»Soll Witz sein«, meinte der Schneider und sah mich unsicher an. Aber ich versicherte ihm, daß dies die Medizin sei, die er jetzt brauche. Für das erste von beiden wolle ich besorgt sein, die zweite Verordnung sei ihm selbst aufgetragen. Als ich ihm seine Situation gründlich dargelegt und versprochen hatte, mich für eine rasche Erledigung seines Antrages auf Namensänderung einzusetzen, drückte er mir die Hand mit dem Versprechen: »Albin Hirneise macht, was Dokter sagt.«

Nach meiner Einschaltung beim Bürgermeister und Landrat erhielt der Schneider in wenigen Tagen die Genehmigung, von nun an Hirneise heißen zu dürfen. Der Rebell wandelte sich zu einem schnurrigen, zurückgezogen lebenden Kauz, den man in Ruhe ließ, da er seine Zähne gezeigt hatte und man ihn nicht mehr zu reizen wagte.

Ein bösmäuliges Weib, dem der nun wieder eingekehrte Frieden anscheinend nicht behagen wollte, meinte kurz danach in der Sprechstunde in geheuchelter Anteilnahme: »Sie müsset sich aber doch au om jeden Scheißdreck im Flecke kümmere, Herr Dokter!«

»Allerdings«, entgegnete ich, »aber wenigstens net mit der Gosch.«

Der Mann, der seine Frau vom Baum schütteln wollte

Profil hat, wer sich unterscheidet. Da die Männerwelt den Arzt im allgemeinen um Mittel ersucht, die einer Stärkung und Erhaltung der Potenz dienen, so gewann Karl Auguscht, der Goliath von Eyltingen, dadurch Profil, daß ich mit ihm ständig Not hatte, seine Manneskraft und Bedürfnisstärke zu dämpfen und zu mindern.

Karl Auguscht, 1,96 m groß, mit einem Brustkorb und Muskeln, die der Statue des Farnesischen Herkules nachgebildet schienen, war Schwerarbeiter im Preßwerk der Automobilfabrik, Führer des Angriffstrupps der Ortsfeuerwehr – »der Männer mit der Spritze« – und einziger Mann im Flecken, der ohne Abkürzung oder Diminutivum mit seinen beiden Vornamen angesprochen wurde. Ein ansehnlicher Mann also, dem man Respekt entgegenbrachte und über dessen ordentlichen Lebenswandel und eheliche Treue die Dorfkurtisanen froh waren, da sie von seiner Sorte nur einen am Tag verkraftet und somit ein schlechtes Geschäft gemacht hätten. Das Ansehen von Karl Auguscht gründete also vornehmlich auf seiner kolossalen körperlichen Stärke, gleichzeitig aber auch auf seiner Gutmütigkeit und Hilfsbereitschaft, die freilich keiner zu mißbrauchen wagte, denn im Zorn war der Karl Auguscht mehr zu fürchten als ein Amokläufer. Wo er »hinlangte«, wuchs bestimmt kein Gänseblümchen mehr, sondern blühten höchstens noch Veilchen im Gesicht und wurden Nasen richtungslos. Davon zeugte die Nase des »Fleckenbocks«, die sich von West nach Ost biegen ließ, obwohl Karl Auguscht beteuerte, er habe ihm »bloß eine g'wischt«. Und die hatte der Fleckenbock als ein unverbesserlicher, dreister Schürzenjäger nicht nur nach Ansicht von Karl Auguscht verdient, als er dem Ruthle, seinem Weib, zwar nicht körperlich, aber doch mit einigen Ratschlägen zu nahe getreten war, wie sie sich der strapaziösen Lust ihres Mannes durch List entziehen könne. Am Ruthle, die ihm eine Tochter und drei Söhne geschenkt hatte und – wäre es nach ihm gegangen – aus der Schenkeritis kaum noch herausgefunden hätte, hing er abgöttisch. Er widerlegte geradezu die übliche Behauptung männlicher Fremdgänger, eine besonders starke Vitalität könne sich nicht in den Schranken der Ehe halten. Karl Auguscht, dessen Vitalität und kolossale Körpermaße so manches Begehren im Dorf geweckt hatten, war ein so ausgeprägter Monogamist, daß sein Weib mehr Leid als Freud' an seiner ehelichen Treue empfinden mußte, war sie doch schlank und schmal und vom dauernden »Ach herrjeh« abgemagert. Meine ärztliche Hilfe war daher auf beide Seiten verteilt. Dem Karl Auguscht gab ich Ratschläge und Medikamente zur Dämpfung seiner Bedürfnisstärke, und dem Ruthle verordnete ich laufend Antikonzeptiva und sprach ihr zu, doch Freude gegenüber der Vitalität ihres Karl Auguscht zu empfinden. Sie würde doch von vielen Weibern mit müden Männern beneidet und müsse auch die Gefahr des Fremdgehens ihres Karl Auguscht bedenken. Das sah sie zwar ein, aber sie meinte, man könne doch schließlich nicht immer »auf Kommando noliege«.

Und nun sage mir einer, wo wir Ärzte beim Studium jenen Unterricht genossen hätten, der uns Ratschläge im Liebesspiel und bei derartigen Eheschwierigkeiten vermittelt hätte! Aber bitte: Die Situation von Karl Auguscht und seinem Ruthle erheischte von beiden Seiten Rat und Hilfe, denn immerhin stand das Glück beider Eheleute auf dem Spiel.

Die Nachbarschaft wußte zu berichten, daß das Ruthle mitunter Reißaus nahm, wenn Karl Auguscht abends nach Hause kam und noch vor dem Abendessen die Söhne des Zebedäus wissen wollte. Häufig die Szene, daß Karl Auguscht in halbem Scherz seinem Weib nachrannte, um sie zu fangen und ins Schlafzimmer zu tragen. Es ging dabei nicht immer kanonisch zu, wenn sie um den Tisch herum Fangerles spielten und das Ruthle flehte: »Etzt laß uns doch erscht veschpere«, während er turtelte: »Sei doch koi Fröschle, mir schmeckt's erscht, wenn i di g'het han!«

Das Ruthle kam natürlich im Laufe der Zeit auf allerlei Einfälle, wie sie sich wenigstens am frühen Abend, »so lang mr no schafft«, dem ihr unzeitgemäß erscheinenden Bedürfnis ihres Karl Auguscht entziehen konnte. Mal mußte sie zum Pfarrer, dann zum Doktor, dann half sie um diese Zeit einer Nachbarin. Aber es ging nicht immer. An einem schönen Sommerabend kam sie in ihrer Verzweiflung auf die Idee, auf einen der Zwetschgenbäume im Hof vor dem Haus zu klettern und sich dort zu verstecken. Karl Auguscht durchsuchte wie der Chef eines Abholkommandos alle Zimmer, rief dauernd ihren Namen und nahm schließlich die verängstigten Kinder ins Gebet, ob sie wüßten, wo die Mutter sei. Vor kurzem sei sie weggegangen, beteuerten die Kinder, die sich fürchteten, ihren wahrheitsbesessenen Vater anzulügen. Schon wollte sich Karl Auguscht verärgert und resigniert an den Tisch zum Vesper setzen, das für ihn vorbereitet war, als Bimbo, der Schnauzer, der durch die Haustüre nach außen gelangt war, ein heftiges Gebell im Hof vor einem der Zwetschgenbäume begann. »Was hot der denn?« meinte Karl Auguscht ärgerlich und ging hinaus. Da hörte er eben noch, wie das Ruthle vom Baum herabzischte: »Pscht, Bimbo, bisch ruhig!« Nun war's passiert. Karl Auguscht brach in ein Gelächter aus: »Ja Ruthle, seit wann pflückscht du denn o'reife Zwetschge vom Boom?! Jetzt komm schnell ronter, i such di jo scho dauernd.«

Aber das Ruthle klammerte sich im Geäst fest und meinte: »Erscht wenn d' Kender em Bett send, komm i ra.«

»Aber mei Spätzle möcht, daß du glei rakommscht, Schätzle!«

Sicher war es psychologisch nun falsch, daß sich das Ruthle weigerte, auf das Geturtel von Karl Auguscht einzugehen, und dem liebebedürftigen Mann recht barsch zurückgab: »Dei Allmachtsspatz bringt mi no ins Irrehaus. Jetzt veschpersch z'erscht, ond no spaltesch en Meter Holz, wie 's der Dokter gsait hot, ond no komm i ronter.«

Damit war nun Karl Auguscht gar nicht einverstanden, zudem empfand er diese strikte Ablehnung als einen seinem Ruthle von irgend jemand eingegebenen Trick und wurde nun drohend. »Wenn du jetzt net ra kommscht, no hol i di!«

»Do kommsch du net rauf!« antwortete sie trotzig und reizte ihn damit noch mehr. Als er sich anschickte hochzuklettern, drohte sie ihm: »I dapp dir uf d'Fenger!«

Nun konnte der Karl Auguscht seinen Zorn nicht mehr bändigen. Wie ein wütender Gorilla begann er den Baum zu schütteln, immer heftiger, so daß das Ruthle mehr und mehr in Not geriet und schrie: »Du bringsch mi no um! I fall ronter und brech mir's G'nick, no hosch mi g'het!«

Von dem Geschrei wurden schließlich die Nachbarn aufgeschreckt, und die Butze-Marie rannte ans Telefon und rief mich an: »Herr Dokter, schnell, schnell, dr Karl Auguscht schüttelt sei Ruthle vom Boom. Se fällt jede Moment ra ond ischt he!«

Vielleicht wäre dieses Unglück auch geschehen. Aber bis ich eintraf, hatte der sonst ängstliche Postinspektor Adolf sich ein Herz gefaßt und war in den Hof gerannt, um Karl Auguscht anzuflehen: »Karl Auguscht, mach keine Dummheite, du bisch doch en Mensch und koi Vieh!«

Da wandte sich der Goliath zu ihm um, fixierte den schreckbleichen Adolf, der langsam rückwärts ging, während der Riese auf ihn zuschritt, packte den kleinen runden Adolf an den Schultern, hob ihn hoch, trug ihn zum Hoftor hinaus und drohte ihm: »Was i mit mei'm Weib han, goht di en Scheißdreck a'! Paß uf, Mändle, daß i net glei zu deinere Martha nomkomm und dui fertigmach, wenn dir des lieber isch!«

Das war Adolf natürlich nicht lieber, und darum zog er sich rasch zurück und verriegelte seine Haustüre.

Eben hatte der Karl Auguscht wieder mit dem Baumschütteln begonnen, als ich die Szene betrat. Es war mir nicht wohl dabei, denn Karl Auguscht war in Rage. Wahrscheinlich wäre es mir bei seinem augenblicklichen Raptus – Autorität des Doktors hin oder her – kaum anders ergangen als dem Adolf zuvor. Aber als ich ihn gerade angerufen hatte: »Karl Auguscht, isch dir d'Sicherung naus?«, und er sich umdrehte und sich mir gegenüber in Positur brachte, die Ärmel hochgekrempelt, dick hervortretende Adern an den Armen, die man hier »Armseiler« nennt, da ertönte die Sirene und gab Feueralarm. Als ob er einen Stromstoß erhalten würde, zuckte der Goliath zusammen, griff sich an den Kopf und sagte wie einer, der aus einem Traum erwacht ist: »Sappermoscht, Dokter! Sie kommet grad recht. Wo mag's bloß brenne?«

Ich trat auf ihn zu, fühlte ihm den Puls und beruhigte ihn: »S'isch besser, a Haus brennt als dr Hoselade ... Hosch wieder amol arg leide müsse, Karl Auguscht, gell, i seh dir's a'. Aber jetzt mach schnell, daß d' en Feuerwehrhaus kommsch!«

»Ja, aber mei arm's Ruthle ...«

»Die hol' i dir derweil vom Baum ra, jetzt gang no ganz beruhigt.«

Nun ging alles in Windeseile. Als der Karl Auguscht in Feuerwehrmontur aus dem Haus eilte, war sein Ruthle schon vom Baum herabgeklettert, hatte mir die Hand gedrückt und eilte auf Karl Auguscht zu und fragte besorgt: »Laß di au no g'schwend a'gucke, mein armer Spatz, wie d'aussiehscht! Hosch denn älles, wa d'brauchsch?«

Da nahm der Karl Auguscht sein Ruthle in den Arm und sagte ihr zärtlich: »Jetzt han i älles, was i brauch.« Darauf stürmte er zum Hoftor hinaus.

Nun war das Ganze natürlich ein blinder Alarm, eine Notbremse für den Erregungszustand des Karl Auguscht und als Rettung für das Ruthle und für den gefährdeten Doktor von einem Nachbarn inszeniert, der vom Fenster aus das Drama verfolgt hatte.

Im »Rössle« gab's dann fröhliche Aufklärung, und ich bezahlte gern ein Fäßle Bier für den zwar ordnungswidrigen, aber hilfreichen Feueralarm.

Glück und Ende des König Fritz

»Völlig unerwartet und für uns alle unfaßbar verstarb heute mein geliebter Mann, unser guter Papa ...«

So liest man es häufig in der Zeitung, und so las man es auch, als Fritz König starb, den man wegen seines vielen ebenso eingenommenen wie ausgegebenen Geldes und des pomphaften Lebenswandels den »König Fritz«, mitunter auch den »Monumenten-Fritz« nannte, wobei ich auf die Ursache letzteren Beinamens noch zu sprechen kommen werde.

Aber »völlig unerwartet« war sein Tod durch Herzinfarkt bei Gott nicht. Die kurze Skizze seines Daseins aus der Sicht des Arztes bietet sich geradezu an als ein Lehrstück der Moral mit der Überschrift: »Der Tod ist der Sünde Sold.« Aber da mir eine finstere Moralpredigt sowenig liegt wie Pfarrer Nebele eine Büttenrede und ich in Dur schreibe, was ich in Moll denke, so schicke ich mich mit ernstem Vergnügen an, das Unfaßbare durch Aufzeichnung von Glück und Ende des König Fritz faßbar werden zu lassen.

Über Elternhaus und Jugendzeit des König Fritz weiß ich kaum etwas. Als er nach dem Krieg nach Eyltingen kam und eine Kriegerwitwe mit zwei Kindern heiratete, die ein älteres, aber stattliches Haus besaß, war er bereits als Vertreter tätig und viel auswärts unterwegs, so daß er zunächst wenig in Erscheinung trat. Erst als er geschäftlich allen offenkundig reüssierte, einen großen Mercedes fuhr, Frau und Kinder in Stuttgarter Modehäusern einkleidete, den Urlaub in Italien verbrachte und der Feuerwehr neue Schläuche stiftete und Geldzuwendungen machte, für die Kirche neue Bänke und für den Kindergarten Spielgeräte stiftete, kam er ins Gerede und in den Blick der Ortsöffentlichkeit. Allmählich erfuhr man, daß er lukrative Vertretungen für Feuerwehrschläuche, Wasserpumpen und anderes allerorten benötigtes technisches Gerät hatte und »sei' Geld im Schlaf verdient«. Aber die Agilität von König Fritz sah nicht nach Schlaf und Bequemlichkeit aus, wenn er auch schon frühzeitig als Vierziger Wohlbeleibtheit erkennen ließ und morgens erst auf Tour ging, wenn die Arbeiter in der Fabrik schon beim Vesper waren. Seine Generalvertretung mit einem Stab von Untervertretern forderte nicht nur ein ständiges Quivive, sondern auch ein ungesundes Leben mit übermäßigem Konsum an Essen und Alkohol durch ewige Einladungen mit steuerbegünstigten Gastmählern.

Mein erster Untersuchungsbefund aus jenen Jahren wies ihn aus als einen damals 41jährigen Mann des athletisch-pyknischen Typs mit deutlichem Übergewicht, leicht erhöhtem Blutdruck und Neigung zu Verdauungsstörungen, denen er in lustvoller Therapie mit Alkohol, vor allem mit Verdauungsschnäpsen, zunächst noch erfolgreich zuleibe rückte, wobei seine persönliche Philosophie, aufgelesen und angehört in Bars und Gasthäusern, die Kategorie der Theke über jene der Apotheke stellte, denn an der Theke würde »Natürliches« – Wein, eingefangener Sonnenschein –, in der Apotheke dagegen nur »synthetischer Industriemüll« abgegeben. Seine epikuräischen Aphorismen entsprachen einer vitalen, berufliche Leistung mit leiblichem Genuß kompensierenden

Lebenseinstellung, deren Euphorie von beruflichem Erfolg und jener Hochstimmung getragen war, die das »Wirtschaftswunder« der fünfziger Jahre auslöste. Medizinisch erkannte man rasch, daß das Wirtschaftswunder mit einem zu guten Besuch der Wirtschaften gekoppelt war und die Verwirtschaftung des Lebens ein böses Wunder zur Folge haben mußte.

»Weingläser klingen schöner als Kirchenglocken«, war einer der Sprüche von König Fritz, und ich notierte mir auch die Aphorismen: »Fleischlichkeit erzeugt Wurstigkeit«, und »Die Fetten leben zwar kürzer, aber besser.«

Da sich schon damals erste Anzeichen einer Fettleber bei König Fritz fanden, ließ ich es an Vorschlägen und Ermahnungen bezüglich der Diät und der Lebensordnung nicht fehlen, obgleich ich damit die tieferen vitalen Schichten seiner Person natürlich nicht erreichte. Noch triumphierte die Vitalität, die allen Unfug seiner Gepflogenheiten bis auf einige lästige Rülpser, einen Blähbauch nach den Mahlzeiten und eine sprunghaft ansteigende Gewichtskurve zu verdauern schien und sich mit derben Sprüchen von Luther und den genannten Aphorismen den Anstrich unbekümmerter Lebensfreude gab. Überdies stand das Geschäftliche obenan, und der Körper war nichts als ein nach Krieg und Entbehrungen nun wieder aufblühendes Lustgehäuse, dem es im nachhinein gut, sehr gut, saumäßig gut gehen sollte. Zweifellos bestand also bei König Fritz ein enger Zusammenhang zwischen seinen berufsbedingten sozialen Dauerkontakten und seinem übermäßigen Konsum. Auch die Kettenraucherei etablierte sich als haltungsbedingte Gewohnheit. »Da denk i an gar nix, wenn i mir ein Spreizel nach em andere a'steck.« Das Anbieten und Annehmen von Zigaretten in Gesellschaft war längst ein Ritual, dem man sich nicht entziehen wollte.

Geschäftlich hatte König Fritz in besonderem Maße mit der Feuerwehr zu tun, da er neue Superschläuche an die sich nach dem Krieg modern ausrüstenden Ortsfeuerwehren verkaufte. Seine Spenden für die Eyltinger Feuerwehr, nicht zuletzt so manches Faß Freibier, brachten ihm hohes Ansehen bei der Ortsfeuerwehr und die Ehrenmitgliedschaft, die ihm bald auch vom Fußballverein für dauernde Zuwendungen für Trikots und den Bau eines Vereinsheimes, ferner vom Kleintierzüchterverein und vom Gesangsverein für laufende Spenden zuerkannt wurde. So konnte es kaum wundern, daß König Fritz eines Tages auch zum Gemeinderat gewählt wurde. Die Wahl fiel zeitlich kurz auf den vorausgegangenen Tod seiner Frau, die an Brustkrebs gestorben war, so daß man in der Bevölkerung in seiner Kandidatur ein Zeichen dafür sah, daß sich der nun alleinstehende Mann noch mehr sozial engagieren wolle, um seiner Einsamkeit zu entgehen. Und hatte er nicht längst schon ein Herz für die Allgemeinheit bewiesen, wenn man bedachte, wieviel Geld er für alle Vereine und sozialen Einrichtungen spendete? Darum verzieh man ihm auch, daß er ein beneideter Neureicher war. Leider stieg ihm aber, wie kaum anders zu erwarten, seine angewachsene pekuniäre und soziale Omnipotenz auch mehr und mehr in den Kopf. Er hörte es gerne, wenn man ihn König Fritz titulierte und die Kapelle bei Festveranstaltungen einen Tusch spielte, bevor ein Vereinssprecher bekannt gab, König Fritz habe ein Freibier spendiert. In Fürstenpose nahm er dann den Beifall und Zutrunk entgegen.

Zu dieser Zeit war ärztlicherseits bereits eine Waagebalkenbilanz festzustellen, bei der dem gestiegenen Sozialprestige ein gesunkener körperlicher Zustand nicht mehr die Waage zu halten vermochte. Das soziale Engagement ging konform mit übermäßigem Essen, Trinken, Rauchen und vermehrtem Streß auf allen Sektoren. Der Leibumfang wurde gewaltig, der Atem dafür kürzer. Die Lippen wurden blau, die Leber entsprach in ihrer Größe dem Durst, der Blutdruck der Höhe der sozialen Stellung, und das Herz hatte sich materialisiert und war längst nicht mehr der Sitz des Gefühls, sondern, im Sprachgebrauch seines Eigentümers, zur »Cognacpumpe« degeneriert. Der Dorfarzt war für seine Leibmaschinerie nicht mehr als alleinige Kompetenz zuständig. Er ließ sich bei Fachärzten in der Stadt »durchchecken«, hatte aber keine Zeit für die auch von Fachärzten empfohlenen Kurbehandlungen.

Ein Zwischenstatus bei mir ergab das Vorliegen eines Diabetes mellitus, hochgradiges Übergewicht (»Fritz, du bischt schlachtreif«), einen Blutdruck über 200, eine verminderte Herzkranzgefäßdurchblutung und die Blutfettwerte eines Falstaff.

Ich war tief besorgt und meinte daher etwas grob: »Also Fritz, wenn du jetzt mit Fresse und Saufe net ufhörscht, no kommsch bald nemme zu meiner Tür rei!«

Da reagierte er sauer und gab mir's in gleicher Weise zurück: »Wenn du mir jetzt net ebbes verschreibscht, daß i abnehm, no kommscht du au nemme in mei Haus!«

»Du Allmachtsprachtsbachel, was hot des für en Wert, wenn i dir Zeugs verschreib, so du net ei'nimmscht, und wenn i dir zwei Liter Wasser ablaß und du glei wieder fünf Liter saufscht! *Dei* Ranze isch's doch, den du he'machscht, und net meiner!«

So gingen wir kurz aneinander hoch, doch wußte ich bald einzulenken, weil mir der Fritz in seinen vielfältigen Verstrikkungen auch wieder leid tat. Wir einigten uns und suchten nach einem Mittelweg. Und eine Weile stellte sich König Fritz tatsächlich auf meine Diätvorschläge ein und vermeldete überall mit Stolz, wenn er wieder einmal ein paar Kilo Gewicht weniger hatte. Nach vielem Zureden brachte ich ihn auch zur Kur in ein Bad. Aber der Kuraufenthalt wurde schicksalhaft für ihn, denn er blieb an seinem Kurschatten, einer zwanzig Jahre jüngeren, kessen Bürodame aus dem Rheinland, hängen und führte die jugendlich-attraktive Dame bald darauf als verliebter Esel zum Traualtar. Es schmeichelte seinem immer ungezügelteren Geltungsbedürfnis, trotz seiner Jahre noch ein so viel jüngeres Weib gefunden zu haben, mit dem er nun angeben und den Neid anderer genießen konnte. In Wirklichkeit war es ein kühl rechnendes Luder, das ihm ihr Ja-Wort gegeben hatte, als sie seinen inzwischen gebauten Monsterbungalow mit Rutschbahn vom Schlafzimmer ins Schwimmbad gesehen und Einblick in seine Konten genommen hatte.

»Dat is ja ne irre Wucht«, faßte sie ihre Begeisterung über allen Besitz und Wohlstand zusammen, den sie als gelerntes Bürokräftchen und seine Frau nun verwalten sollte, und versprach dem dicken König Fritz: »In so'n irren Schuppen muß jeder Tach 'n Festival der Liebe sein.«

Das war es wohl anfangs auch. Zumindest gebärdete sich Fritz nun in seinen Ausgaben für Feste in seiner Luxusvilla wie ein König, der nach außen regierte und zu Hause seiner schönen Lilo, wie das Stück hieß, zu Füßen lag. Als Ausdruck seiner gigantischen Liebe und finanziellen Potenz muß es wohl verstanden werden, daß er eines Tages einen renommierten Bildhauer von der Schwäbischen Alb kommen ließ und ihn beauftragte, seine Lilo in Stein zu hauen. Mit dieser ebenso phantastischen wie törichten Apotheose seiner jungdreisten Puppe, deren Durchführung ihn, wie er geschwollen erzählte, »bloß« zwölftausend Mark kostete, rief er mit seinem Größenwahn nicht nur Kritik im Flecken hervor, sondern auch die Nemesis auf den Plan, jene – wie könnte es anders sein – weibliche Gottheit, die neidvoll Sorge trägt, daß keinem Sterblichen die Bäume in den Himmel wachsen.

Da König Fritz den im Schwabenland und somit auch im Heckengäu groben Verhaltensfehler eines zur Schau getragenen pomphaften Lebensstils beging, war es nur eine Frage der Zeit, daß sich der gute Ruf, den er im Dorfe besaß, in einen schillernden oder gar schlechten verwandelte. Als durchsickerte, daß er seine von Anfang an im Dorf nicht recht gelittene junge Frau, die man günstigstenfalls als »Fraule« bezeichnete, für »nur« zwölftausend Mark »monumentiere« ließ, hieß es da und dort schon: »Für das Geld hätt' mr au ebbes G'scheiters mache könne« – die Feuerwehr einen Betriebsausflug, der Fußballklub eine Tribüne, der Kleintierzüchterverein Stallungen für Hasen und Hühner usw.

Bezüglich dessen, was einer offenkundig mit seinem Geld anfängt, »denkt's eben mit« in einem noch überschaubaren Gemeinwesen. Und solche »Denkhilfen« aus dem Raum der ihn umgebenden Gesellschaft kommen dem Betroffenen selbst dann zu Gehör, wenn er es auch unterläßt, den Ohren anderer hinterlistig nachzustellen. Am Stammtisch im »Rössle« gab es, wenn man einem unvermittelt die Wahrheit sagen wollte, eine stehende Redewendung für die Einleitung: »Unter Ausschluß der Höflichkeit sag i dir ...« – Und König Fritz wurde gar bald unter Ausschluß der Höflichkeit Kritik zuteil. So war König Fritz schon kein unwidersprochener Mann mehr, als er anläßlich eines Geburtstages und der Enthüllung der Statue seiner Lilo, die man im Flecken »d'Luderlilli« nannte, ein großes Gartenfest veranstaltete, zu dem er Geschäftsfreunde und Bekannte aus Eyltingen, auch Nicole und mich, einlud. Vorsorglich hatte ich Lydia, unsere treue Hausmagd, um einen Anruf gegen zehn Uhr gebeten, mit dem sie mich zu einem Krankenbesuch ordern sollte.

Der Garten war beleuchtet, und ein riesiges Büfett mit Bedienungspersonal eines Hotels aus der Stadt stand bereit, den Gästen alle Annehmlichkeiten des Gaumens zu bereiten.

Man erschien in großer Robe, worum auf der Einladung gebeten worden war, und König Fritz hatte einen weißen Smoking vom Stadtschneider seiner ernormen Leibesfülle anpassen lassen. Eine eigens bestellte Kapelle spielte schnulzige Melodien, und der berühmte Bildhauer und Schöpfer der Lilo-Statue erklärte das Entstehen und Werden seines zunächst noch verhüllten Meisterwerks.

Meinem Freund Oberlehrer Bächle war der peinliche Auftrag zuteil geworden, ein paar Worte bei der Enthüllung der Statue zu sprechen. Als er ein paar Tage zuvor den unangenehmen Auftrag mit mir besprach, wurden daraus einige vergnügte Stunden. Ich mußte ihm jedenfalls versprechen, ihn bei seiner Rede nicht anzusehen und mich ganz im Hintergrund der Szene zu halten, was ich nun am Abend in der Weise tat, daß ich mich hinter einem Gebüsch aufstellte.

Oberlehrer Bächle sprach, nein, verlas seine launige, persiflierende Rede unter Aufbietung aller Reserven seines Ernstes in bewundernswerter Fassung, hatte aber vorsorglich immer wieder heitere Auslassungen eingeflochten, die ein befreiendes Lachen erlaubten.

Mit Zitaten aller möglichen Geister des Kontinents, die das Fassungsvermögen von König Fritz und seiner lebendigen Ausgabe der Statue überschritten, schraubte er die Zeremonie in so phantastische Höhen, daß das Ganze einen Grad der Lächerlichkeit erreichte, den zu empfinden allerdings der primitiven Mentalität der Gastgeber nicht möglich war. Ein paar Passagen seiner »Enthüllungsrede« sind mir noch fragmentarisch erinnerlich. So sagte mein Freund Bächle etwa:

»Von der hoch gewordenen Stirne unseres König Fritz, die des Friseurs nicht mehr bedarf, fliegen neuerdings Gedanken aus, die ihn als einen König mit Sinn und Empfänglichkeit für die Kunst und das Schöne ausweisen, für das Schöne vor allem in Gestalt des Weiblichen, wie es die Göttin Venus erschuf. Aber sein ausgeprägt sozialer Sinn begnügt sich nicht damit, mit der göttlichen Schönheit das Bett zu teilen. Nein, er hat es unternommen, uns allen die Schönheit durch Kunst mitzuteilen. Und so hat es unser großer Künstler mit dem Meißel als ein wahrer schwäbischer Praxiteles verstanden, aus Gautinger Marmor, dem Alabaster der Schwäbischen Alb, den leibgewordenen Charme der jungen Hausherrin so Gestalt werden zu lassen, daß unser großer Landsmann Schiller, hätte er das Werk bewundern können, sicherlich in einer Ode gesungen hätte:

> Nimmer schenkten die Götter Größeres der Welt
> Als Lieder, der Schönheit des Weibes gesungen.
> Nimmer, wenn unser Körper klanglos ins Zeitlose fällt,
> Sind Lieder vom Zauber des Weibes verklungen.«

Und ich füge das frivole poetische Postscriptum à la Bächle hinzu:

> »Es macht uns – selbst in Stein – ein nacktes Weib verlegen,
> Doch schätzen wir's, wenn sie mit ihrem Leib verwegen.
> Drum, Freunde, muß ich Euch gesteh'n
> Solange uns're Nase Süßes wittert,
> Und uns're Augen Hübsches gerne seh'n,
> Solange uns die Hose dabei zittert,
> Kann es um uns nicht übel steh'n.
> Doch lassen wir die vielen Worte sein.
> Denn am Büfett erwartet uns manch gute Sorte Wein.«

So etwa lief die poesiereiche Enthüllungsrede meines Freundes Bächle ab, ehe das Tuch von der Statue gezogen wurde und das Amüsement der Gäste in der Betrachtung und Bewunderung der steinernen Lilo, die in buntem Farbwechsel von Scheinwerfern angestrahlt wurde, seinen Höhepunkt erreichte und Lilo mit dem Ausruf: »Das ist ja irre schön!« ihrem Fritz um den Hals fiel und auf seinem Bauch schaukelte.

Quasi entschuldigend meinte danach König Fritz zu den umstehenden Gästen: »Was tut mr net älles für sei Schätzle und für d'Kunscht!« Und unter allgemeinem Gelächter pflichtete Oberlehrer Bächle mit dem geflügelten Wort bei: »Mr tut ebe, was mr do kann, ond meh' do, als des do, was mr do kann, ka' mr net do!«

Der schwäbische Praxiteles, der wenig Sinn für Humor und darum die persiflierende Ansprache von Oberlehrer Bächle auf sein Werk bezogen und übelgenommen hatte, sagte einige böse Bemerkungen zu seinem mitanwesenden Weib, das er begreiflicherweise nicht als Statue verewigt hatte. Bürgermeister Nägele bewahrte Haltung, indem er, als die Reihe der Bewunderung an ihn kam, zu König Fritz orakelte: »Mr sieht gut, wer's isch, und wenn's derjenige isch, der's sei soll, no isch's a echt's Kunschtwerk, ka' mr sage.«

Auf die besorgte Mahnung unseres Praxiteles, der Gautinger Marmor würde nicht auf Dauer der Witterung trotzen, entschied König Fritz kurz und bündig: »Im Sommer stoht se drusse ond em Winter em Haus.«

Der müde Emil, ein Stammtischbruder von König Fritz, tuschelte daraufhin boshaft zu Oberlehrer Bächle: »Hoffentlich stellet seine jetzt zwei Weiber net ihn in de Garte naus!«

Dermaßen gab's also schon bei der Einweihung der Statue allerlei giftigen Witz, und ich war froh, daß ich noch vor der sich anschließenden, bis in den Morgen währenden, immer lauter werdenden Wummerei wie bestellt abgerufen wurde.

Nicole, mit der ich, ohne die Gefahr, verstanden zu werden, Bemerkungen auf französisch austauschen konnte, meinte: »Son cœur s'en allait de lui«, und ich ergänzte: »Et sa raison aussi ... Comme en dit le latiniste: omnis amans aments!« – Jeder Verliebte ist ein Narr!

Nun begannen die drei letzten Lebensjahre für König Fritz, und es wurden seine schlechtesten. Das Geschäft ging zwar besser denn je, aber sein Sozialprestige bekam Risse, und die längst vorhandene Krankheit drang mehr und mehr ins Bewußtsein und zeichnete unübersehbar sein Äußeres, so daß ihm gar bald weder Spiegel noch Ruf mehr zu schmeicheln vermochten. Krankheit wurde nun Biographie.

Als er eineinhalb Jahre nach der Statuenzeremonie, die ihm im Flecken den Spottnamen »Monumenten-Fritz« eingetragen hatte, wieder einmal zu einer gründlichen Untersuchung und langen Aussprache zu mir kam, war ich trotz meiner klaren Prognose von der Tragik seines sich nun abzeichnenden Schicksals berührt.

Er wog inzwischen über drei Zentner und hatte den Umfang einer hundertjährigen Eiche (obwohl er erst ein halbes Jahrhundert zählte). Der zu hohe Blutdruck und die Zuckerkrankheit brachten die ersten Anzeichen von Sehstörungen infolge Netzhauterkrankung. Das Herz hatte die Ausmaße eines Fußballs und war in seiner symbolischen Bedeutung zu einem Spielball seiner Luderlilli geworden. Der schweratmige Mann, der überwiegend in seinem Sessel am Schreibtisch die Geschäfte abwickelte, war längst nicht mehr geschäftig genug für sein muckeres Weib, das sich zum Zeitvertreib die Schenkel rieb und schließlich in Vertretung für ihn tagelang auf Geschäftsreisen verschwand, um ihr Geschäft auf Reisen zu erledigen und obendrein Reisende auch im Haus mit ihr geschäftig werden zu lassen. Längst war König Fritzens Euphorie und verliebte Narretei einer meschanten Eifersucht gewichen. Der jaloux gewordene kranke Mann verbrachte nun mehr Zeit und Gedanken mit dem Überprüfen seines untreuen Weibes als mit dem Geschäft, weshalb die Luderlilli vielleicht nicht ganz zu Unrecht ihm bei Auseinandersetzungen vorhielt, er würde ja kaum noch etwas tun und daher müsse sie doch allmählich die ganze Last des Geschäftes tragen. Und in der Tat brachte sie von ihren Reisen erstaunlich viele Aufträge nach Hause, die allerdings bezüglich ihres Zustandekommens häufig ihre totale Lebendigkeit und weniger ein Foto ihres steinernen Körpers verlangten, an dem unterdessen König Fritz seine weniger anstrengende Augenweide haben durfte.

Als der zu Recht von Eifersucht gequälte Mann eines Abends in das Zimmer seiner Frau ging, entdeckte er einen größeren Zettel auf ihrem kleinen Schreibtisch, den er sogleich an sich nahm. Aber zu seinem Unglück hatte er die Brille nicht bei sich, um das Geschriebene lesen zu können. Er erkannte lediglich, daß es eine fremde Handschrift war und die Worte »Für Frau Lilo König – wie versprochen«. Da trat seine Frau ins Zimmer und fragte erstaunt, was er denn hier tue. In riesigem Zorn und überzeugt, daß er sie nun mit einem Liebesbrief endlich überführt hätte, stürmte er auf sie zu: »Da sieht mr jetzt endlich, was du für a Luder bischt, und wie du mi henterrücks verseckelscht!« So brüllte er sie an und schwang triumphierend den Zettel in der Hand.

Seiner Lilo fielen vermutlich in diesem Augenblick alle Sünden ein, denn sie wurde bleich und stammelte nur: »Wieso? Laß mich doch sehen, wat de da jefunden hast!«

»Des könnt dir so passe«, donnerte er zurück. Aber das durchtriebene Weib versuchte, ihm den Zettel aus der Hand zu nehmen. Da stieß er sie weg und zerriß den Zettel in hundert kleine Fetzen und warf sie zum Fenster hinaus, indem er schrie: »So a Liederlichkeit duld i net in mei'm Haus, des laß dir g'sagt sei!« Und wütend stampfte König Fritz hinaus, nahm den Hut und spülte im »Rössle« mit Haberschlachter seinen Zorn hinunter. Das unsicher gewordene Weib aber rannte unterdessen hinaus und suchte in der einbrechenden Dunkelheit unter dem Fenster von den Papierfetzen zusammen, was der Wind noch nicht verweht hatte und sie noch finden konnte.

Als der Alkohol den Zorn von König Fritz abgebaut und ein Stimmungshoch aufgebaut hatte und er, wie er zu sagen pflegte, »Lust zu einem *Passeletemps* mit dr Jonge« spürte, ging er beschwingt nach Hause, wo er »sei Junge« im Nachthemd auf dem Bauch auf der Couch liegend vorfand. Sie hatte den Kopf in die Hände gestützt und starrte auf ein Häufchen Papierschnitzel vor sich hin. Selbst wenn sie wie die auf den Bauch gefallene eigene Statue aussah, vermochte sie den weinseligen Fritz noch mit ihrer Hinterfront zu reizen. Er beschloß, die Statue umzudrehen. Hirn und Herz waren durch einige Viertele in eine gute Stunde geraten, die ihn mehr und mehr turteln und den originellen Vorschlag finden ließ: »Weischt was, Schätzle? Jetzt leg' i mi mit au a bißle weniger als i grad a'han zu dir na, ond no lege mir mitananander die Papierfetze zamme und saget uns die nackte Wahrheit und schmeißet des Lompezeug no endgültig en Müll!«

Da die Lilo ein nicht unbeträchtliches Sündenregister auf sich lasten fühlte, war sie hinsichtlich des Versöhnungsangebots damit einverstanden, daß sich alsbald die nackte Wahrheit neben ihr auf die Couch plumpsen ließ, und drehte sich ihr gunstbereit mit ihrer interessantesten Seite zu. Der ob solcher Gunst ungewöhnlich einfallsreich gewordene König Fritz schlug seiner Lilo vor, sie möge jedesmal, wenn sie aus den Papierfetzen eine Zeile zusammengefunden hätten, eine Sünde beichten, für die er im voraus Absolution erteile.

So geschah es, wenn auch nur bei den beiden ersten Zeilen, die nichts als die Anschrift an Frau Lilo und die Worte »wie ich Ihnen bei Ihrem Besuch versprach« enthielten. Und Lilo gab zu, daß sie erstens einmal mit dem jungen Assistenten des Tierarztes, der ihren Pudel behandelte, ausgegangen sei, wobei es aber beim Küssen sein Bewenden gefunden habe, ferner, daß sie mit dem Feuerwehrkommandanten aus Hinterschnepfingen wegen eines Auftrags in dessen Wochenendhaus »eine Nacht durchgemacht« hätte, wobei aber nichts passiert sei, da der »nervöse Heini« im Taumel seiner Gier das ihr zugedachte Opfer schon im voraus verschüttet hätte und dann nur noch laut schnarchend neben ihr gelegen sei, so daß sie ihn selbst am Morgen nicht wach bekommen hätte und ohne Adieu abgefahren sei.

Bei der dritten Zeile und den nachfolgenden Worten wurden aber Lilo, die ohne Brille rascher als König Fritz mit Brille und Lupe lesen konnte, klar, daß es sich bei dem Schriftstück um nichts anderes handelte als um das Rezept einer Gesichtsmaske, das ihr die Kosmetikerin aus der Kreisstadt geschickt hatte, weil sie von Lilo darum gebeten worden war. Diese Entdeckung bedeutete das Ende der Beichte und nach langem Gelächter der beiden zugleich den Anfang jener Sünde, durch die den vorausgegangenen Sünden unter Ehepartnern Absolution zuteil wird.

Nach solchen Aufheiterungen verfiel das eheliche Leben von König Fritz jedoch immer wieder der Zweigleisigkeit, und für König Fritz häuften sich die Nächte, in denen er allein war und entweder deshalb nach Luft schnappte, weil er sein Elend vermißte, oder in denen er aber nach Luft schnappte, weil er mit seinem Elend zusammen war und immer weniger mit ihm fertig wurde. Die Statue seines Elends hatte in beiderseitigem Einvernehmen ihren Dauerplatz in einer Ecke der Eingangshalle gefunden, und weil sie dort so allein ohne Pendant stand, war es Lilo eines Tages in den Sinn gekommen, eine Statue von König Fritz bei Praxiteles in Auftrag zu geben. König Fritz hatte allerdings zu dieser Zeit schon den Geschmack an steinernen Apotheosen verloren, fügte sich jedoch und fuhr in Abständen auf die Schwäbische Alb zu Praxiteles, der einen besonders großen Marmorklotz mit Spezialfahrzeugen in seinen Garten befördern ließ, was allein schon über zweitausend Mark kostete. Mit der groben Vorausformung des dickleibigen Körpers hämmerte sich Praxiteles eine Sehnenscheidenentzündung der Handgelenke an, die ihn zu monatelanger Pause zwang. Das widrige Geschick von König Fritz schien sich jedenfalls auch auf die Fertigung seiner Statue zu übertragen, mit der es einfach nicht voranging.

Als ich eines Morgens von Lilo ins Haus gerufen wurde, lag König Fritz tot im Bett. Ein Herzinfarkt hatte ihn in wenigen Minuten entrückt. Unter gleichem Pomp, wie er gelebt hatte, zog er aus seinem geräumigen Bungalow in die kleine Eigentumswohnung um, die wir am Ende alle bewohnen.

Die Eyltinger verziehen ihm seine menschlichen Schwächen und bereiteten ihm eine Leich, die seine letzten Jahre vergessen und all' seine Wohltätigkeit noch einmal aufleuchten ließ, als sie, nach Vereinen geordnet, zum Gottesacker strömten und die Musikkapelle mit ihren Jammermelodien selbst Spöttern den Ernst des Todes nahebrachte.

Nun hatten sich fünf Stammtischbrüder von König Fritz schon eine Stunde vor dem letzten Gang im »Rössle« zusammengefunden; ein riesiger, schwerer Kranz mit Schleife war auch dabei und diente den Fünfen als Vorwand, sich stärken zu müssen. »Dr Fritz wird uns no oft fehle«, philosophierte der müde Emil nach dem ersten Schluck.

»Rasch fällt der Tod den Menschen an«, zitierte der alte Lobusch, ehemaliger Gemeinderat, worauf der Feuermelder,

der so hieß, weil er ein Rothaariger war, witzelte: »Wenn er bloß des Menschle a'gfalle hätt'!«

Als sie ihr erstes Viertele vollends leertranken, fiel es Karl Auguscht, dem Goliath von Eyltingen, ein, daß sie alle miteinander von nun an ihre Viertele selber zahlen müßten. Und sie sagten alle, einer nach dem anderen: »Mr werdet's no guat merke, daß unser König Fritz nemme do isch.« Dann beschlossen sie, daß heute jeder eine Runde ausgeben müsse, ausgenommen der Feuermelder, weil der den Kranz niederlegen und ein Lebewohl am Grab sprechen und sich daher auf ein oder höchstens zwei Viertele zurückhalten müsse. Als sie zwei Viertele im »Rössle« hinter sich hatten, machten sie sich auf, um eine Station ihrer Leidensbahn mit dem schweren Kranz näher an den Friedhof zu kommen, damit der Weg nicht zu beschwerlich würde. Die nächste Station war der »Adler«. Die übernächste Station war der »Hirsch«. Hier hatten sie schon sechs Viertele und beinahe jene Gaude erreicht, die König Fritz am Stammtisch so geschätzt hatte und die es zu bewahren galt. Der Feuermelder, der immer nervöser wurde, je näher sein Auftritt am Grabe rückte, und der nur wenig getrunken hatte, forderte die Runde, als der Leichenzug am »Hirsch« vorbeikam und die Musik einsetzte, auf, nun im Trauerzug mitzugehen. Aber die anderen meinten, das hätte noch Zeit, denn »bis die g'sunge und g'schwätzt hent, send mir au dort«. Der Feuermelder sprang jedoch auf und meinte: »Einer sott wenigschtens mitdappe.« Damit waren die anderen einig, und so reihte sich der Feuermelder in den Trauerzug ein, nachdem die anderen vier versprochen hatten, den Kranz nachzubringen. Als die vier aber die letzte »Tankstelle«, das »Lamm«, erreichten, war die Zeremonie auf dem Friedhof schon im Gang. Der Feuermelder wurde immer unruhiger, weil seine Stammtischbrüder nicht erschienen und die Kranzniederlegungen und Grabreden schon begonnen hatten. Und sie kamen immer noch nicht, als er die letzte Chance zu sprechen wahrnehmen mußte. Er trat vor und stotterte: »Liebe Leidtragende! Wir Stammtischbrüder von dir, lieber König Fritz, nehmen Abschied im ›Rössle‹ ...« Da bemerkte er seinen Lapsus und verbesserte: »Wir Stammtischbrüder vom ›Rössle‹ nehmen Abschied in Trauer von dir. Du wirst uns unvergeßlich sein. Ruhe sanft.« Aber da nun der Kranz mit den anderen immer noch nicht da war und da und dort getuschelt wurde, sagte er in seiner Aufregung: »Unser letzter schwerer Gruß wird dich später noch erreichen.« Dann verdrückte er sich vor Wut und Scham und schlich vorzeitig weg.

Im »Lamm« hatten die vier inzwischen beschlossen, erst zum Friedhof zu gehen, wenn die anderen wieder weg seien. Das würde besser und vor allem nach stillem, persönlichem Abschied aussehen. Und so torkelten sie erst am Abend ans Grab, weinten bitterlich und legten ihren Riesenkranz, den der Herkules Karl Auguscht alleine geschleppt hatte, auf die anderen Kränze obenauf, damit man es auch sehen könnte.

Abends rief es bei mir an, ich solle doch an den Friedhofseingang kommen, dort liege der Karl Auguscht, und man wisse nicht, was mit ihm sei. Ich fand ihn im Graben am Straßenrand liegen und schnarchen. Als ich ihn ansprach und fragte, was denn sei, meinte er gähnend: »Mir isch 's seit dr Leich' net ganz einerlei ... Aber lasset Se mi no liege, bis mei Natur wieder schafft ...«

Als dem Karl Auguscht seine Natur längst wieder schaffte und die Auseinandersetzungen um das Erbe von König Fritz zwischen der Witwe und den Kindern aus erster Ehe in vollem Gange waren und dem Dorf neuen Gesprächsstoff lieferten, wurde die Luderlilli zu Praxiteles auf die Schwäbische Alb geladen, um über das Schicksal der angefangenen Statue von König Fritz zu entscheiden. Rechtlich war der Auftrag für Praxiteles gesichert, aber im Hinblick auf die bereits in Gang befindliche Auflösung des Haushalts und den Verkauf der Residenz von König Fritz wegen Wegzuges der Luderlilli ins Rheinland war Praxiteles zu einem Kompromiß bereit. Als die beiden im Garten des Praxiteles vor dem riesigen Steinklotz standen, der die auf dem Rücken liegende Figur von König Fritz in Umrissen besonders an dem sich aufbukkelnden Bauch erkennen ließ und Praxiteles fragte, wie er weiter damit verfahren solle, sagte die Luderlilli schnodderig: »Sachen Se mir, wat Se kriechen, und dann machen Se mit det Kamel, wat Se wollen.«

Als die Luderlilli dann die Villa in Eyltingen verkauft und mit den Kindern aus König Fritzens erster Ehe gerichtlich geteilt hatte und samt ihrer Statue verschwand, weinte ihr niemand nach. König Fritz aber wurde ein warnendes Beispiel für die Folgen von Maßlosigkeit in Verbindung mit einem schlechten Frauenzimmer, auch ein Beweis für die Wahrheit des Sprichworts von Glück und Glas, das in der Eyltinger Version lautete: »Geld und Suff und Weib zerstören Seel und Leib.« Damit war König Fritz eine legendäre Gestalt, die es verdient hätte, von Praxiteles auf Gemeindekosten in Stein gehauen zu werden.

Das Altenheim im Alten Schloß

Humor verschafft uns Halt, wenn die Drehung der Erde uns schwindelig macht.

Die Pflege von siechen und alten Menschen war in der Geschichte des Abendlandes stets der praktischen Übung christlicher Nächstenliebe und der Bereitschaft zum Dienen verbunden. Christliche Frömmigkeit des Mittelalters schuf Spitäler und Asyle für die von der Gesellschaft Ausgestoßenen als Werke der Barmherzigkeit in einer Welt, die zwar politisch-konfessionell, aber keineswegs im sozialen Bereich christianisiert war. Was die bis in die Neuzeit wirksame christliche Staatsgewalt der privaten konfessionellen Initiative überließ und was daraus an respektablen sozialen Einrichtungen frei praktizierter christlicher Liebe für die in Not und Krankheit geratenen, vorwiegend alten Menschen geleistet wurde, versucht der moderne Sozialstaat mit gesetzlichen Mitteln und Staatsgeldern zu einer organisierten Sozialhilfe auszubauen. Aber das Fatale der sozialen Stellung kranker und alter Menschen und die Abkehr und Distanz der Tüchtigen und Gesunden von diesen »Fußkranken« der Gesellschaft hat sich nicht geändert. Der Sozialismus, der die christlich-mittelalterliche Lebensordnung ablösen will, hat sich bereits verwissenschaftlicht und ähnlich wie das Christentum in Bekenntnisstreitigkeiten verwickelt, bevor es ihm gelang, seine neuformulierten humanistischen Ideale ins Bewußtsein der Menschen zu bringen und das Selbstverständnis des Menschen so zu verändern, daß er in die Verpflichtung neuer ethischer Bindungen gelangt wäre. Die »Befreiung der Massen« von Zwängen bürgerlicher und christlicher Moral und die unablässige Beeinflussung in Richtung Anspruch ohne Abstufung durch Leistung hat in unserer gemischt kapitalistisch-sozialistischen Gesellschaft zu einer tiefwurzelnden Unsicherheit des einzelnen in seiner Haltung gegenüber der Gesellschaft und dem sozialen Engagement geführt. Hilf- und Liebesdienste genießen kein ausreichendes Ansehen mehr, und der nur zum Anspruch auf Verdienst und Freizeit sowie hedonistischer Teilnahme an der Konsumgesellschaft erzogene Mensch unserer Tage sieht zwangsläufig in jedem freiwilligen Einsatz für soziale Aufgaben und im Opfer persönlicher Ansprüche eine Torheit, die man gerne Idealisten überläßt. Neben dem rapiden Personalmangel in allen Dienstleistungsbetrieben, insbesondere in den Krankenhäusern, ist dadurch auch die Versorgung der alten und pflegebedürftigen Menschen in den Alten- und Pflegeheimen zu einem kaum noch lösbaren Problem geworden. Das sozialstaatliche Rezept gegenüber solcher Schwierigkeit – bessere Bezahlung und Schichtarbeit des Pflegepersonals – ist eine zwar notwendige, aber an der Oberfläche bleibende Maßnahme. Die Erziehung zur Freude an sozialdienstlicher Betätigung und die Vermittlung der Voraussetzungen, sein Leben im Dienste an kranken und alten, pflegebedürftigen Menschen einer inneren Erfüllung entgegenzuführen, fehlt bislang in allen sozial- und erziehungspolitischen Konzepten unserer Parteien und Regierungen. Der von einsichtigen Ärzten schon lange geforderte soziale Pflichtdienst für Mädchen – Korrelat zum Militärdienst der jungen Männer – als Begegnung mit den Aufgaben der Sozialhilfe ist ohne Beachtung geblieben. Was Wunder, wenn sich also jeder vor dem Altwerden und den Folgen des Alters fürchtet und wenn diese Unausweichlichkeiten des Lebens krampfhaft und oft geradezu lächerlich verdrängt oder unterdrückt werden.

Was ich zu diesem Thema aus Eyltingen berichten kann, ist so mittelalterlich und zugleich so modern wie in großen städtischen Gemeinwesen, die sich etwas auf Neubauten von Altenheimen einbilden und in der Betreuung der Heimleute doch im Prinzip keinen wesentlichen Schritt weitergekommen sind.

Im alten Schlößchen hier, wo sich einst niederer Landadel einen bescheidenen Herrensitz geschaffen hatte, fand die Endstufe des Lebens durch kirchliche Stiftung ein bescheidenes Asyl. Eine bedrückende Parallele drängt sich auf: Alte Schlösser, mit denen die moderne Gesellschaft nichts Rechtes mehr anzufangen weiß, besonders wenn es um hohe Kosten für die Renovierung geht, und alte, gebrechliche Menschen, mit denen unsere Leistungsgesellschaft ebenfalls nichts anzufangen weiß, werden in symbolischem Bezug miteinander verbunden. Gegenüber beiden fühlt sich unser Gewissen verpflichtet, sie nicht verkommen zu lassen. Die unterschwellige Vorstellung des Feudalen, die Schlössern nun einmal anhaftet, wenn sie auch verlottert und ohne sanitäre Einrichtungen eher Mitleid als Begehrlichkeit erwecken, ein vermeintlich gehobener sozialer Status dessen, der ein Schloßbewohner wird, das in etwa dürfte erklären, warum sich alte Schlösser so großer Beliebtheit für den Ausbau zu Altenheimen erfreuen.

Im alten Schloß also alte, körperlich und in ihrer Persönlichkeit meist stark abgebaute Menschen, in Gruppen von mehreren in großen, mühsam beheizten Räumen, so gut wie möglich von zu wenigen Diakonissen betreut, viele bettlägerig und total auf die Versorgung durch die Schwestern angewiesen, andere noch leidlich beweglich und zur Selbstversorgung in gewissem Umfang fähig, bei schönem Wetter draußen auf Bänken im Schloßgarten. – Einerlei gemeinschaftlicher Verpflegung. Zwischen Anpassung und Auflehnung tief nistende Traurigkeit. Menschen, die es zu kalt, zu warm, zu einsam, zu laut, zu gemeinsam, einfach immer »zu« finden. Ganze Bündel von Überempfindlichkeiten, Idiosynkrasien. Karussell des Verfalls mit grauen Pferden, auf frommen Zuspruch montiert. Im Zimmer der »Oberin« wie ein knallender moralischer Furz die Mahnung: »Wer den Menschen in sich tötet, wird zum Mörder.«

Vorbei die Zeit, in der die Alten von den Jungen in der Großfamilie vereint und mitversorgt wurden. Leibdinghäuser wurden zu Geräteschuppen. Den Jungen blieb nichts als ein schlechtes Gewissen, das sie zu Besuchen und gelegentlichen Spenden treibt. Scheu und flüchtig betritt man die Endstation im Schloß, die eingleisig mit dem Gottesacker verbindet.

Zugegeben, auch der Arzt und die Schwester, die dem Verfall mit wissenschaftlichem und menschlichem Verständnis hohen Grades zu begegnen versuchen, haben es schwer, an den Ufern des Styx mit der Bedrückung fertig zu werden. Die Schrecken körperlichen Verfalls und seelischen Unvermögens gegenüber den Reflexionen auf angesammelte Lebenserfahrungen, die unablässige Reibung an der Monotonie des Daseins, dessen Unvollkommenheit und Endlichkeit täglich vor Augen steht, das alles verschleißt seelische Kraft, die der alte Mensch meist nicht mehr besitzt und auch Arzt und Schwester in der Erlebnisgebundenheit ihres Dienstes nur schwer zu ersetzen vermögen. So darf es nicht wundern, wenn alte Menschen in eine negative Erwartungshaltung geraten, aus der sie Zuspruch von außen her nicht herauszulösen vermag, während der Arzt und die Schwestern sich an jedes Quentchen Humor klammern, das sich manchen Situationen abtrotzen läßt.

Da leben zum Beispiel zwei Frauen in gereizter, feindseliger Grundstimmung in einem Zimmer. Argwöhnisch schätzen sie die Essensportionen gegenseitig ab, zählen jedes Stückchen Wurst oder Fleisch im Gulasch und wittern beim geringsten Unterschied eine Bevorzugung der anderen. Die eine von beiden besitzt eine schöne, wertvolle alte Weckeruhr, die auf ihrem Nachttisch steht. Doch es fällt den Schwestern und mir bei der Visite auf, daß die Frau ihre Uhr immer mitnimmt, wenn sie die Toilette aufsucht. Auf meine erstaunte Frage, warum sie das denn tue, ob sie etwa die Zeit ihres Aufenthaltes dort bestimmen wolle, antwortete sie mit giftigem Blick auf ihre Zimmergenossin: »Wenn ich drauße ben, braucht dui da net auf mei Uhr gucke!«

Eine beklagenswerte, wegen Gebärmutterkrebs operierte und bestrahlte Frau, bei der es zu einer Fistel von der Blase in den Mastdarm gekommen war, verteidigte unbeeinflußbar ihre Ansicht, man hätte sie am Darm operiert und »falsch angeschlossen«. Und deshalb seien die Ärzte schuld, daß bei ihr »'s Brunze hinte naus geht«.

Eine altersschwachsinnige Frau, die an Blasenschwäche litt, brachte bei jeder Visite ihre Befürchtung vor: »Ich glaub halt, daß i au a Proschtata han wie dr Schleifers Jakob, wo dra g'schtorbe isch. Und Sie saget mir's net, Herr Dokter ...«

Bei so drolligen Aussprüchen mischt sich wenigstens für den Arzt und die Schwester ein Lachen in die Traurigkeit.

Als ich einmal einen aus Sachsen stammenden alten Mann wegen einer Narbe am Kopf fragte, was denn da gewesen sei, meinte er: »Das war ein Tumor, Herr Dokter, aber keen unart'ger, sonder gottlob en gutmietger.« Der gleiche Mann war auch passionierter Zigarrenraucher und verkörperte den Typ des philosophierenden Graukopfs. Auf meine Frage, was er denn am Rauchen finde, erklärte er mir tiefgründig: »Ich weeß nich, Herr Dokter. Aber vielleicht is Rauchen deshalb so faszinierend, weil wir dabei erleben, daß durch unseren Atem Materie bewegt wird.« Freilich verunglückte dieser letzten Endes doch halbgebildete Philosoph dann, wenn er wissenschaftliche Ausdrücke in Gebrauch nahm. So wollte er einmal scherzhaft sagen, er sei wahrscheinlich »infantil retardiert«, und verformulierte diesen Ausdruck in »elephantisch retuschiert«.

Aber so drollige Veränderungen medizinischer Ausdrücke gehören ja zum Alltag der Praxis, und wer merkt sie sich schon immer. Nur die Geschichte vom alten Schäfer August soll dem Vergessen entrissen sein.

Der August war Schäfer sein Lebtag lang. Mit sechzig Jahren erkrankte er an einer Lungenentzündung und kam dann vom Krankenhaus, da er alleinstehend und unversorgt war, in unser Altenpflegeheim im Schloß zur Nachkur und eventuellen Asylierung. Aber er erholte sich erstaunlich gut und drängte nach einer neuen Arbeit. Das Schafhüten wollte er nicht mehr beginnen, denn es hatte ihn arm gemacht. Schließlich bewarb er sich in der Automobilfabrik der nahegelegenen Stadt. Dort wurde er dem Betriebsarzt vorgestellt, der ihn erst einmal fragte, ob er sich denn in seinem Alter und nachdem er vierzig Jahre Schafe gehütet habe, noch zutrauen könne, im Schichtbetrieb am Band zu stehen. Da meinte der August im Brustton tiefer Überzeugung: »Also Herr Dokter, i tu, was mr do kann, und mehr als des do, was mr do kann, kann au a anderer net do.« Aber trotz dieser bestechenden Logik ging's mit der Fabrikarbeit nicht, so daß der Schäfer August wieder ins Altenheim zurückkam, wo er sich dann in der Gartenpflege mit Ausdauer und Erfolg nützlich machte.

Humor verschafft uns Halt, wenn die Drehung der Erde uns schwindelig macht. Unser Hunger nach einem Lächeln will überall zu seiner Zeit gestillt sein, und nirgends fühlen wir uns hungriger als in der Region des Traurigen, und sei's im Altenheim im alten Schloß.

Tango im Altenheim

War meine Idee, ein Kostümfest mit Tanz für unsere Alten im Schloß zu veranstalten, nichts als ein etwas frivoler Einfall, oder steckten Neugier und Lust zu einem Experiment dahinter? Ich weiß es nicht mehr. Zunächst war die Heimleiterin, eine frommherzige, gebildete Dame um fünfzig, jedenfalls leicht schockiert, als ich ihr vorschwärmte, es könnte doch enormen seelischen Aufschwung verschaffen, wenn wir die noch rüstigen Alten ein Fest im Schloß in Kostümen von Rittern und Edelfrauen feiern ließen und uns selbst daran beteiligten.

»Also Doktor«, meinte sie, »jetzt geht aber die Phantasie mit Ihnen durch!«

»Richtig, Frau Oberin«, entgegnete ich ihr, die alle Oberin nannten, obwohl sie keine Ordensfrau war, »erst geht die Phantasie mit uns und dann mit unseren Alten durch. Wenn Sie die Fürstin spielen und ich den Fürsten, so kann nichts schiefgehen. Wir beide übernehmen die Regie.«

Dieser Vorschlag stimmte die Heimleiterin, die phantasiebegabt war und mit der ich mich sehr gut verstand, etwas zugänglicher.

»Aber was wird man in der Öffentlichkeit sagen«, äußerte sie ihre Bedenken, »wie sollen wir Pfarrer Nebele so etwas nahebringen?«

»Mit Pfarrer Nebele werde ich darüber sprechen«, versicherte ich. »Der Pfarrer ist nicht nur ein gescheiter Mann, er besitzt auch gezügelte Lebenslust und Humor.«

»Also, wir wollen das noch einmal überschlafen, Doktor«, meinte die Heimleiterin kompromißbereit.

Meine Unterredung mit Pfarrer Nebele einige Tage später war schwierig, weil ich seine Einwände gegen mein geplantes Fest ja selbst viel zu gut verstehen konnte und vor allem ja noch gar nicht wußte, ob die Insassen des Altenheims meinen Vorschlag annehmen und mitmachen würden. Als ich aber im Gespräch mit dem Pfarrer von der Mündigkeit und Selbstverantwortung eines freien Christenmenschen sprach und zu bedenken gab, daß doch ältere Menschen um die Torheiten des Lebens wüßten und sich – biologisch gesehen – ohnehin nur noch in einem »Schrebergärtchen der Lust« zu betätigen vermöchten, meinte Pfarrer Nebele schmunzelnd: »Ihre Begründung klingt mir ein wenig apologetisch, aber sie hat trotzdem Logik. Wir müssen allerdings zu einer positiven Formulierung finden, die auf das Ziel der Fröhlichkeit des Christen abhebt. Sie wissen ja, wie sehr ich Ihren mitunter derben Humor schätze und daß ich vor einem Spaß nicht zurückschrecke, wenn es gilt, eine Brücke über das Jammertal des Lebens zu schlagen. Mit einigen pietistischen Kirchengemeinderäten hab' ich's da immer etwas schwer. Aber ich werde mit der Heimleiterin sprechen und meine Zustimmung geben.«

Als ich eine Woche später die Heimleiterin besuchte, traf ich sie in aufgeräumter Stimmung. Sie wußte zu berichten, daß sie Pfarrer Nebele und den Mädchenbibelkreis verpflichtet habe, sich an dem Kostümfest zu beteiligen, weil sie und die Pflegeschwestern sonst auch nicht mitgemacht hätten.

Nun entwickelten wir mit zunehmendem Eifer Vorstellungen darüber, wie dieses Kostümfest ablaufen müsse.

Wir beide, ich als Fürst und sie als Fürstin, hätten die Aufgabe, kraft unseres Titels im Spiel darüber zu wachen, daß es sittsam und dem Herrn wohlgefällig zugehe. Die Pflegeschwestern seien mit Ausnahme der einfältigen Eugenie, die den Dienst an der Pforte übernehme, bereit, in der Rolle von Hofdamen mitzumachen. In dieser Rolle sei die Wahrung ihrer Würde gewährleistet.

Ei, wie sie plötzlich glühte vor Phantasie, meine hagere, bis ins Klimakterium temperamentvoll gebliebene Heimleiterin, als sie ihre Vorstellungen vom Fest entwickelte! Eine fast hektische Rötung der Wangen zeigte ihren Elan und verlieh ihrem scharfgeschnittenen Gesicht ausstrahlende Vitalität. Sie glich einem weiblichen Calvin.

Wir beide würden als Fürst und Fürstin die Polonaise anführen, erklärte sie, und faßte demonstrativ meine Hand, um sie artig wie zum Tanz zu heben. Zwei große Sessel auf einem Podest würden die Throne darstellen. Im Saal seien die Stühle für unsere Edlen und Burgfräulein in großem Rund zu gruppieren, die Mitte des Saales bleibe frei für Tanz und Darbietungen. In einer Ecke finde die Kapelle Platz, in Kostümen der Barockzeit: Dagobert Rübe, der Musiklehrer, und seine Schüler hätten bereits ihre Mitwirkung zugesagt. Bald schon würden die Musikanten zur Einstudierung von Menuett und Gavotte ins Schloß kommen. Pfarrer Nebele habe zwar gegen ihren Vorschlag, in der Rolle des Hofzeremonienmeisters zusammen mit dem Mädchenbibelkreis als Pagen an dem Fest teilzunehmen, erst Bedenken geäußert, sei aber schließlich einverstanden gewesen.

So aufgetaut und losgelassen, geradezu frivol hatte ich die »Oberin« noch nie erlebt. Jedenfalls wußte ich die Dinge gut in ihrer Hand.

In den folgenden Wochen liefen die Vorbereitungen für das historische Fest im Schloß in sich steigernder Vehemenz dem großen Ereignis entgegen. Kostüme wurden genäht und in der Stadt geliehen. Dagobert Rübe und seine Schüler übten mit der Schar von rüstigen alten Damen und Herren die Tanzschritte zu alter höfischer Musik, und Pfarrer Nebele studierte mit den Mädchen vom Bibelkreis höfisches Zeremoniell ein. Eine Anzahl gebildeter alter Herren brütete über Versen und Gedichten, um einen Dichterwettstreit ähnlich dem Sängerkrieg auf der Wartburg zu veranstalten. Das Altenheim glich zu dieser Zeit einem Bienenkorb, und das Fest war Thema aller Gespräche. Viele Bettlägerige bedauerten es, daß sie nicht mitmachen konnten.

Endlich war es soweit. Im ehemaligen Rittersaal erstrahlte festliches Licht, das sogar den abgestumpften Farben der düsteren Ölschinken an den Wänden ein Leuchten verlieh. Szenen aus dem Türkenkrieg, in denen einer der früheren Schloßherren vor Peter Wardein militärischen Ruhm erlangte, ferner Adelsherren mit fleischigen Gesichtern, die den Schlagfuß verhießen, säumten die Wände. Über dem Eingang ein riesiges Kruzifix, Spätbarock. In der Mitte der einen langen Seite das Podest mit den Thronsesseln. Entlang den übrigen Wänden auf Stühlen und in Rollstühlen die behinderten Alten, in der Saalmitte die Tanzfläche, umrahmt von Stühlen für die kostümierten Edelleute und Hofdamen, in einer Ecke neben dem Eingang Notenständer und ein Cembalo für die Musikanten.

An der Spitze seiner höfisch gekleideten Musikanten schritt Dagobert Rübe, den wir bereits kennen, als erster in den Saal, laut beklatscht vom Altenpublikum. Mit seinem knochigen Gesicht und seiner ausgezehrten Gestalt glich er einem nach jahrhundertelangem Schlaf aus der Gruft auferstandenen Höfling des Sonnenkönigs.

Nach einer Einleitung auf dem Cembalo durch Dagobert

Rübe spielte das Kammerorchester das altbekannte Menuett von Boccherini, und nun kamen unsere Alten paarweise als Edelleute im Tanzschritt in den Saal, einige mit gekonnt galanten Schritten und Bewegungen, andere bar jeder Grazie und befangen, einige tölpelhaft und stolpernd. Ein ganz besonders korpulenter, ungelenker Mann, der schon nach wenigen Schritten vor Aufregung schwitzte, trat seiner Dame, just als diese sich drehte, auf den langen Rock, so daß der Überrock zu Boden gezogen wurde und die barocke Oma im Unterrock dastand. Die Zuschauer wurden so von Lachen geschüttelt, daß einer alten Frau im Rollstuhl das Gebiß aus dem Mund fiel und auf dem Steinboden zersprang. Die unterröckige Oma eilte mit hochrotem Kopf aus dem Saal, und ihr ungeschickter Partner schnaufte schweißgebadet hinter ihr drein. Aber ansonsten klappte es mit dem Menuett recht gut. Mit viel Beifall bedacht, nahmen die adligen Tänzer schließlich Platz.

Jetzt ertönte die Wassermusik von Händel, und Pfarrer Nebele als Zeremonienmeister in schmuckem Rock, allerdings etwas zu enger Hose, schritt gravitätisch in den Saal, gefolgt von seinen überwiegend vollbusigen weiblichen Pagen, den Mädchen vom Bibelkreis. Trotz der feierlichen Musik vermittelte dieser Aufzug das Bild von einem stolzen Gockel, der einer Schar von Junghennen voranschreitet. Die Pagen bildeten nun ein Spalier zum Thronpodest, und nach Beendigung der Musik schritt der Zeremonienmeister zum Eingang zurück und verkündete nach dreimaligem Aufstoßen seines Zeremonienstabes:

»Der Fürst!«

Die Türflügel wurden aufgestoßen, und in langen Roben schritt das Fürstenpaar zum Thron, die Oberin an meiner Seite als Fürstin mit imitiertem Diadem im Haar und glitzerndem Schleppenkleid, ich mit schwarzem Samtbarett und langem Bart. Zwei Pagenmädchen trugen die Schleppe der Fürstin. Uns folgten die trefflich als Hofdamen verkleideten Schwestern. Unter Beifall ertönte die Musik. Meine Fürstin strahlte. Sie verkörperte wirklich eine Majestät. Mit geschminkten Lippen (!), nachgezogenen Augenbrauen und gepudertem Gesicht besaß sie bei ihrer hohen, schlanken Gestalt zweifellos jenen Charme einer reifen Frau, der auf gesetzte Männer anziehend wirkt. Da sie zudem gebildet, feinfühlig und in der Rede schlagfertig war, hatte sie das Flair einer Dame, mit der zu flirten zumindest ein geistiges Amüsement versprach. So bereitete es mir Vergnügen, ihr mit höfischer Galanterie zu begegnen.

Beim Vorbeischreiten an unseren Alten hörten wir einige lustige Bemerkungen. Ein alter Spötter sagte leise, aber hörbar: »Wenn d'Fürschtin no a bissele meh Herz und a weniger scharfe Nas' hätt', wär se fascht sexy!«

Eine alte Dame aus Ostpreußen, die noch die Kaiserzeit in Erinnerung hatte, begeisterte sich zu ihrer Nachbarin: »Ganz wie zu Kaiser Wilhelms Zeiten! Ist das nicht schön? Ach, wenn wir nur wieder Fürsten und Grafen hätten!«

Ein altes Weible flüsterte zu ihrer Nachbarin: »So en schöne Bart wie der Herr Dokter hot mei Albert, wo Förschter war, au ein ghet!«

Als wir zu Thron saßen, fand eine Gavotte statt, bei der das Publikum in der Rolle des Preisgerichts den besten Tänzer und die beste Tänzerin unter den Edelleuten wählen mußte. Zuvor aber trat der Hofnarr, ein origineller, witziger buckliger Alter, ehemals Kirchendiener, jetzt im Kostüm eines Till Eulenspiegel, vor den Thron und fragte mit Fistelstimme: »Erlauben Durchlauchtigkeiten eine Frage: Soll i wege der Gaudi den INRI von der Wand abhängen, weil der so traurig guckt?«

Die Fürstin, der ich die Entscheidung überließ, antwortete: »Alle Fröhlichkeit des Herzens ist Gott gefällig. Wir feiern heute ein Fest, das unsere Herzen und Sinne zum Lobe des Herrn mit Fröhlichkeit erfüllen soll.«

Der Hofnarr konnte es aber nicht lassen, die Bemerkung anzufügen: »I mein' au, daß des nix macht. Schließlich guckt der INRI ja au net in de Saal, sondern uf da Boda, ond der isch sauber.«

Pfarrer Nebele klopfte als Zeremonienmeister mit seinem Stab auf den Boden: »Die Fürstin hat entschieden.« – Beifällig verneigte er sich vor ihr und gab damit auch seinen pastoralen Segen. Bei der tiefen Verbeugung riß ihm jedoch die hintere Naht seiner zu engen Hose. Gefolgt von einem hübschen Pagenmädchen, stahl er sich daher aus dem Saal, um sich den hinteren Schlitz in der Hose mit Nadel und Faden schließen zu lassen. Zum Glück bemerkten es nur wenige, da nun die Gavotte getanzt wurde und alle ihr Augenmerk auf die Tanzpaare lenkten. Nur die Fürstin mußte ein Lachen zurückhalten und flüsterte mir hinter ihrem Fächer in frivoler Laune zu: »Der Pfarrer hat die heilige Zweieinigkeit unterhalb seinem Kreuz zu stark werden lassen. Und das ist weder Gott noch den Menschen gefällig!«

Soviel Humor und Frivolität hätte ich meiner Fürstin-Oberin nie zugetraut. Gleich darauf konnte ich mich aber mit einer kaum weniger deftigen Frivolität revanchieren. Als sie bei Betrachtung der die Gavotte tanzenden Edelleute meinte, alte Weiber würden doch in langen Röcken appetitlicher als in Miniröcken aussehen, pflichtete ich ihr mit der Bemerkung bei: »Ganz Ihrer Meinung, Durchlaucht. Für einen Mann von Lebensart gab es noch nie etwas Peinlicheres, als entweder die Augen niederschlagen oder alten Weibern unter den Rock sehen zu müssen.«

Unterdessen zeichnete sich bei der Gavotte ziemlich eindeutig ab, daß Herr von Podewils, ein alleinstehender adeliger Herr, der im Osten Besitz und Heimat verloren hatte und vorzeitig zur Versorgung ins Altenheim eingezogen war, der geschmeidigste, graziöseste und galanteste Tänzer war. Bei den Damen hob sich durch Charme und Haltung Frau Leitmeritz, eine aus Schlesien stammende pensionierte Lehrerin, ab. Als der Tanz beendet und der um die Reparierung seines Hosenbodens besorgte Zeremonienmeister noch nicht anwesend war, ließ ich den Hofnarren die Abzählung der Stimmen zur Kür des besten Tänzers und der besten Tänzerin vornehmen.

Der Hofnarr wandte sich an die Zuschauer: »Därf ich jetzt bitte, mir auf a Zettele zu schreibe, wer nach Ihrer Ansicht sei Fiedle am beschte g'schwenkt und s'Händle am zarteschte g'halte hat?« Dann ging er ins Publikum, sammelte die vorbereiteten Zettel ein und zog sich zur Zählung zurück.

Inzwischen trat Herr Bär, ein altgewordener, aber irgendwie charmant gebliebener Beau, früher Masseur und in vielerlei brotlosen Künsten bewandert, in die Saalmitte, um seinen Tenor vorzuführen. Er schmetterte »Freunde, das Leben ist lebenswert …«, setzte aber zu tief an und mußte dann noch einmal von vorn beginnen, wobei er jedoch die Pose des überlegenen Maestro beizubehalten vermochte und das Malheur auf die falsche Anstimmung des Cembalos bezog.

Während Herr Bär nach den höchsten Tönen in seiner Arie rang, kam der Zeremonienmeister wieder in den Saal zurück. Die Fürstin hob ihr Lorgnon, um ihn zu inspizieren. Die Hosennaht stimmte zwar, aber die Hose war ums Bekken herum durch die neu gefaßte Naht noch enger geworden, so daß das alte Leiden des Zeremonienmeisters in peinlicher Plastizität zutage trat. Bestürzt ließ die Fürstin ihr Lorgnon sinken und schüttelte den Kopf. Dann flüsterte sie mir zu: »Wollen Durchlaucht unserem Zeremonienmeister nicht zu gebührlicher Bedeckung durch den Umhang des Fürsten verhelfen?«

»Ein trefflicher Gedanke, edle Fürstin, fügt ein festes Glied in die brüchige Kette der Ereignisse«, pflichtete ich bei und ging zu unserem unsicher um sich blickenden Zeremonienmeister. Während des lauten Beifalls für Tenor Bär legte ich dem Zeremonienmeister meinen Mantel um.

Nun war die Reihe an mir, den Dichterwettstreit zu eröffnen, bei dem die am meisten applaudierten Verse prämiert werden sollten. Teilnahmeberechtigt waren alle Ritter und Edelfrauen. Auf einem Tisch waren Preise aufgereiht. Firmen und Einzelpersonen hatten eine Reihe von Preisen gestiftet, von denen eine schöne alte Zinnbettflasche zum ersten Preis bestimmt wurde. Außerdem hatte die Gärtnerei einen Lorbeerkranz aus echten Lorbeerblättern gefertigt, der demjenigen aufgesetzt werden sollte, der aus dem Stegreif als Schnellpoet auf wenigstens fünf zugerufene Worte sofort einen Reim zu finden wußte.

Da sich nur sechs Herren und vier Damen zum Dichterwettstreit gemeldet hatten, war bei den vielen Spenden einem jeden Teilnehmer eine Belohnung sicher. Meine Teilnahme als Fürst erfolgte außerhalb der Konkurrenz.

Vielleicht scheint es vermessen, unter alten Menschen einen Dichterwettstreit veranstalten zu lassen, vor allem deshalb, weil man nicht ganz zu Unrecht eine bildungsmäßige Überforderung befürchten mußte. Aber die große Zustimmung bei einer Vorumfrage und die Meldung von zehn Teilnehmern für den Wettbewerb ließen zumindest auf einen lustigen Verlauf und einige Heiterkeit hoffen. Vom Vierzeiler bis zum Gedicht auf Personen oder Gegenständliches war die Palette der Vorträge angekündigt.

Dagobert Rübe spielte auf dem Cembalo ein Präludium mit Melodien aus den Meistersingern, während der Hofnarr ein Lesepult mit Mikrofon in der Saalmitte aufstellte. Noch bevor ich eine kurze Einleitung in den Wettbewerb geben konnte, las der Hofnarr aus meinem aufgelegten Manuskript in schwäbischem Tonfall:

»So wie einst auf der Wartburg edle Sänger stritten.
Und ihre Verse maßen an den Regeln strenger Sitten ...«

Hier rief der Zeremonienmeister den Hofnarren zur Ordnung und nahm ihm mein Manuskript vom Pult.

Der Hofnarr war aber nicht verlegen und begründete seine Vorausansprache mit der Bemerkung: »Ha no, mr wird au no probiere dürfe, ob des Mikrifon tut! Und außerdem weiß i au a passends Versle für de A'fang:

Daß jeder mir auf sei'm Alleingang acht',
Daß unser INRI überm Eingang wacht!«

Lachen und Beifall begleiteten darauf seinen Rückzug vom Pult.

Nach meiner kurzen Ansprache rief der Zeremonienmeister als erste Konkurrentin Martha Kimmerle, eine nette Frau von siebzig Jahren, ans Pult. Sie trug ein Gedicht auf Blumen im Schloßgarten vor, wobei ihr ein Lispeln zu großem Heiterkeitserfolg verhalf. Ein Vers mag's verdeutlichen:

»O Sarm des Gartens und der Blumenpracht.
Wenn deine Söhnheit ich bei Tag betracht'.
Doch nachts, wenn sich die bunten Blüten sließen.
Läßt Smerz im Slafe Tränen mich vergießen.«

Alle Niedlichkeit auf Erden fand rührend und unfreiwillig komisch formulierten Niederschlag in den Versen, die man von den Damen des Wettbewerbs hörte. Nur Frau Leitmeritz, die ehemalige Lehrerin, eine vielseitig begabte und auch literarisch beschlagene Dame, die ja bereits als beste Tänzerin gekürt war, trug ein beachtliches Prosagedicht vor und schien damit einem Doppelsieg zuzusteuern. Es lautete:

Gedanken am Morgen
Gedanken am Morgen
Spinnen auf Vorrat
Fäden über erdachte Abgründe des Tages,
Knüpfen die Schnur der Ariadne
Für Labyrinthe der Nacht …
Gespinst des Morgens
Bleicht in der Sonne
Und knäuelt sich wirr
Um Laternenpfähle
In den Straßen der Nacht …
Was der Morgen erdacht,
Verschlingt der Tag,
Vergißt die Nacht.

Die männlichen Poeten boten in der Folge etwas mehr Pfeffer, auch unterschied sich ihre Thematik unverkennbar durch größeres Engagement. Drollig und mit viel Beifall bedacht der bizarre Vers eines Majors a. D.:

Wenn – hoppla! – beim Tschingdarabum
Die Bleisoldaten stürzen um,
Dann stelle sie ohne Gebockel
Wieder auf ihren Sockel –
Sonst nehmen sie's krumm!

Herausragend auch die Texte des früheren Schriftsetzers und kleinen Gewerkschaftsfunktionärs Abendrot, der schon immer ein Schreiber war und auch Tagebuch führte. Seine kompromißlosen, revolutionären Ideen wußte er jedenfalls gut zu formulieren, was er mit folgender Lesung unter Beweis stellte:

Wer die dicke Berta
Mit dem Koloß von Rhodos verwechselt,
Ist ungebildet.
Wer den Revolver
Für den Erfinder der Revolution hält,
Ist gemeingefährlich.

Oder sein Manifest zur Revolutionierung der Sprache:

Laßt endlich die Stummen
Mit gebrochenen Silben
Den Computer der Pallas Athene speichern,
Damit ein neuer Wortschatz
Die Inflation der Worte beende
Und das Monopol geölter Zungen zerbricht.

Leider waren für die Mehrzahl der Alten diese Texte zu anspruchsvoll und wohl auch zu ernst, denn es rührte sich erst Beifall, als die Fürstin und ich zu klatschen begannen.

Den Sieg errang schließlich Herr Meckerlein, ein ehemaliger Journalist, der überaus sprachgewandt und heiteren Themen zugewandt war, die er teilweise in Schüttelreimen verfaßte. Seine Verse auf die Einsamkeit eines Witwers führten ihn zum sicheren Sieg des Wettbewerbs. Er »schüttelte« etwas holperig, aber drollig:

Wenn der Rasen einst mein Lieschen deckt
Und sie von unten die Radieschen leckt,
Betröstet mich im Trauerlook
Der Beileidspatscherl lauer Druck.

Unter großem Beifall und Wagnermusik, die mit ihrer Bombastik den Vorgang trefflich persiflierte, überreichte ich dem edlen Ritter Meckerlein den großen Lyrikpreis, die alte Zinnbettflasche, danach allen anderen Dichtern und Dichterinnen Preise verschiedener Art, von einem Vogelbauer bis zu einer Packung Toilettenseife, mit der Martha Kimmerle für ihre Blumen-Ode ausgezeichnet wurde.

Es folgte ein von den Rittern und Edelfrauen artig getanztes Menuett, bei dem wieder Herr von Podewils und Frau Leitmeritz hervorstachen.

Mit der Aufforderung zum Wettstreit der Schnelldichter wurde es schwierig, weil sich keiner der Poeten zu dieser Disziplin melden wollte. Ein jeder, sogar Dichterfürst Meckerlein, hatte einen plausiblen Grund, sich dieser Disziplin zu versagen. Schließlich rief der Hofnarr: »Unser Fürscht schtartet jetzt ohne Konkurrenz! Applaus für den Fürschten!« Die Fürstin hielt beide Daumen und ermunterte mich: »Der Geist wird über Sie kommen!«

»Halten Sie nachher einen Himbeergeist parat!« konnte ich ihr noch zurufen und stand dann in der Saalmitte, um auf zugerufene Wörter eine Strophe aus dem Stegreif zu reimen. Ich spürte einen leichten Druck im Magen, denn nach Möglichkeit wollte ich mich nicht blamieren.

Der Zeremonienmeister erklärte das Spiel, und ich leitete mit fürstlicher Pose, jedoch unruhigem Leib, mit den Versen ein:

Die Worte, die ihr mir nun werdet sagen,
Versuch' ich, rasch in einen Reim zu schlagen.
Die Worte Mensch und Arzt, auch Fürstin
sollt ihr zwar unterdrücken,
Denn darauf wollten Goethe schon und Schiller
keine Verse glücken.
In höchstens zwanzig oder weniger Sekunden,
Obliegt mir's, daß ich einen Reim gefunden.
Wohlan! Das Spiel beginnt, ich laß mich foppen.
Der Hofnarr mag die Zeit mit seinem Wecker stoppen!

Der Hofnarr zog einen riesigen Wecker auf und rief dann behäbig: »Sodele, etzetle, von mir aus ond der Magd aus kann der Fürscht jetzt dicht ond Dichter werde. I werd' ihm sekondiere ond de Wecker rassle lasse, wenn ons zwei nix ei'fällt.«

Schon rief ein altes Weible aus dem Rollstuhl: »Häusle!«

Das war leicht.

»A rechter Schwob, der spart und knabbert a ma
trock'ne Knäusle,
Damit em's langt für's eigne Häusle!«

Lachen und Beifall.

Jetzt aber erste Schwierigkeit mit »Nobelpreis«, das mir unser Dichter Abendrot hinterhältig zurief. Wenige Sekunden, bevor der Wecker schellte, hatte ich einen Einfall:

»Statt braun, zücht' ich den Zobel weiß –
Ich glaub', ich krieg' den Nobelpreis!«

»Zum Ausruhen«, rief mir Dichterfürst Meckerlein zu, »bitte einen Schüttelreim auf die wieder Genesenen!«

Das war allerdings einfach. Ziemlich rasch antwortete ich:

»Ein Hoch auf die Darniedergewesenen
Jetzt Gott sei Dank Wiedergenesenen!«

Drei hätten wir, dachte ich befriedigt. Aber nun meldete sich aus dem Kreis der Hofdamen Schwester Redegundis mit dem Wort »Halleluja!«. Das war verdammt schwer, und erst mit dem Einsetzen des Weckers gab ich ein Zeichen und deklamierte:

»Wenn die Engel singen Halleluja,
Bleibe still und leih' dein Ohr,
Und vor allem rat ich, falle du ja
Nicht mit ein in ihren Chor!«

Ich hatte die Lacher nun auf meiner Seite. Schließlich und fünftens klingelte der Hofnarr erst einmal mit dem Wecker, bevor der Zeremonienmeister wegen mehrerer Zurufe nach Abstimmung entschied, daß ich zum Abschluß einen Vers auf Herrn von Podewils machen sollte, denn einmal war er zum besten Tänzer gekürt, zum andern versprach man sich eine Hürde, an der ich vielleicht scheitern würde.

In vorgeschriebener Zeit hatte ich einen Schüttelreim, der zwar ungenau, aber gängig ausfiel:

»Es trinkt der Herr von Podewils
Vornehm wie ein Woiwode Pils.
In allen Kneipen ist heut Mode Pils
Sogar in Sydney unser Antipode will's.«

Unter tosendem Beifall setzte mir nun der Zeremonienmeister den Lorbeerkranz auf und flüsterte mir zu, ich sei nun wohl verpflichtet, etwas auszugeben. Bevor ich ein paar Worte sprechen konnte, drängte sich der Hofnarr vor und kicherte in den Saal: »Mit dem Lorbeer kann d'Frau Dokter jetz' a ganz Johr lang saure Soß mache!«

Nachdem sich die Heiterkeit gelegt hatte, verkündete ich majestätisch: »Alldieweil es mit Gottes Hülf' meiner fürstlichen Majestät gelingen konnte, den Lorbeer als Dichter zu erringen, verfüge ich, daß die Hofdamen und Pagen nun jedwedem Untertan ein Viertele Haberschlachter kredenzen.«

Nun wurde es lustig. Die Fürstin, die keinen Alkohol trank, meinte allerdings, als sie mit einem Glas Johannisbeersaft mit mir anstieß: »Unter den Scheidungsgründen nach Konfuzius sind auch Trunksucht und schlechte Reden aufgeführt. Euer Schüttelreim, Durchlaucht, könnte ehegefährdend wirken!«

»Wollen wir jetzt die Polonaise anführen?« Die Fürstin erhob sich hurtig, und die Kapelle spielte das hübsche Menuett aus Don Giovanni. Alle Edlen im Saale schritten hinter uns drein, und es entstand ein lustiges Durcheinander bei der Polonaise. Die Fürstin erwischte es, mit dem Hofnarren tanzen zu müssen, der draußen heimlich ganz schnell eine Flasche Wein geleert hatte und mit rollenden Augen und lallend übermäßige Tanzschritte vorführte, bis ihn der Zeremonienmeister aus dem Saal orderte.

Nun drängten die Fürstin und ich auf den abschließenden Höhepunkt des Abends. Herr von Podewils und Frau Leitmeritz als bestes Tanzpaar durften sich einen Solotanz wünschen, um ihre Tanzkunst noch einmal vorzuführen. Aber o weh, Frau Leitmeritz bestand darauf, mit Herrn von Podewils, den sie heimlich ein wenig verehrte, den Blue-Tango zu tanzen. Das ganz auf Barockmusik eingestellte Orchester war nicht in der Lage, den Blue-Tango zu spielen. Da wurde Herr Bär mit seinem Plattenspieler zum Retter. »Tango im Altenheim!« entrüstete sich die Fürstin-Oberin und meinte in einer merklichen Ernüchterung, nun müsse man das Spiel wohl doch allmählich beenden. Eine anerzogene und tief eingelebte Furcht vor den Emotionen der Freude machte sie anscheinend unsicher und schien sie zum Rückzug auf ihre festen Prinzipien zu bewegen. Verflogen war all ihre anfängliche Frivolität, die mir nun doch wie ein vergeblicher Versuch zum Ausbruch in die freie Wildbahn menschlicher Unternehmung und Entscheidung erschien. Die besorgte Miene der Fürstin-Oberin machte auch Zeremonienmeister Pfarrer Nebele unsicher. Seine Pagen waren mit der Verteilung von Rotwein und von Apfelsaft für die Abstinenzler und teilweise mit dem Einsammeln der Gläser beschäftigt, während Tenor Bär den Plattenspieler für den Blue-Tango installierte. Nahezu ängstlich fragte der Zeremonienmeister die Fürstin-Oberin, ob seine Mädchen vom Bibelkreis noch bis zum Tango bleiben dürften. Nun schaltete ich mich ein: »Durchlauchte Fürstin, hochgeschätzter Zeremonienmeister, wollen Eure Gnaden bedenken, daß wir es bei unseren lustig gewordenen Untertanen mit einer Vielzahl selbstverantwortlicher Autoritäten zu tun haben, deren Anspruch auf eine gewisse, sich ja in Grenzen haltende Ausgelassenheit schon deshalb zu respektieren ist, weil wir sie mit unserem Fest ja anstrebten. Und was den Tango betrifft, so handelt es sich dabei um einen klassischen Tanz aus fernem Land. Wir sollten im Anschluß an das Solopaar alle mittanzen. Fürstin, darf ich mich schon für den Tango, den Tango im alten Schloß, anmelden?«

»Ja, Fürstin, wir sollten wenigstens einmal mittanzen«, pflichtete Pfarrer Nebele bei und dachte wohl schon an das hübsche Pagenmädchen, das ihm den Hosenboden geflickt hatte.

»Also gut«, überwand sich die Fürstin-Oberin, »aber ich werde ein merkwürdiges Gefühl nicht los, als würde etwas Ungutes bevorstehen. Ich bemerke Ihre Enttäuschung über meine Unruhe, edler Fürst. Aber nun muß ich es ja wohl sagen, daß ich in der vergangenen Nacht einen bösen Traum hatte, der mich beunruhigt, je näher wir dem Ende des Abends zugehen.«

Bevor ich noch ihren bösen Traum erfragen konnte, begann der Solotanz von Frau Leitmeritz und Herrn von Podewils. Frau Leitmeritz fiel durch eine nahezu hektische Röte ihres Gesichts auf. Die Dame war zwar für ihre siebzig Jahre noch wendig und mehr als rüstig, ja heute abend ungewöhnlich bewegt und beschwingt, aber ich dachte aus ärztlicher Sicht mit heimlicher Sorge an den Streß, dem unsere Tänzer sich zweifellos aussetzten. Herr von Podewils war einige Jahre jünger und verfügte wohl über mehr Reserven. Er schien auch innerlich distanzierter gegenüber den Auftritten, ja souverän. Nun, es war schön, einen Tango von zwei älteren Menschen so exakt, so figurenreich und so hingebungsvoll getanzt zu sehen. Die Fürstin wirkte dennoch unruhig und innerlich verkrampft. Ich suchte sie abzulenken: »Mit Schlagermusik ist es ganz besonders seltsam: Eine bestimmte Melodie wie etwa der Blue-Tango löst ganze Erlebniskomplexe in uns aus, Erinnerungen ... Auch Frau Leitmeritz scheint ein gefühlsgebundenes Erlebnis mit dem Blue-Tango zu verbinden.«

»Ich kann mir's sogar denken, was in ihrer Erinnerung lebendig wird«, stimmte die Fürstin zu. »Vor zehn Jahren wohl, so hat sie mir einmal anvertraut, traf sie in Stuttgart ihre frühere Liebe, einen inzwischen pensionierten Oberstaatsanwalt. Er war nach der Vertreibung aus Schlesien irgendwie nach Stuttgart gekommen, wo sie der Zufall in einem Café wieder zusammenführte. Er war inzwischen verwitwet, und es stand bei der beiderseits neu entflammten Zuneigung einer späten Heirat nichts im Wege. Nach der Schilderung von Frau Leitmeritz muß eine Art zweite Jugend über die beiden Glücklichen hereingebrochen sein. Sie schwärmte jedenfalls davon, daß sie oft zum Tanzen ausgegangen seien, da ihr Jugendfreund wohl auch ein passionierter Tänzer war.«

»Da haben wir's, Fürstin«, fiel ich ein. »Wetten, daß Frau Leitmeritz jetzt nicht mit Herrn von Podewils, sondern mit ihrer großen Liebe von damals tanzt?«

»Davon bin ich überzeugt«, fuhr die Fürstin fort. »Aber die Freude war kurz. Ihr wiedergefundener Freund starb plötzlich an einem Herzinfarkt – beim Tanz!«

Bevor ich etwas erwidern konnte, war der Blue-Tango beendet und das Altenpublikum zollte riesigen Beifall. Einige wohl schon weinselige Herren riefen »da capo – da capo«. Frau Leitmeritz schien leicht außer Atem. Ihr Gesicht war blaß, als sie sich mit Knicksen verbeugte.

»Stoppen Sie jetzt das Ganze«, verlangte die Fürstin unruhig. Aber Herr Bär hatte bereits den Blue-Tango erneut anlaufen lassen, und so verneigte ich mich vor der Fürstin: »Wollen Durchlaucht mir nun das Vergnügen des Tanzes schenken?« Verwirrt gab sie meinem Antrag nach, und wir tanzten mit. Auch der Zeremonienmeister war schon mit seinem hübschen Pagenmädchen auf der Tanzfläche, wo die Ritter und Edeldamen bereits durcheinanderwirbelten. Die Fürstin tanzte den Tango erstaunlich gekonnt, etwas zu korrekt. Aber meine Komplimente prallten an ihrer Unruhe ab. »Tanzen Sie bitte neben Herrn von Podewils und Frau Leitmeritz«, bat sie wiederholt. Als ich das blasse Gesicht von Frau Leitmeritz und den Schweiß auf ihrem Gesicht bemerkte, wurde mir plötzlich bang um die Frau. Ich verstand die Sorge der Fürstin-Oberin mit einem Male und entschloß mich, Frau Leitmeritz unter dem Vorwand eines Gespräches von der Tanzfläche wegzuholen. Aber als die Fürstin und ich gerade auf die beiden zukamen, bemerkten wir erschreckt, daß Frau Leitmeritz im Arm von Herrn Podewils zusammensank. Herr von Podewils erfaßte ungewöhnlich rasch die Situation und hielt Frau Leitmeritz fest an sich gepreßt, damit keine Panik ausbrach und es so aussah, als sei es ihr nur schwindelig geworden. Die Fürstin und ich waren glücklicherweise gleich zur Stelle, und ich trug die Ohnmächtige, die nicht schwer war, eilends aus dem Saal, gefolgt von der Fürstin und Herrn von Podewils. Draußen auf einem Sofa untersuchte ich rasch und fand einen irregulären Puls, der mich zusammen mit dem verfallenen Aussehen einen Herzinfarkt vermuten ließ. Die Männer vom Roten Kreuz, die als Gäste am Fest teilnahmen, fuhren Frau Leitmeritz sofort in die Klinik. Pfarrer Nebele verkündete als Zeremonienmeister dann den Abschluß des Abends mit der Begründung, der Fürst und die Fürstin seien dringend abgerufen worden.

Während sich die Festteilnehmer auf ihre Zimmer zerstreuten, die Schwestern und Hofdamen und die Pagenmädchen vom Bibelkreis sich Aufräumarbeiten widmeten, saß ich mit der Fürstin in ihrem Zimmer. Deprimiert und mit stillen Vorwürfen saßen wir uns gegenüber, um auf Nachricht aus der Klinik zu warten. Ich tat der Fürstin gegenüber in Gedanken Abbitte. Sie war von einer Ahnung geplagt. Sie hatte in der Nacht zuvor einen bösen Ausgang des Abends geträumt und sich anfangs wacker über ihre innere Belastung hinwegzusetzen vermocht. Und ich war einer Fehldeutung ihrer plötzlichen Umstimmung verfallen. Nun plagten auch mich traurige Gedanken. Um irgend etwas Tröstliches zu sagen, versicherte ich: »Die Intensivstation der Klinik arbeitet hervorragend. Die Kollegen werden bestimmt alles tun ...«

Die Fürstin sagte nichts. Sie nahm ihr Diadem aus dem Haar, hüllte sich fröstelnd in ihren Mantel und wurde wieder zur Heimleiterin.

Da klingelte das Telefon. Ich nahm ab und hörte vom Kollegen in der Klinik, es läge ein Herzinfarkt vor, wie ich dem Aspekt nach vermutet hätte. Zum Glück sei es nur ein kleiner Infarkt, und es gehe den Umständen entsprechend schon etwas besser. Frau Leitmeritz sei wieder bei Bewußtsein. Sie würde aller Voraussicht nach überleben.

Ich war erleichtert. Die Heimleiterin sah mich gequält an. Sie suchte nach einer Rechtfertigung und meinte nach tiefem Aufatmen: »Soll man alte Menschen gängeln und dauernd darüber wachen, daß sie der Grenze ihrer Kräfte fernbleiben? Wo beginnt und wo endet das Maß der Eigenverantwortung? Nimmt man zuviel von der Eigenverantwortung ab, gerät man wie bei der Erziehung von Kindern in den Bereich autoritärer Gesinnung und reibt sich mit dem Bedürfnis nach Freiheit der in Obhut Stehenden. Überläßt man alte Menschen ihrer Eigenverantwortung und sie überziehen ihre Möglichkeiten, so bleibt das Gefühl einer Unterlassung.«

Nach einem tiefen Seufzer, der Zustimmung zur Gedankenlast der Oberin bedeutete, erwiderte ich: »Wir sollten das noch einmal relativ gut zu Ende gegangene Ereignis nicht zusätzlich mit solchen philosophischen Grundfragen belasten, Oberin. Es bleibt uns doch im Hinblick auf die ständige Gefährdung des Lebens nichts, als das Richtige unserer Entscheidung in der Situation und nicht im Grundsatz zu suchen. Ich meine, die Freude und die Lust, dann und wann auch einmal aus Stimmungen heraus bis an die Grenzen des Möglichen oder gar darüber hinaus zu gehen, ist eine dem Menschen bis ins hohe Alter anhaftende Eigenschaft. Aus

Lust und überschäumender Freude im Bewußtsein eines einmaligen Erlebens hat sich Frau Leitmeritz übernommen. Und ich will kein Recht und keinen Grund für uns erkennen, daß wir ihr das Vergnügen am Tango hätten versagen können. Ihre Freude und das offene Vergnügen aller Beteiligten schätze ich höher als die im Bereich der Eigenverantwortung eingetretene Misere. Es klingt wohl nur frivol, ist aber doch im Grunde eine berechtigte Frage, die ihre Antwort mit einschließt: Sollen denn alte Menschen unbedingt im Bett sterben? Warum soll ihnen der Abschied vom Leben nicht ebenso wie Jüngeren im Zuge einer Aktivität vergönnt sein, zu der sie sich getrieben fühlen?«

Die Oberin lächelte erleichtert. Durch meinen Aplomb schien ihre Grübelei und Unsicherheit beinahe weggewischt. Einschränkend meinte sie beim Abschied: »Es fällt mir eben schwerer als Ihnen, mich zum Tango im Altenheim zu bekennen. Aber ich gebe Ihnen recht. Wir sollten mehr Mut zur Lebensfreude und für das Ende des Lebens aufbringen ...«

Das Abdankungsfest

Als nach dem plötzlichen Tod meines Freundes, des Doktor Seraphim Schindelweiß, bekannt wurde, daß ein Testament vorhanden sei, war man ebenso gespannt, was der originelle Mann wohl hinterlassen hätte, wie gleichermaßen beeindruckt von dem Beweis, daß er seine ständige Mahnung, den Tod zu bedenken und ins Kalkül des Lebens einzubauen, auch in eigener Sache ernst genommen hatte. Einen Meister des Lebens könne der Tod nie unvorbereitet finden, hatte er oftmals geäußert und empfohlen, jeden Tag in Eintracht mit sich und den Nächsten zu beginnen und zu enden und außerdem den himmlischen Zehrpfennig stets bei sich zu tragen.

Da er Grabreden nicht nur deshalb nicht leiden konnte, weil sie Unwahres enthielten, sondern vor allem, weil einem das Lachen dabei aus Sitte und Anstand versagt bleiben mußte, so hatte er diesbezüglich eine letzte Verfügung hinterlassen. Er verbat sich Grabreden, jedoch sollte drei Monate nach seinem Begräbnis ein Abdankungsfest stattfinden, um dessen Durchführung er seinen ortsansässigen Freund Oberlehrer Bächle bat und wofür er ihm fünftausend Mark hinterließ, um alle die zu bewirten, die zu diesem Abdankungsfest »posternächteln« kämen. Die Posternächtler, wie man hier die Teilnehmer an einem nächtlichen Freudenfest heißt, sollten jene sein, die ihm im Leben und ärztlichen Beruf als

Freunde, Bekannte und langjährige Patienten sich besonders verbunden gezeigt hätten, auch alle Lebenden, die er in seinen »Aufzeichnungen« beschrieben habe. Statt Blumen und anderem »Erinnerungsbrimborium« möge bei dem Abdankungsfest sich ein jeder von etwas trennen oder etwas spenden, das dann in einem Bazar verkauft und dessen Erlös dem Altenheim zur Verfügung gestellt werden solle. Seine letzte Ansprache an die Posternächtler, in einem versiegelten Umschlag enthalten, solle von Oberlehrer Bächle verlesen werden. Alsdann könne jeder nach Belieben ihm nachsagen, was er wolle, da es zu diesem Zeitpunkt glaubhaft nichts mehr mit Gunstfängerei zu tun habe und er sich auch über boshafte oder derbe Sprüche auf dem himmlischen »Fort d'Honneur« amüsieren werde.

Freund Oberlehrer Bächle erbte einen Teil der kostbaren Bibliothek als »Futter für seinen Weisheitskasten«, in Dankbarkeit dafür, daß er immer bereit gewesen sei, den Geistesel für andere zu machen.

Reden wir nicht über die vielfältige Mühe, die sich Oberlehrer Bächle mit der Vorbereitung des Abdankungsfestes geben mußte, auch nicht von seinem Druck in Brust und Blase, als es eines Abends im Mai soweit war.

Im »Hirsch«, wo es einen kleinen Saal mit Bühne gab, waren lange Tische festlich gedeckt und mit Frühlingsblumen geschmückt. An den Wänden standen Birken wie bei einem fröhlichen Maifest. Von der Decke hingen Girlanden aus Tannenreis, die Schweinsblasen umgaukelten, und bunte Lampions, die der Doktor so schätzte, spendeten ein dämmeriges Licht.

Auf der Bühne stand ein Rednerpult, das etwas zu niedrig war, weshalb Maurerpolier Guschtav und seine Mannen es auf ein »Söckele« montiert und darüber gelacht hatten, daß man im Schwäbischen das »Ö« wie ein »E« ausspricht. Im

Hintergrund des Saals stand der Plattenspieler mit Anschluß an Lautsprecher, ein älteres Instrument, dessen Bedienung dem Wirt mit Vornamen Karle und der Wirtin, die Eva hieß, aufgetragen war. Scharf getrennt lagen zwei Beigen Schallplatten bereit, die eine mit ernster Musik, die andere mit flotten Melodien und Schlagern.

Und nun kamen sie in den Saal, unsere Posternächtler, wohl hundert an der Zahl, Ortsprominenz und Bundesbrüder, auch viele darunter, von denen der Doktor selig in seinen Aufzeichnungen erzählt hatte. Nicole, die Doktorswitwe, wurdc vom Bürgermeister und seiner Gemahlin geleitet und nahm am Prominententisch Platz, wo auch Gemeinderäte saßen, von denen jedoch nur jene gekommen waren, die der Doktor leiden konnte. Aber auch Bauern, Arbeiter aus der Automobilfabrik und eine Schar Diakonissen, angeführt von der »Oberin« im Altenheim, ferner Dagobert Rübe, der Musiklehrer aus der Kreisstadt, ebenso die »Federe-Hanna« und viele andere Weibsleute erschienen und hatten viel Lebtag miteinander bei der Begrüßung. Die Dorfkurtisanen hatten im Dämmerputz ihre Bumshütten verlassen und verriegelt, um mit ihrem Flair und Juchtenparfüm in den Achselhöhlen dem Doktor ihre Referenz zu erweisen. Einige der Gäste trugen Päckle oder Eingewickeltes unterm Arm, das ihre erbetenen Gaben für den Bazar vermuten ließ.

Als es schon bald eine halbe Stunde über der Zeit des angesagten Beginns war, schellte der alte, buckelige Kirchendiener, der beim Fest im Altenheim den Hofnarren gespielt hatte, mit der Büttelglocke, um das Stimmengewirr zum Schweigen zu bringen. Obwohl er mit der dünnen Stimme eines Emphysematikers mehrmals »Ruhe! Ruhe im Saal!« krächzte, wurde es erst mucksmäuschenstill, als Oberlehrer Bächle am Rednerpult auf der Bühne stand und streng in den Saal blickte. Ihn fürchteten die meisten wegen seiner Redegewandtheit, seinem scharfen, mitunter zynischen Witz und weil er von der Schule her wußte, wieviel Öl die einzelnen in ihrem Lämpchen hatten. Als er bemerkte, daß der Monete-Frieder, der so hieß, weil er bei der Kreissparkasse tätig war, noch seine Sportmütze aufhatte, fixierte er ihn scharf und schickte seiner Rede voraus: »Es sieht fast so aus, als ob einer schon gehen will, bevor's losgeht, weil er seinen Deckel aufhat.« Mit rotem Kopf entmützte sich darauf der Moneten-Frieder, und Oberlehrer Bächle sprach die Begrüßung, der sich folgende Rede anschloß:

»Bürgerinnen und Bürger von Eyltingen, Freunde und Bekannte unseres unvergeßlichen Doktors. In Erfüllung eines testamentarischen Wunsches von Doktor Schindelweiß habe ich Sie heute abend zu einem ungewöhnlichen Fest, einer Abdankungsfeier mit Schmaus, Umtrunk und anschließendem Tanz, eingeladen. Nur wer wie Sie alle hier den Doktor kannte, wird diesen schnurrig erscheinenden letzten Wunsch eines Verstorbenen, dem soviel Achtung und Dankbarkeit gebührt, verstehen können und zu erfüllen versuchen, obwohl ihm Trauer und Wehmut näher stehen als Frohsinn der Rede und Tanz. So obliegt uns die schwierige Aufgabe, in der wärmenden Sonne des Humors durch die kühlen Schatten am Ufer des Styx zu gehen und den Blick nur darauf zu richten, was uns an Heiterem und an Frohsinn aus dem Leben des Doktors entgegenlächelt. Wiewohl ich nicht, mit des Doktors eigenen Worten, in ein ›abg'rauchtes Geschwätz‹ verfallen will, muß ich doch in meiner Valedictio noch einmal hervorheben, daß unser Doktor ein Arzt mit dem vielgerühmten sechsten Sinn war, der aber nie zum Un-Sinn wurde, weil er die fünf anderen Sinne nie verlor. Von allen seinen reichen Gaben war der kultivierte Humor das wohl Hervorstechendste an ihm. Seine Theorie vom Humor als der wahren Medizin aller Medizinen war eine aus dem Leben geschöpfte Weisheit. Seine Gelehrtheit, die der Kritik den Weg ebnete, ging mit praktischer Erfahrung Hand in Hand. Er mühte sich, als Arzt der Freund der Kranken zu sein, und wußte um den Trost eines aufmunternden Wortes, wobei sich hinter seinen derben Sprüchen, die noch lange unter uns leben werden, ein stets waches Mitempfinden verbarg. Ich denke dabei etwa an den Ausspruch gegenüber einem schwerhörig gewordenen Mann, dem er, da seine Schwerhörigkeit endgültig geworden war, den Trost wußte: ›Sei net unglücklich, denn du hascht wenigstens den Vorteil, daß du amol die Posaune des Jüngsten Gerichts net höre mußt!‹ Er selbst hat die Posaune des Jüngsten Gerichts sein Lebtag als Helfer in so vielen düstern Stunden der ihm Anvertrauten vernehmen müssen und trotzdem den Zeigefinger des Propheten nur äußerst sparsam erhoben. Obwohl er ebenso häufig vor dem Tribunal seines Gewissens wie am Krankenbett stand, hat er von seinen Gewissensnöten doch nie Aufhebens gemacht und immer wieder versichert: ›Als schwäbischer Arzt habe ich kein Ethos, sondern bloß a Ethosle wie andere Leut au.‹ Als ein Mann des Volkes verstand er auch die lebendige Sprache unserer Bevölkerung, und er wußte diese Sprache als ein wesentliches Mittel seiner Hilfe einzusetzen. Seine Frau war ihm nicht nur Schicksalsgefährtin, sondern auch ›Kulturzentrum‹, wobei sie und ihn eine profunde Beherrschung der französischen Sprache und Kultur in besonderem Maße verband und wir nicht zuletzt daraus sein Bekenntnis verstehen können, daß der Mensch Sprache sei und Sprechen Mensch sein bedeute. Ich will aber nun mein Wort aus der Schlinge ziehen, in die es bereits geraten ist: trop parler nuit – zuviel sprechen ist vom Übel.

Wir sollen trinken, steht im Testament und darum soll jetzt erst einmal das Getränk serviert werden, ehe ich die Botschaft des Doktors aus dem Couvert nehmen werde.«

Es gab mäßigen Beifall, und viele Gesichter wußten nicht recht, ob sie feierlich tun oder lächeln sollten, weshalb sie eher nachdenklich traurig als nach Aufbruch zu Heiterkeit aussahen. Einige, die die Rede verstanden hatten, wischten sich Tränen aus den Augen, andere seufzten und stießen dann platte Redensarten aus: »Wer hätt' au des denkt, daß a Dokter wie der Schindelweiß so schnell stirbt – mr kann des heut no net fasse – so ein krieget mir nemme z'Eyltinge – a Viertele isch kein schlechte Idee jetzt – Eva, i möcht z'erscht a Bier.« So hörte man sie reden, während die Bedienungen Wein und Bier auftrugen.

Die Wirtin rief ihrem Gespons zu: »Karle, mach au a rechte Musik«, worauf der Wirt zurückfragte: »Moinsch, i soll en Walzer oder de Figaro nemme?«

»Ha«, meinte seine Eva, »tuescht amol de Largo nei, weil nochher 's Teschtament verlese wird!«

Und so grinsten die Fratzen auf den leicht schwankenden Lampions in die getragene Feierlichkeit des Händelschen Largos, das der Wirt so laut aus den Lautsprechern in den Saal tönen ließ, daß ein paar notorische Stimmexhibitionisten ihren Tenor oder Baß erschallen ließen und schließlich der Singlieb, so geheißen, weil er im Gesangverein mit seinem beachtlichen Tenor immer vorsingen mußte, von einigen auf die Bühne gehievt wurde und ein Solo zum besten oder zweitbesten gab. Gerührt wischten sich einige Weiber die Tränen, weil es ihnen durch Singliebs schmachtende Gesangsinterpretation des Largos so saumäßig seelisch geworden war. Als dann der Beifall für Singlieb abgeklungen war und alle Wein oder Bier und die Schwestern Tafelwasser im Glas hatten, bestieg Oberlehrer Bächle wieder die Rostra und bat um Ruhe und besondere Aufmerksamkeit, wenn er nun den versiegelten Umschlag aus dem Nachlaß mit der Botschaft des Doktors an die Posternächtler öffnen und verlesen würde.

Als jemand in die Stille und das Rascheln der Brieföffnung hinein einen lauten Wind abließ, meinte Oberlehrer Bächle in das Gekicher im Saal: »Jetzt send so net so hentersche deschperat und heulet scho vor de Streich. Der Dokter wird scho selber en knallende geischtige Furz für euch parat han!«

Aber hatte der Oberlehrer vermeint, mit dieser deftigen Äußerung einer allgemein erwarteten altdeutschen Epistel gleichrangig vorangehen zu müssen, um das Stimmungsbarometer anzuheben, so wurden er und die Posternächtler von dem, was der Doktor als letzte Botschaft an sie hinterlassen hatte, gelinde enttäuscht.

Mit zunehmendem Ernst in der Stimme las Oberlehrer Bächle vor:

»Ihr lieben Freunde, Bekannte und mir irgendwann einmal Nahegekommenen! ›Gerade so wie der Blätter Geschlecht, so ist auch das der Menschen ...‹, heißt es in der Ilias. Vergänglichkeit ist unser Los, und kein Verdienst im Leben kann bewirken, daß uns nicht zur bestimmten Stunde der Katzenjakob abholt, kein Heilkünstler vermag es zu hindern, daß wir irgendwann einmal aus dem Leben hinauskranken. Darum gilt es, das Leben zu nützen und sich tapfer zu halten. Aber tapfer zu sein gegenüber dem letzten Abschied ist ein Teil und zugleich der Gipfelpunkt einer selbstanerzogenen Haltung, deren besonderes Merkmal der Humor ist. Es gibt Menschen, die im Leben hundert Rippenstöße erhalten und nur bei Laune bleiben, wenn sie dafür wieder zweihundert an andere austeilen können. Aber es gibt auch Menschen, die in ihrem Leben zweihundert Rippenstöße hinnehmen müssen und keine auszuteilen vermögen und trotzdem immer wieder lächeln. Auf dieses ›trotzdem‹ und auf das ›immer wieder‹ kommt es an, wie ich in meinem Leben und im ärztlichen Beruf erfahren konnte. Nicht Rippenstöße an andere austeilen ist das Kennzeichen eines tapferen Menschen, sondern immer wieder lächeln und dieses Lächeln auch denen vermitteln, denen es nur schwer oder gar nicht geraten will. Glaubt aber nicht, daß ein Dauerlacher oder ständiger Witzbold unbedingt ein Mann des Humors wäre. Der Humor, dessen Wortverwandtschaft zwar an Feuchtigkeit und Flüssigkeit, wenn auch freilich nicht unbedingt an Wein und Bier erinnert, ist an den feuchten Ufern des Styx angesiedelt, jenes Flusses, der nach Ansicht der Griechen den Grenzbereich des Lebens darstellt, aus dem wir in der uns bestimmten Stunde in ein anderes Sein hinüberwechseln.

Pfarrer Nebele und meine verehrten Schwestern von der Diakonie mögen mir verzeihen, wenn ich mich so heidnisch über den Humor auslasse, obwohl ich weiß, daß Humor seine Wurzeln auch in frommen Herzen hat – aber spricht man bei uns nicht etwa vom Heidenspaß? Und ist es so abwegig, wenn ich als Arzt oftmals von der Taufe als einem Bad zur Wiederherstellung der Gesundheit der Seele, vom Abendmahl als dem Heilmittel der Unsterblichkeit und von der Buße als einer wahrhaftigen Medizin der Genugtuung sprach und das Benedictum hinzufügte, daß Lachen der Honig in der Hostie eines unsterblichen Lebens sei? Wer auf seiner Lebensreise den Humor zu Hause läßt, der wird durch das Lachen anderer zu einem Hahnrei des Lebens.

Triste et tragique Pélerinage
Produit volontiers cocuade.

Eine traurig-ernste Wanderschaft
Bringt leicht uns in die Hahnreischaft.

Wer lacht, hat immerhin den Vorteil, daß er, solange er lacht, nicht weint.

Während ihr, meine Freunde, heute noch einmal meine Gäste seid, hat mich Charon, der Fährmann, längst über den Styx, jenen schon erwähnten Grenzfluß, hinübergesetzt ans andere Ufer. Zurück ließ ich alles, was ich als Mensch besaß, die Habe, das Gute und das Böse gemeinsam. Rüstet euch und seid gefaßt, daß auch ihr eines Tages alles ablegen müßt, was den Nachen des Charon beschweren würde. Euer ›Sach‹ bleibt hier. Der eine gibt Schönheit und Schminke ab, ein anderer seine üppigen Muskeln, einer seinen übermäßigen Bauch, all sein Fett, das ihm die müde Natur liegen ließ; auch Küsse und Liebe des Leibes führt Charon nicht mit hinüber. Titel, Orden und Ehrenzeichen, schöne Tugenden und alles Laster bleiben zurück, ja selbst Bärte läßt Charon abrasieren, ehe er Zutritt in seinen Kahn gewährt. So bitte ich euch, jetzt schon und vor allem an diesem Abend alle schwülstigen Reden abzulegen und mir, wenn es nicht anders sein kann, nur das nachzurufen, was ein Lächeln oder Lachen zu erregen vermag. Weder Eros noch Erebos lassen sich mit der Faust bekämpfen oder mit Geld bestechen. Nur ein befreiendes Lächeln nehmen die Götter als Gabe des Menschen an, nur ein Lächeln läßt euch den Verzicht ertragen, den schon das Leben euch abverlangt. Wenn ihr also lächelt oder lacht, so erreicht mich damit die Kunde, daß ihr mich verstanden und mir meine Fehler verziehen habt. Darum seid fröhlich und gaudieret euch aneinander, wie ich es in den besten Augenblicken meines Lebens auch tat, wozu euch nun ein guter Wein und Bewegung im Tanz verhelfen mögen. Denkt euch dabei, ich würde mitten unter euch sitzen und mit euch lachen. Euch zutrinken und mich im Tanze mit euch drehen. Trauerkutten und miese Gesichter sind nichts als der Ausdruck einer gescheiterten Anpassung an das Leben, an die möglichen Verheißungen eines Daseins, das so schön sein kann, wie es die Gefilde der Seligen uns versprechen.

Nun, mein Seelchen, schwing' dich in die Höh'
Sag' dem Leben lächelnd froh adieu.

Euer Seraphim Schindelweiß.«

Schon während Oberlehrer Bächle diese letzte Botschaft des Doktors verlas, und nun vollends, nachdem er geendet hatte, weinten gar viele im Saal, und auch der Oberlehrer war einige Zeit nicht imstande, etwas zu sagen. Es blieb bis auf das Schluchzen einiger Weiber ganz still, bis die Wirtin Eva auf Zehenspitzen zum Oberlehrer ans Rednerpult kam und ihm zuflüsterte: »Mr sottet jetzt esse, sonscht werdet onsere Bubespitzle kalt!«

Da faßte sich Oberlehrer Bächle und sagte: »Liebe Gäste! Uns alle hat die letzte Botschaft unseres Doktors ergriffen. Aber wenn wir sie auch *be*griffen haben wollen, so dürfen wir uns jetzt nicht der Betrübnis überlassen. Der Doktor hat es weise eingerichtet, daß er uns nun erst einmal ein Essen servieren läßt, mit dem wir seine Botschaft verdauen wollen, um dann zu jener Heiterkeit zurückzufinden, die er uns auftrug.«

Nun ging ein Aufatmen durch den Saal, denn es wurden sogleich dampfende Schüsseln mit Sauerkraut, Kesselfleisch und »Bubespitzle« hereingetragen. Bald setzte ein heftiges Schmausen und Palavern ein, und die Überlebensgeister erwachten bei Haberschlachter vom Faß, dargeboten in Krügen, zu heftiger Laune. Aber während es gerade allen gewaltig schmeckte, ereignete sich ein heftiges Gewitter mit Blitz und mächtigem Donnerschlag. Nach einem grellen Blitz ging das Licht aus, und die Schnepperles-Frieda schrie: »Des isch der Atom!« Dabei faßte sie ängstlich mit der Hand neben sich, wo sie die Hand des neben ihr sitzenden Karl Auguscht, des Goliaths von Eyltingen, vermutete, jedoch ein Schweinsknöchle erwischte, weil der Karl Auguscht seinen Teller auf den Schoß genommen hatte, um im Dunkeln weiteressen zu können.

»Heidesappermoscht, Karl Auguscht, hosch du a starks G'lenk!« meinte sie erschrocken.

Da nun das Licht anging, fragte sie der überhungrige Karl Auguscht: »Hosch mir mei Knöchle klaue welle, Frieda, ha?«

»Du Sempel, z'fresse han i g'nuag. I han di ja scho oft zu mir ei'glade zu Bubespitzle, aber bisch nie komme.«

»Des isch mir z'fährlich«, meinte darauf der Goliath, der wußte, daß es bei seiner Bedürfnisstärke und der Schnepperles-Frieda, die immer noch gerne Männer vor sich hatte, obwohl das Risiko schon hinter ihr lag, nicht ohne »Nachtisch« oder »Vorspeise«, und sei es am Herd, abgehen würde.

Als es schon nach zehne war, begannen die ersten zu rülpsen und das Genossene zu loben. Die Heimleiterin und die Diakonissen, auch Pfarrer Nebele, der sich ärgerte, weil er keine Gelegenheit gefunden hatte, das Mahl einzusegnen, ferner Dagobert Rübe, der unter Durchfall litt, ebenso Nicole und das Bürgermeisterpaar verschwanden »französisch«, als man Pfitzauf als Nachtisch auftrug. Am Tisch der Gemeinderäte gab's noch Reste in den Schüsseln, weil Nicole und die Bürgermeisters nur bescheiden gegessen hatten. Als die drei nun weg waren und der Nachtisch kam, rief der »Feuermelder«, der – obwohl landesunüblich schlank – ein großer Esser war: »I mein, mir solltet erscht vor dem Pfitzauf no ›Tombola rasa‹ mache.« Unter Gelächter langten alle noch einmal zu, bis die Schüsseln leer waren und einer, der sich viel auf seine Italienreisen zugute hielt, zur Wirtin rief: »Eva, zum Pfitzauf sott i an Impresso han.«

Am Tisch der Lina und der Duttlere, der beiden wohlbekannten Dorfkurtisanen, saßen auch der Fleckenbock und der Gewürzhändler Minimax. Hier wurde kaum weniger gespachtelt und die durch Blitzschlag eingetretene kurze Finsternis für ein aufmunterndes Sous-Table genützt. Der Minimax war in Fahrt und machte mit der Lina in Galanterie, indem er feststellte: »Also Lina, du strahlscht heut' so wie der Stern von Rio!«

»Narr, i han mi au von obe ra bis onte naus g'wäsche, wie wenn i zum Dokter müßt!« erklärte sie stolz.

Der Fleckenbock, der nebenbei so etwas wie die Sankt-Pauli-Nachrichten von Eyltingen und obendrein ein Plusmacher beim Erzählen von Sex-Erlebnissen war, gab wieder einmal mächtig mit einem seiner neuesten Streiche an, nachdem er schon mindestens vier Viertele hinter sich und die griffige Duttlere neben sich hatte. Der Mann der Schnäblere, die sich überall rühmte, wegen ihrer Anziehungskraft auf Männer einst den Rubikon schon mit fünfzehn Jahren überschritten zu haben, habe bei seinem Weib, bei der der Fleckenbock zweimal in der Woche »Morgenfreund« spielte, den Wunsch geäußert, er wolle es wieder einmal »im Grünen machen«. Darauf habe die Schnäblere auf seinen Rat am Abend Salat und Spinatblätter ins Bett gelegt und das Grüne also simuliert, da sie der Ansicht war, sie wolle sich wegen einem kurzen Rutsch kein chronisches Rheuma holen.

Wir sehen, wie es im Gespräch schon allenthalben zünftig zuging, denn der Haberschlachter tat seine Wirkung. Als nun Oberlehrer Bächle ankündigte, es sei jetzt an der Zeit, nach Belieben dem Doktor vom Pult aus Lebewohl zu sagen und die für den Bazar erbetenen Gaben auf der Bühne abzulegen, trat zuerst eine Gruppe des Gesangvereins zu einem szenischen Gesang auf die Bühne, der von Doktor Schindelweiß als Libretto verfaßt war und den Dagobert Rübe in Noten gesetzt hatte. Es handelte sich um einen Schwank, der die Geschichte des scheintoten, lediglich volltrunkenen Otto zum Inhalt hatte und bei dessen nun aufgeführter Szene die Martha, das Weib des Otto, und der Chor der Klageweiber auftraten, wobei die schwäbischen Nenien sich im Text ihrer Klage an das bekannte Oi-oto toi griechischer Klageweiber anlehnten:

Noi, Otto, noi,
noi, Otto noi,
Du ka'sch doch et g'schtorbe sei.
Noi, Otto, noi,
Des ka' doch et sei.
Könnt'scht von mir aus fingerle
Mit de jonge Dingerle.
Wenn de bloß tätsch wieder schnaufe,
Könntscht wo d'welltscht au saufe,
Wenn de no tätsch wieder schnaufe
Ond de Zahltag brächtsch' ens Haus –
Otto, gell mit Dir isch's no net aus?
Wart', ehb i mir's Herz no aus d'r Kuttel reiß,
Wart no, glei' kommt jetzt dr Schindelweiß ...
Bisch no warm, bisch no et kalt,
Wart', Otto, dr Arzt kommt bald.

Und der herbeigerufene Doktor, gespielt und gesungen von Tenor Singlieb, stellt nach kurzer Untersuchung natürlich auf Anhieb die beruhigende Diagnose in Latein:

Rebus nunc sic stantibus
Diagnosis facilis infantibus:
Profundum potatoris somnium
Virorum gaudium est omnium.

Und die Therapie lautete auf schwäbisch:

Dere Leich rück i nach Pfarrer Kneipp
Mit kalt Wasser uf de Leib.
Mach Di wege Handtücher uf d'Socke,
Martha; reibsch da Leichnam nachher trocke,
Legscht De mit em drauf ens Bett,
Nemmsch da ganze Kerle no en Arm,
Machscht em mit Dei'm Bauch ond Fiedle warm
No wird der lebendig, glaubscht? I wett!

Dieser kurze Schwank à la Schindelweiß löste, obwohl er schon viele Aufführungen hinter sich hatte und quasi zum »Jedermann-Spiel« der Eyltinger avanciert war, wie immer Jubel und Heiterkeit aus, wobei die szenische Darstellung der Schindelweißschen Therapie dem Spaß die Krone aufsetzte.

Nun kam in langer Folge ein großer Teil der Posternächtler zur Bühne und legte eingewickelte Gaben ab, die Oberlehrer Bächle mit scherzenden Dankesworten in Empfang nahm. Unterbrochen wurde dieser Vorgang durch kurze Vorträge einzelner, die entweder etwas gedichtet hatten oder denen der Haberschlachter die Zunge lupfte. So trat die Goschen-Karline, die dichtende Kurtisane, ans Pult und sagte in verzwungenem Hochdeutsch:

»Ich habe dem Doktor, der meine Gedichte immer so g'schätzt hat, ein Versle zur Erinnerung g'schriebe. Es heißt:

Unvergessen bleibst Du, Doktor Schindelweiß
Auch nach Deiner letzten Reis'.
Wer sich hat wie Du um Menschen abgemüht,
Hinterläßt viel Liebe, die noch in der Asche glüht.
Wünscht allen Ärzten seine Kunst und – was den Schmerz
Der Kranken mehr noch lindert – auch sein Herz!«

Mit Tränen stieg sie darauf von der Bühne und erhielt großen Beifall. Einer, der längst in die Fasten gekommen, daher jenseits von Gut und Böse und folglich auch im Kirchengemeinderat war, kommentierte respektvoll: »Also, des muß mr sage, Herz hot des Luder, do mag sei was will!«

Die Lina opferte ihre letzte Tageseinnahme, die Duttlere ein Pfund Kaffee, mit dem sie ein Ami abgegolten hatte. Die Schnepperles-Frieda brachte eine Flasche Zwetschgenwasser, und das Amale übergab Oberlehrer Bächle ein Päckle und scherzte: »Do han i des, was i emmer zwische de Schenkel han!« Es war eine Kaffeemühle. So glänzten die Dorfkurtisanen wieder einmal durch die Originalität ihrer Geschenke.

Die Federe-Hanna stiftete – wie konnt's anders sein – ein »Plümo«, das in einem riesigen Sack verpackt war.

Die Gutzger-Marie schleppte koppend ein altes »Waschlavor« von ihren Eltern selig auf die Bühne.

Schneider Hirneise hatte einen Zylinder hergestellt, der sich dank einer von ihm erfundenen Einrichtung jeder Kopfgröße anpassen ließ, und erklärte: »Hab' Erfindung gemacht für Doktor, wo hat immer gesagt: Manchmal isch mei Kopf ganz groß, und dann isch er au wieder leer und ganz klein.«

Der Richard Kreuzle und seine Ella brachten eine als Häusle konstruierte Sparbüchse, in der schon Silbermünzen klimperten.

Der schmächtige Schnaken-Sepp wurde von seiner »Indianere« nach vorn geschubst, um ein einem Schwert gleichendes Küchenmesser abzugeben. Mit feuchten Augen sagte er zu Oberlehrer Bächle: »Wenn der Dokter damals net ei'griffe hätt', no wär des Messer a paar Türke in Ranze g'fahre, und i wär wahrscheinlich heut no em Büttel Stallgeld schuldig.«

Kaminfeger Girr und die attraktive Kaminfegerin waren

sehr gerührt, als sie dem Oberlehrer, mit dem sie beiderseitige Sympathie verband, einen Gutschein für einen dreiwöchigen Badeaufenthalt überreichten. »Aber das ist doch zuviel«, meinte Oberlehrer Bächle. »Für einen Menschen wie unseren Doktor und dem von ihm verfolgten Zweck der Altenhilfe ist ein Opfer nicht zuviel«, antwortete der Kaminfeger, und seine Frau versuchte zu scherzen: »›Immer dran denken‹, habe ich dem Doktor mal jesacht und dat is'n jeflüchteltes Wort für ihn jeworden.«

Die Dünnbiers, das »hygienische Ehepaar«, hatten sich entschuldigen lassen, jedoch einen Scheck mit beachtlichem Betrag übersandt. Lisawetha Dünnbier hatte die Frau Oberlehrer allerdings hinter vorgehaltener Hand wissen lassen, daß sie gerne gekommen wären, »aber dieser unhygienische Saal ohne Lüftung und die Myriaden von Bazillen, nein, und womöglich allen Leuten noch die Hand geben«, das sei ihnen unmöglich.

Der sparsame Willi und seine Freundin Liesel stifteten einen Geldbeutel vom Kaufhaus, in dem nichts drin war.

Elis, die Dorfkassandra, war dem Abdankungsfest ferngeblieben, weil sie viele Leute nicht mochte und der Abend mit seinem Kalenderdatum gerade auf den Wechsel des Tierkreiszeichens fiel und nach ihrer Erfahrung diese Zeit für Störungen und Mißgeschick anfällig war. Sie schickte aber ein Sofakissen, auf das sie den Zodiakus gestickt hatte. Das Tierkreiszeichen der Zwillinge, des Geburtsmonats des Doktors, war in roter Farbe, die anderen in Schwarz gehalten.

So kamen also allerlei schöne Dinge für den Bazar für das Altenheim zusammen, und Oberlehrer Bächle trat ein letztes Mal ans Pult, um zu danken.

Nun begann ein durch die zunehmende Wirkung des Alkohols immer ausgelassener und heftiger werdender »Schwof«, und die Zeit der Stimmungskanonen war angebrochen. Auf Polka und Walzer drehten sich einige so schwungvoll, daß sie stürzten. »No g'lege wird erscht später«, schrie einer den am Boden Liegenden zu. Es schnaufte, stampfte, hechelte und schwitzte im Saal, der penetrant nach Sauerkraut roch. Die immer heftiger werdenden Temperamente förderten jedoch auch aggressive Stimmungen. So gerieten der Hannesle-Bauer und der Eier-Jakob, der so hieß, weil er eine große Hühnerfarm betrieb und Eier und Brathühnchen an gastronomische Betriebe lieferte, aneinander, als der Eier-Jakob dem Hannesle-Bauern die vom Kotelett-Franz verlassene Bässlerin zweimal zum Tanz wegschnappte. Mit Mühe konnten einige beherzte Männer Handgreiflichkeiten zwischen den beiden verhindern, als der Hannesle-Bauer den Eier-Jakob anschrie: »Du Tierlesquäler mit dei'm Henne-KZ!« und es ihm der Eier-Jakob mit: »Du Heuochs, du Schiffrinnenadmiral« zurückgab.

Bis lang nach Mitternacht währte ein wildes nude crude im Saal, wobei Bier aus dem Pottschamber getrunken und Schnapstanten und Schwofgänse zünftig durcheinandergewirbelt wurden, ehe der Wirt mit donnernder Stimme verkündete, daß von jetzt an jeder selber zahlen müsse. Diese Verkündigung führte zur raschen Leerung des Saales, denn viele hatten den Geldbeutel entweder tatsächlich zu Hause gelassen oder gaben dies vor, weil sie mit dem festen Vorsatz gekommen waren, den Geldbeutel geschlossen zu halten.

Auf dem Heimweg und in manchen Stuben setzte sich dann fort, was Amor im Saale angezettelt hatte.

Als ich nach dem Abdankungsfest, an dem ich als stiller Beobachter teilgenommen hatte, noch einen kleinen Spaziergang auf die Höhen Eyltingens unternahm, um Luft zu schöpfen und nochmals des nun endgültig verabschiedeten Freundes zu gedenken, umfing mich die sommerlich warme

Luft einer schönen Mainacht. Weißblühende Schlehenhekken, Kennzeichen des Heckengäus, leuchteten aus der Dunkelheit und brachten Erinnerung an Schnee und Begräbnis im Winter. Dazwischen hatte ich die Aufzeichnungen des verstorbenen Doktors gelesen und geordnet und um die Erfüllung seines sonderlichen Wunsches nach einem Abdankungsfest gebangt. Nun lag es also nur noch an mir, zwischen dem Begräbnis im Winter und der merkwürdig ernsten Heiterkeit dieses Erinnerungsabends im Mai die hinterlassenen Aufzeichnungen anzusiedeln, eingebettet in ein Vor- und Nachspiel, aus dem hervorgehen mag, daß wir das Leben von seinem Ende her verstehen und lieben lernen müßten, damit uns ein Lächeln auch dann noch bleibt, wenn uns das Lachen vergehen will. Dr. Schindelweiß hatte zwar in seinem strengen ärztlichen Dienst beileibe nicht »alle Freuden des Lebens« genossen, sich aber trotzdem seines Lebens gefreut und das Lachen anderer und sein eigenes Lächeln so kultiviert, daß ihn die Wärme des Humors in der Kälte dieser Welt nie frieren ließ. Was er aufzeichnete, blieb Fragment, aber wie mir scheinen will, doch vollkommen genug, um uns durch einen Spalt hindurch ins volle Leben hineinsehen zu lassen, wie es sich so plastisch nur dem Einblick des Arztes offenbart.

Dr. Schindelweiß ist tot. Die Gemeinde Eyltingen wartet nun auf einen Nachfolger, der mit Verstand und Herz das Werk des »Hippokrates im Heckengäu« fortzusetzen vermöchte.